知识生产的原创基地
BASE FOR ORIGINAL CREATIVE CONTENT

颉腾科技
JIE TENG TECHNOLOGY

U0235969

MASTERING TRANSFORMERS
BUILD STATE-OF-THE-ART MODELS FROM SCRATCH WITH ADVANCED NATURAL
LANGUAGE PROCESSING TECHNIQUES

精通
Transformer
从零开始构建最先进的NLP模型

[土] 萨瓦斯·伊尔蒂利姆　　[伊朗] 梅萨姆·阿斯加里－切纳格卢◎著
　（Savaş Yıldırım）　　　　　　（Meysam Asgari-Chenaghlu）

江红　余青松　余靖◎译

北京理工大学出版社
BEIJING INSTITUTE OF TECHNOLOGY PRESS

版权专有　侵权必究

图书在版编目（CIP）数据

精通 Transformer：从零开始构建最先进的 NLP 模型 /（土）萨瓦斯·伊尔蒂利姆，（伊朗）梅萨姆·阿斯加里－切纳格卢著；江红，余青松，余靖译. -- 北京：北京理工大学出版社，2023.4

书名原文：Mastering Transformers Build state – of – the – art models from scratch with advanced natural language processing techniques

ISBN 978 – 7 – 5763 – 2227 – 9

Ⅰ.①精… Ⅱ.①萨…②梅…③江…④余…⑤余… Ⅲ.①自然语言处理 Ⅳ.①TP391

中国国家版本馆 CIP 数据核字（2023）第 056068 号

北京市版权局著作权合同登记号　图字：01 – 2023 – 1318 号

Title：Mastering Transformers, by Savaş Yıldırım and Meysam Asgari – Chenaghlu

Copyright © 2021 Packt Publishing

First published in the English language under the title –'Mastering Transformers –（9781801077651）' by Packt Publishing.

Simplified Chinese edition copyright © 2023 by Beijing Jie Teng Culture Media Co., Ltd.

All rights reserved. Unauthorized duplication or distribution of this work constitutes copyright infringement.

出版发行 /	北京理工大学出版社有限责任公司
社　　址 /	北京市海淀区中关村南大街 5 号
邮　　编 /	100081
电　　话 /	（010）68914775（总编室）
	（010）82562903（教材售后服务热线）
	（010）68944723（其他图书服务热线）
网　　址 /	http：//www.bitpress.com.cn
经　　销 /	全国各地新华书店
印　　刷 /	文畅阁印刷有限公司
开　　本 /	787 毫米 × 1092 毫米　1/16
印　　张 /	17.5
字　　数 /	388 千字
版　　次 /	2023 年 4 月第 1 版　2023 年 4 月第 1 次印刷
定　　价 /	99.00 元

责任编辑 /	钟　博
文案编辑 /	钟　博
责任校对 /	刘亚男
责任印制 /	施胜娟

图书出现印装质量问题，请拨打售后服务热线，本社负责调换

作者简介
Author Profile

萨瓦斯·伊尔蒂利姆（Savaş Yıldırım）毕业于伊斯坦布尔技术大学计算机工程系，拥有自然语言处理（Natural Language Processing，NLP）专业的博士学位。目前，他是土耳其伊斯坦布尔比尔基大学的副教授，也是加拿大瑞尔森大学的访问研究员。他是一位积极热情的讲师和研究员，具有20多年教授机器学习、深度学习和自然语言处理等课程的丰富经验。他开发了大量的开源软件和资源，为土耳其自然语言理解社区做出了重大贡献。他还为人工智能公司的研究开发项目提供全面的咨询服务。在业余时间，他还创作和导演电影短片，并喜欢练习瑜伽。

"首先，我要感谢我亲爱的合作伙伴，Aylin Oktay，感谢她在撰写本书的漫长过程中不断的支持、耐心和鼓励。我还要感谢伊斯坦布尔比尔基大学计算机工程系同事们的支持。"

梅萨姆·阿斯加里 – 切纳格卢（Meysam Asgari – Chenaghlu）是碳咨询公司（Carbon Consulting）的人工智能经理，同时在大不里士大学攻读博士学位。他曾担任土耳其几家领先的电信和银行公司的顾问，还参与了自然语言理解和语义搜索等各种项目。

"首先（也是最重要的），我要感谢我亲爱的充满耐心的妻子 Narjes Nikzad – Khasmakhi，感谢她对我的支持和理解。还要感谢我的父亲对我的支持，愿他的灵魂安息。非常感谢碳咨询公司和我的同事们。"

译者序
Preface

在大数据和人工智能时代，机器学习（Machine Learning，ML）和深度学习（Deep Learning，DL）已经成为各行各业解决问题的有效方法，自然语言处理（Natural Language Processing，NLP）是深度学习的重要应用领域之一。在过去的二十年中，自然语言处理经历了翻天覆地的变化：从传统的自然语言处理方法（n-gram 语言模型、基于 TF-IDF 的信息检索模型、独热编码文档术语矩阵等）到深度学习方法（RNN、CNN、FFNN、LSTM 等），再到 Transformer。

目前，基于 Transformer 的语言模型主导了自然语言处理领域的研究，已经成为一种新的范式。Transformer 模型是谷歌公司于 2017 年推出的自然语言处理经典模型。在自然语言处理任务中，Transformer 的表现超越了 RNN 和 CNN，只需编码器/解码器就能达到很好的效果，并且可以实现高效的并行化。Transformer 社区提供的大量预训练模型为自然语言处理的研究和生成部署提供了最前沿的基准。

本书涵盖了 Transformer 深度学习体系结构的理论知识和实践指南。借助 Hugging Face 社区的 Transformer 库，本书循序渐进地提供了各种自然语言处理问题的解决方案。本书采用理论和实践相结合的方式，系统地阐述了自然语言处理的相关理论和技术，详细介绍了使用 Transformer 训练、微调和部署自然语言处理解决方案的流程。

通过本书的学习，读者可以利用 Transformer 库探索最先进的自然语言处理解决方案；使用 Transformer 体系结构训练任何语言模型；微调预训练的语言模型以执行多个下游任务；监控训练过程、可视化解释 Transformer 内部表示以及部署生产环境。

本书的读者对象主要包括深度学习研究人员、自然语言处理从业人员、教师和学生。本书要求读者具有良好的 Python 基础知识以及机器学习和深度学习的基本知识。

本书由华东师范大学江红、余青松和余靖共同翻译。衷心感谢北京颉腾文化传媒有限公司李华君和本书的编辑老师，他们积极帮助我们筹划翻译事宜并认真审阅翻译稿件。翻译也是一种再创造，同样需要艰辛的付出，感谢朋友、家人以及同事的理解和支持。感谢我们的研究生刘映君、余嘉昊、刘康、钟善毫、方宇雄、唐文芳、许柯嘉等同学对本译稿的认真通读和指正。在本书翻译的过程中我们力求忠于原著，但由于时间和学识有限，并且本书涉及各个领域的专业知识，故书中的不足之处在所难免，敬请诸位同行、专家和读者指正。

江红　余青松　余靖
2023 年 2 月

前言
Forward

在过去的二十年中,自然语言处理研究领域发生了翻天覆地的变化。在这段时间里,自然语言处理经历了不同的处理范式,并最终进入了一个由神奇的Transformer体系结构主导的新时代。Transformer深度学习架构是通过继承许多方法而产生的,其中包括上下文词嵌入、多头注意力机制、位置编码、并行体系结构、模型压缩、迁移学习、跨语言模型等。在各种基于神经的自然语言处理方法中,Transformer架构逐渐演变为基于注意力的"编码器-解码器"体系结构,并持续发展到今天。现在,我们在文献中看到了这种体系结构的新的成功变体。目前研究已经发现了只使用Transformer架构中编码器部分的出色模型,如BERT(Bidirectional Encoder Representations from Transformers,Transformers双向编码表示);或者只使用Transformer架构中解码器部分的出色模型,如GPT(Generated Pre-trained Transformer,生成式的预训练Transformer)。

本书涵盖了这些自然语言处理方法。基于Hugging Face社区的Transformer库,我们能够轻松地使用Transformer。本书将循序渐进地提供各种自然语言处理问题的解决方案:从文档摘要到问题回答系统。我们将看到,基于Transformer,可以取得最先进的成果。

读者对象

本书面向深度学习研究人员、自然语言处理从业人员、机器学习/自然语言处理教育者,以及希望开启Transformer体系结构学习之旅的学生群体。为了充分掌握本书的内容,要求读者具有初级水平的机器学习知识,以及良好的Python基础知识。

本书涵盖的内容

第1章 从词袋到Transformer。本章简要介绍了自然语言处理的历史,并将传统方法、深度学习模型(如CNN、RNN和LSTM)与Transformer模型进行了比较分析。

第2章 Transformer的实践操作入门。本章深入探讨了如何使用Transformer模型,并通过实际例子阐述了分词器和模型,如BERT。

第3章 自编码语言模型。本章讨论了如何从零开始在任何给定语言上训练自编码语言模型。训练过程将包括模型的预训练和特定任务的训练。

第4章 自回归和其他语言模型。本章讨论了自回归语言模型的理论细节,并引导读者如何在自己的语料库中对模型进行预训练。读者将学习如何在自己的文本上预训练任何语言模型(如GPT-2),并在各种任务(如语言生成)中使用该模型。

第5章 微调文本分类语言模型。在本章中,读者将学习如何配置文本分类的预训练模型,以及如何微调文本分类下游任务的模型(如情感分析或多类别分类)。

第6章 微调标记分类语言模型。本章讲述如何微调标记分类任务的语言模型［如命名实体识别（NER）、词性标注（POS）和问题回答（QA）系统］。

第7章 文本表示。在本章中，读者将学习文本表示技术以及如何有效地利用Transformer体系结构，特别是对于无监督任务，如聚类、语义搜索和主题建模。

第8章 使用高效的Transformer。本章展示了如何使用提炼、剪枝和量化方法，从预训练模型中生成高效的模型。然后，读者将获得有关高效稀疏Transformer的知识，如Linformer和BigBird，以及如何使用这些模型。

第9章 跨语言和多语言建模。在本章中，读者将学习多语言和跨语种语言模型预训练以及单语言和多语言预训练之间的差异。本章涉及的其他主题包括因果语言建模和翻译语言建模。

第10章 部署Transformer模型。本章将详细介绍如何在CPU/GPU环境中，为基于Transformer的自然语言处理解决方案提供服务。本章还将描述如何使用TensorFlow扩展（TFX）部署机器学习系统。

第11章 注意力可视化与实验跟踪。本章涵盖两个不同的技术概念：注意力可视化与实验跟踪。我们将使用诸如exBERT和BertViz之类的复杂工具进行实验练习。

充分利用本书的资源

为了阅读本书，读者需要具备Python程序设计语言的基本知识，还需要了解自然语言处理的基础知识、深度学习的基础知识，以及深度神经网络的工作原理。

> **重要提示**
>
> 本书中的所有代码都是在Python 3.6版本中执行的，因为针对Python 3.9版本中的一些库尚处于开发阶段。

本书涵盖的软件和硬件以及对操作系统的要求请参见表1。

表1 本书涵盖的软件和硬件以及对操作系统的要求

本书涵盖的软件和硬件	操作系统要求
Transformer	Windows、macOS或Linux
TensorFlow和PyTorch	Windows、macOS或Linux
Python 3.6x	Windows、macOS或Linux
Jupyter Notebook	Windows、macOS或Linux
Google Colaboratory	Windows、macOS或Linux
Docker	Windows、macOS或Linux
Locust.io	Windows、macOS或Linux
Git	Windows、macOS或Linux

如果读者使用的是本书的数字版本，建议读者自己输入代码或者从本书的 GitHub 存储库中访问代码（具体请参考下面提供的链接地址），这种方法可以帮助读者避免复制和粘贴代码所产生的潜在错误。

下载示例代码文件

读者可以从 GitHub 存储库中下载本书的示例代码文件，具体网址为 https://github.com/PacktPublishing/Mastering-Transformers。如果书中代码有更新，GitHub 存储库中的代码将随之更新。

我们还提供了大量其他书籍和视频教程，读者可以从 GitHub 存储库中下载对应的代码包，具体请访问网址 https://github.com/PacktPublishing/。

本书约定

本书使用了以下约定。

代码的格式（code in text）：表示代码、数据库表名称、文件夹名称、文件名称、文件扩展名、路径名、统一资源定位符 URL、用户输入和 Twitter 句柄。下面是一个示例："长度小于 max_sen_len（最大句子长度）的序列使用一个 PAD 值填充，直到它们的长度达到 max_sen_len。"

代码块设置如下所示。

```
max_sen_len = max([len(s.split()) for s in sentences])
words = ["PAD"] + list(set([w for s in sentences for w in s.split()]))
word2idx = {w:i for i,w in enumerate(words)}
max_words = max(word2idx.values()) +1
idx2word = {i:w for i,w in enumerate(words)}
train = [list(map(lambda x:word2idx[x], s.split())) for s in sentences]
```

> **提示或重要提示：**
> 相关内容将出现在方框中。

目录
Contents

第 1 部分 导论：相关领域的最新发展概述、环境安装和 Hello World 应用程序

第 1 章 从词袋到 Transformer
1.1 技术需求//004
1.2 自然语言处理到 Transformer 的演变历程//005
1.3 理解分布式语义//007
　1.3.1 词袋技术的实现//008
　1.3.2 克服维度问题//009
　1.3.3 语言建模与生成//010
1.4 利用深度学习//012
　1.4.1 学习单词嵌入//012
　1.4.2 循环神经网络概述//014
　1.4.3 长短期记忆网络和门控循环单元//015
　1.4.4 卷积神经网络概述//018
1.5 Transformer 体系结构概述//021
　1.5.1 注意力机制//021
　1.5.2 多头注意力机制//023
1.6 在迁移学习中结合使用 Transformer//027
1.7 本章小结//029

第 2 章 Transformer 的实践操作入门
2.1 技术需求//032
2.2 使用 Anaconda 安装 Transformer//032
　2.2.1 在 Linux 操作系统中安装 Anaconda//032
　2.2.2 在 Windows 操作系统中安装 Anaconda//033
　2.2.3 在 macOS 操作系统中安装 Anaconda//034
　2.2.4 安装 TensorFlow、PyTorch 和 Transformer//035
　2.2.5 使用 Google Colab 安装环境//037
2.3 使用语言模型和分词器//037

2.4 使用社区提供的模型//039
2.5 使用基准测试和数据集//042
2.5.1 重要的基准测试//042
2.5.2 使用应用程序编程接口访问数据集//044
2.6 速度和内存的基准测试//052
2.7 本章小结//056

第2部分 Transformer 模型：从自编码模型到自回归模型

第3章 自编码语言模型
3.1 技术需求//060
3.2 BERT：一种自编码语言模型//060
3.2.1 BERT 语言模型预训练任务//061
3.2.2 对 BERT 语言模型的深入研究//062
3.3 适用于任何语言的自编码语言模型训练//064
3.4 与社区共享模型//073
3.5 了解其他自编码模型//074
3.5.1 Albert 模型概述//074
3.5.2 RoBERTa 模型//077
3.5.3 ELECTRA 模型//078
3.6 使用分词算法//079
3.6.1 字节对编码//081
3.6.2 WordPiece 分词算法//082
3.6.3 SentencePiece 分词算法//082
3.6.4 tokenizers 库//083
3.7 本章小结//088

第4章 自回归和其他语言模型
4.1 技术需求//090
4.2 使用自回归语言模型//091
4.2.1 生成式预训练模型的介绍与训练//091
4.2.2 Transformer-XL 模型//093
4.2.3 XLNet 模型//094
4.3 使用序列到序列模型//094
4.3.1 T5 模型//095
4.3.2 BART 概述//096
4.4 自回归语言模型训练//098

4.5 使用自回归模型的自然语言生成//103
4.6 使用 simpletransformers 进行总结和机器翻译微调//105
4.7 本章小结//108

第5章 微调文本分类语言模型

5.1 技术需求//110
5.2 文本分类导论//110
5.3 微调 BERT 模型以适用于单句二元分类//111
5.4 使用原生 PyTorch 训练分类模型//118
5.5 使用自定义数据集对多类别分类 BERT 模型进行微调//122
5.6 微调 BERT 模型以适用于句子对回归//128
5.7 使用 run_glue.py 对模型进行微调//133
5.8 本章小结//134

第6章 微调标记分类语言模型

6.1 技术需求//136
6.2 标记分类概述//136
6.2.1 理解命名实体识别//137
6.2.2 理解词性标注//138
6.2.3 理解问题回答系统//138
6.3 微调语言模型以适用于命名实体识别任务//139
6.4 基于标记分类的问题回答系统//146
6.5 本章小结//155

第7章 文本表示

7.1 技术需求//157
7.2 句子嵌入概述//158
7.2.1 交叉编码器与双向编码器//158
7.2.2 句子相似性模型的基准测试//159
7.2.3 使用 BART 模型进行零样本学习//163
7.3 使用 FLAIR 进行语义相似性实验//165
7.3.1 平均词嵌入//168
7.3.2 基于循环神经网络的文档嵌入//168
7.3.3 基于 Transformer 的 BERT 嵌入//169
7.3.4 Sentence-BERT 嵌入//169
7.4 基于 Sentence-BERT 的文本聚类//171
7.4.1 基于 paraphrase-distilroberta-base-v1 的主题建模//171

7.4.2 基于BERTopic的主题建模//174
7.5 基于Sentence-BERT的语义搜索//176
7.6 本章小结//179

第3部分 高级主题

第8章 使用高效的Transformer

8.1 技术需求//184
8.2 高效、轻便、快速的Transformer概述//185
8.3 模型规模缩减的实现//186
    8.3.1 使用DistilBERT进行知识提炼//186
    8.3.2 剪枝//188
    8.3.3 量化//190
8.4 使用高效的自注意力机制//192
    8.4.1 固定模式下的稀疏注意力机制//192
    8.4.2 可学习的模式//202
    8.4.3 低秩因子分解、核函数和其他方法//207
8.5 本章小结//207

第9章 跨语言和多语言建模

9.1 技术需求//209
9.2 翻译语言建模与跨语言知识共享//210
9.3 跨语言的语言模型和来自Transformer的多语言双向编码器表示//211
    9.3.1 mBERT//212
    9.3.2 XLM//213
9.4 跨语言相似性任务//216
    9.4.1 跨语言文本相似性//216
    9.4.2 可视化跨语言文本相似性//218
9.5 跨语言分类//222
9.6 跨语言零样本学习//226
9.7 多语言模型的基本局限性//229
9.8 微调多语言模型的性能//230
9.9 本章小结//232

第10章 部署Transformer模型

10.1 技术需求//234
10.2 FastAPI Transformer模型服务//235

10.3　容器化 API//237
10.4　使用 TFX 提供更快的 Transformer 模型服务//238
10.5　使用 Locust 进行负载测试//241
10.6　本章小结//243

第 11 章　注意力可视化与实验跟踪

11.1　技术需求//245
11.2　解读注意力头//246
11.2.1　使用 exBERT 对注意力头进行可视化//246
11.2.2　使用 BertViz 实现注意力头的多尺度可视化//251
11.2.3　使用探测分类器理解 BERT 的内部结构//259
11.3　跟踪模型度量指标//259
11.3.1　使用 TensorBoard 跟踪模型训练过程//260
11.3.2　使用 W&B 及时跟踪模型训练过程//263
11.4　本章小结//266

第 1 部分
导论：相关领域的最新发展概述、环境安装和 Hello World 应用程序

在第 1 部分中，读者将初步学习有关 Transformer 各个方面的内容。通过加载社区提供的预先训练好的语言模型，用户将编写第一个使用 Transformer 的程序 Hello World，并在配置图形处理单元（GPU）或无 GPU 的环境下运行相关代码。在第 1 部分中，还将详细阐述有关 tensorflow、pytorch、conda、transformer 和 sentenceTransformer 库的安装和使用方法。

第 1 部分包括以下章节内容。

- 第 1 章：从词袋到 Transformer。
- 第 2 章：Transformer 的实践操作入门。

第 1 章

从词袋到Transformer

本章将回顾自然语言处理过去20年的发展历程。在过去的20年中，自然语言处理经历了不同的范式，最终进入Transformer体系结构时代。所有这些范式都将有助于用户更好地表达用于解决问题的单词和文档。分布式语义学使用向量表示法描述单词或文档的含义，通过一组文档查看分布式证据。向量表示法可以解决监督学习和非监督学习管道中的许多问题。对于语言生成问题，多年来 $n-gram$ 语言模型一直被作为一种传统方法来使用。然而，这些传统方法存在许多缺点，本章将讨论这些缺点。

本章将进一步讨论经典的深度学习体系结构，如循环神经网络（Recurrent Neural Network，RNN）、前馈神经网络（Feed-Forward Neural Network，FFNN）和卷积神经网络（Convolutional Neural Network，CNN）。这些体系结构提高了自然语言处理的性能，并克服了传统方法的局限性。然而，这些模型也存在不同的问题。近年来，Transformer模型因其在所有自然语言处理任务（从文本分类到文本生成）中的有效性而获得了极大的关注。这主要原因在于Transformer有效地提高了多语言和多任务（以及单语言和单任务）自然语言处理的性能。这些贡献提高了自然语言处理中迁移学习（Transfer Learning，TL）的可行性，从而使模型可以用于不同的任务或不同的语言。

本章从注意力机制开始，简要讨论Transformer体系结构，以及Transformer体系结构与之前自然语言处理模型的差异；在进行理论讨论的同时，展示流行的自然语言处理框架的实际应用例子；为了简洁起见，选择尽可能短小的介绍性代码示例。

在本章中，将介绍以下主题。

（1）自然语言处理到Transformer的演变历程。
（2）理解分布式语义。
（3）利用深度学习。
（4）Transformer体系结构概述。
（5）在迁移学习中结合使用Transformer。

1.1 技术需求

本章使用Jupyter Notebook运行编码练习，要求Python版本至少为3.6.0，并需要使用 pip install 命令安装以下软件包。

(1) sklearn；

(2) nltk（3.5.0 版本）；

(3) genism（3.8.3 版本）；

(4) fasttext；

(5) keras（不低于 2.3.0 版本）；

(6) Transformers（不低于 4.0.0 版本）。

可以通过以下 GitHub 链接获得本章中所有编码练习的 Jupyter Notebook：

https://github.com/PacktPublishing/Advanced-Natural-LanguageProcessing-with-Transformers/tree/main/CH01。

1.2 自然语言处理到 Transformer 的演变历程

在过去的 20 年中，自然语言处理经历了巨大的变化。在此期间，自然语言处理经历了不同的范式，并最终进入一个主要由 Transformer 体系结构主导的新时代。Transformer 体系结构并不是凭空产生的。基于神经的自然语言处理方法，Transformer 体系结构逐渐演变为一种基于注意力的编码器－解码器类型的体系结构，并且仍在不断发展。该体系结构及其变体之所以取得了很大的成功，主要归功于过去 10 年中以下技术的发展。

(1) 基于上下文的词嵌入。

(2) 更好的子词级别的标记算法，用于处理不可见词或稀有词。

(3) 向句子中注入额外的记忆标记。例如，在 Doc2vec 中注入段落 ID，或者在基于 Transformer 的双向编码表示（Bidirectional Encoder Representations from Transformers，BERT）中注入分类（Classification，CLS）标记。

(4) 注意力机制（Attention mechanism）克服了强制输入句子将所有信息编码到一个上下文向量的问题。

(5) 多头自注意力（Multi-head self-attention）机制。

(6) 根据大小写词序进行位置编码。

(7) 有助于更快地训练和微调的可并行化体系结构。

(8) 模型压缩（提炼、量化等）。

(9) 迁移学习（跨语言、多任务学习）。

多年来，人们一直在使用传统自然语言处理方法，如 n-gram 语言模型（n-gram language model，n 元语言模型）、基于 TF-IDF 的信息检索模型（TF-IDF-based information retrieval model，基于词频－逆向文档频率的信息检索）、独热编码文档术语矩阵（one-hot encoded document-term matrice）等。所有这些方法为解决诸如序列分类（sequence classification）、语言生成（language generation）、语言理解（language understanding）等自然语言处理问题做出了巨大贡献。另外，这些传统的自然语言处理方法有其自身的弱点。例如，在解决稀疏性、不可见词表示、跟踪长期依赖性等问题方面存在不足。为了克服这些弱点，人们开发了基于深度学习的方法，例如循环神经网络、卷积神经网络、前馈神经网络，以及它们的其他一些变体。

2013年，作为一个两层前馈神经网络词编码器模型，Word2vec通过生成短而密集的词表示（称为词嵌入）来解决维度问题。早期的模型设法产生快速有效的静态词嵌入。该模型使用上下文预测目标词或者基于滑动窗口预测相邻词，将无监督文本数据转换为有监督文本数据（自监督学习）。另一个被广泛使用并且也很流行的模型GloVe则认为，基于计数的模型可能比神经模型更好。基于计数的模型可以同时利用语料库的全局统计信息和局部统计信息，来学习基于单词共现统计信息的嵌入。这种模型在一些语法和语义任务上表现良好，如图1-1所示。图1-1表明，术语之间的嵌入偏移有助于面向向量推理的应用。该模型可以学习性别关系的泛化，这是一种语义关系（semantic relation），即来自Man（男人）和Woman（女人）之间的偏移量（Man→Woman），然后，可以将表示术语Actor（男演员）的向量与之前计算的偏移量相加，利用算术方法来估计表示术语Actress（女演员）的向量。同样，该模型可以学习诸如单词复数形式的语法关系（syntactic relations）。例如，如果给定Actor、Actors和Actress各自对应的向量，则可以通过以下方式估算Actresses的向量。

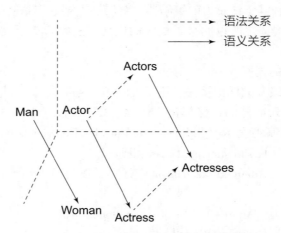

图1-1 用于关系提取的单词嵌入偏移

循环神经网络和卷积神经网络结构已经用于序列到序列（Sequence-to-Sequence，Seq2Seq）问题中的编码器和解码器。这些早期模型所面临的主要挑战是多义词。由于每个词都有一个固定的表示形式，所以忽略了词的意义，这对于多义词和句子语义来说尤其是一个严重的问题。

与静态词嵌入不同，更先进的神经网络模型，如通用语言模型微调（Universal Language Model Finetuning，ULMFit）和基于语言模型的嵌入（Embedding from Language Model，ELMo）成功地编码了句子级别的信息，并最终缓解了多义问题。这两种重要的方法都是基于长短期记忆神经网络（Long Short Term Memory，LSTM）实现的。这些模型还引入了预训练和微调的概念，非常有助于应用迁移学习的方法，也就是使用一些预训练过的模型，并基于大量文本数据集的一般任务进行训练。然后，可以通过在监督模式下继续针对目标任务的预先训练网络的训练来轻松执行微调。这些表示不同于传统的单词嵌入，因此每个单词表示都是整个输入句子的函数。现代 Transformer 体系结构充分利用了这一理念。

与此同时，注意力机制的思想在自然语言处理领域产生了深刻影响，并取得了重大成功，特别是在 Seq2Seq 问题上。早期的方法会将从整个输入序列获得的最后一个状态[称为上下文向量（context vector）或思维向量（thought vector）]传递到输出序列，而无须链接（linking）或消除（elimination）。注意力机制能够通过将输入序列中确定的标记链接到输出序列中的特定标记来构建更复杂的模型。例如，假设读者正在完成一项从英语到土耳其语的翻译任务，输入句子中有一个关键词短语"Government of Canada（加拿大政府）"。在输出句子中，Kanada Hükümeti 标记与输入短语建立强连接，并与输入中的其余单词建立弱连接，如图 1-2 所示。

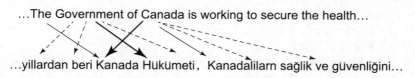

图 1-2 注意力机制的可视化示意

因此，注意力机制使模型在诸如语言翻译、问题回答和文本摘要等 Seq2Seq 问题上更为成功。

2017 年，研究人员提出了基于 Transformer 的编码器-解码器模型，并取得了成功。该设计基于前馈神经网络，摒弃了循环神经网络中的循环，仅使用注意力机制。到目前为止，基于 Transformer 的模型已经克服了其他方法所面临的诸多困难，并已成为一种新的文本处理范式。本书将探索和理解基于 Transformer 模型的工作原理。

1.3 理解分布式语义

分布式语义学使用向量表示法描述单词的含义，倾向于查看单词的分布证据，而不是查看单词预定义的词典定义。该理论认为，在相似的环境中同时出现的单词往往具有相似的含义。该理论首先由学者哈里斯提出[Distributional Structure Word（分布式结构单词），1954 年]。例如，类似的单词 dog 和 cat，大多同时出现在同一个上下文中。分布式方法的优点之一是可以帮助研究人员理解和监控词汇在时间和领域上的语义演变，因此也称为词汇语义变化问题（lexical semantic change problem）。

多年来，传统的方法使用词袋（Bag-of-Words，BoW）和 n-gram 语言模型来构建单词和句子的表示。在词袋方法中，单词和文档通过独热编码（one-hot encoding）表示为稀疏矩阵的方式，也称为向量空间模型（Vector Space Model，VSM）。

一直以来,人们通过这一热门编码技术解决了许多自然语言处理问题,如文本分类、词语相似性、语义关系抽取、词义消歧等。另外,$n-gram$ 语言模型将概率分配给单词序列,这样既可以计算一个单词序列属于语料库的概率,也可以基于给定的语料库生成随机单词序列。

1.3.1 词袋技术的实现

词袋是一种通过统计文档中单词出现的次数来表示文档的技术。该技术的主要数据结构是文档术语矩阵(document-term matrix)。接下来讨论使用 Python 实现词袋技术的简单方法。以下代码片段演示了如何使用 Python sklearn 库为一个包含 3 个句子的简单语料库构建文档术语矩阵。

```
from sklearn.feature_extraction.text import TfidfVectorizer
import numpy as np
import pandas as pd
toy_corpus = ["the fat cat sat on the mat",
              "the big cat slept",
              "the dog chased a cat"]
vectorizer = TfidfVectorizer()
corpus_tfidf = vectorizer.fit_transform(toy_corpus)
print(f"The vocabulary size is \
        {len(vectorizer.vocabulary_.keys())} ")
print(f"The document-term matrix shape is \
        {corpus_tfidf.shape}")
df = pd.DataFrame(np.round(corpus_tfidf.toarray(),2))
df.columns = vectorizer.get_feature_names()
```

上述代码片段的输出结果是一个文档术语矩阵,如图 1-3 所示。该矩阵大小为 (3×10),但在实际应用场景中,文档术语矩阵可能非常巨大,如 $10^4 \times 10^7$。

The vocabulary size is 10
The document-term matrix shape is (3, 10)

	big	cat	chased	dog	fat	mat	on	sat	slept	the
0	0.00	0.25	0.00	0.00	0.42	0.42	0.42	0.42	0.00	0.49
1	0.61	0.36	0.00	0.00	0.00	0.00	0.00	0.00	0.61	0.36
2	0.00	0.36	0.61	0.61	0.00	0.00	0.00	0.00	0.00	0.36

图 1-3 文档术语矩阵

图 1-3 中的数据显示了一个基于计数的数学矩阵,其中单元格的值通过词频-逆向文档频率(Term Frequency-Inverse Document Frequency,TF-IDF)加权模式进行转换。这种方法不关心单词的位置。由于词序是确定句子含义的重要因素,所以有时忽视词序会导致丢失句子的含义。这是词袋方法中的一个常见问题,最终可以通过循环神经网络中的循环机制和 Transformer 中的位置编码来解决此问题。

矩阵中的每一列表示词汇表中单词的向量，每一行表示文档的向量。用户可以使用语义相似性度量计算单词和文档的相似性或相异性。在大多数情况下，使用诸如 cat_sat 和 the_street 之类的 bigram 来丰富文档的表示。例如，将参数 ngram_range =（1,2）传递给 TfidfVectorizer 时，将构建一个包含 unigrams（big，cat，dog）和 bigrams（big_cat，big_dog）的向量空间。因此，这样的模型也称为 ngrams 包，这是词袋的自然拓展。

如果一个单词经常出现在每个文档中，则可以将其视为高频词，如 and 和 the。相反，有些词很少出现在文档中，则称之为低频（或者罕见）词。由于高频词和低频词可能会妨碍模型的正常工作，所以这里使用词频 - 逆向文档频率作为解决方案，词频 - 逆向文档频率是最重要的，也是众所周知的加权机制之一。

逆向文档频率（Inverse Document Frequency，IDF）是一种统计权重，用于衡量文档中某个词的重要性。例如，虽然单词 the 没有辨别力，但是单词 chased 可以提供大量的信息，并提供有关文本主题的线索。这是因为高频词［停用词（stopword）、虚词（functional word，又称为功能词）］在理解文档时几乎没有什么辨别力。

术语的辨别性也取决于其所涉及的领域。例如，在有关深度学习方面的文章中，很可能几乎在每个文档中都包含 network 这个单词。逆向文档频率可以使用所有术语（单词）的文档频率（Document Frequency，DF）来减小术语的权重，其中单词的文档频率基于出现术语的文档数。术语频率（Term Frequency，TF）是文档中术语的原始计数。

基于词频 - 逆向文档频率的词袋模型的优、缺点如表 1 - 1 所示。

表 1 - 1　基于词频 - 逆向文档频率的词袋模型的优、缺点

优点	缺点
• 易于实现 • 结果易于解释 • 适配于应用领域	• 会出现维度灾难 • 无法解决不可见单词的问题 • 难以捕捉语义关系，如属于（is - a）关系、包含（has - a）关系、同义词等 • 忽略词序信息 • 对于大型词汇表，速度较慢

1.3.2　克服维度问题

为了克服词袋模型的维度灾难问题，潜在语义分析（Latent Semantic Analysis，LSA）被广泛用于在低维空间获取语义。这是一种线性方法，可以捕获术语之间的成对相关性。基于潜在语义分析的概率方法仍然可以看作一层隐藏的主题变量。然而，当前的深度学习模型包含多个隐藏层，具有数十亿个参数。此外，研究表明基于 Transformer 的模型比传统模型更能发现潜在的表示。

对于自然语言理解（Natural Language Understanding，NLU）任务，传统的管道首先

是预处理步骤，如标记化（tokenization）、词干提取（stemming）、名词短语检测（noun phrase detection）、组块分析（chunking）、停用词消除（stop–word elimination）等；然后，使用任一加权模式（其中词频–逆向文档频率是最常用的一种）构造文档术语矩阵；最后，文档术语矩阵被用作机器学习管道、情感分析、文档相似性、文档聚类，或者对查询与文档之间的相关性得分之类的表格式数据输入进行度量。类似地，文档术语表示为表格式矩阵，然后可以作为标记分类问题的输入，从而实现命名实体识别、语义关系抽取等任务。

分类阶段包括有监督的机器学习算法的直接实现，如支持向量机（Support Vector Machine，SVM）、随机森林、逻辑回归、朴素贝叶斯和多学习器［提升法（Boosting）或装袋法（Bagging）］。实际上，可以简单地通过以下代码片段实现这种管道。

```
from sklearn.pipeline import make_pipeline
from sklearn.svm import SVC
labels = [0,1,0]
clf = SVC()
clf.fit(df.to_numpy(), labels)
```

如上面的代码片段所示，借助 sklearn 应用程序编程接口（Application Programming Interface，API），可以轻松地应用 fit 操作。为了将学习模型应用于训练数据，可以执行以下代码片段。

```
clf.predict(df.to_numpy())
Output: array([0, 1, 0])
```

下面继续下一小节的学习。

1.3.3 语言建模与生成

对于语言生成问题，传统的方法是利用 n–gram 语言模型来实现。这种方法也称为马尔可夫过程（Markov process），这是一种随机模型，其中每个单词（事件）取决于前面单词（称为 unigram、bigram 或 n–gram）的子集。

（1）unigram（所有单词都是独立的，不存在链）：用于估算单词在一个词汇表中的概率，即简单地计算该单词出现的频数与单词总数之比。

（2）bigram（一阶马尔可夫过程）：用于估算概率 $P(word_i | word_{i-1})$。$word_i$ 的概率取决于 $word_{i-1}$，即简单地计算概率 $P(word_i, word_{i-1})$ 与 $P(word_{i-1})$ 的比率。

（3）n–gram（n 阶马尔可夫过程）：用于估算概率 $P(word_i | word_0, \cdots, word_{i-1})$。

接下来，使用自然语言工具软件包（Natural Language Toolkit，NLTK）构造一个简单的语言模型进行实现。在下面的实现过程中，训练阶数 $n=2$ 的最大似然估计器（Maximum Likelihood Estimator，MLE）。可以选择任意阶数的 n–gram。例如，$n=1$ 表示 unigrams；$n=2$ 表示 bigrams；$n=3$ 表示 trigrams，依此类推。

```
import nltk
from nltk.corpus import gutenberg
from nltk.lm import MLE
from nltk.lm.preprocessing import padded_everygram_pipeline
nltk.download('gutenberg')
nltk.download('punkt')
macbeth = gutenberg.sents('shakespeare-macbeth.txt')
model, vocab = padded_everygram_pipeline(2, macbeth)
lm = MLE(2)
lm.fit(model,vocab)
print(list(lm.vocab)[:10])
print(f"The number of words is {len(lm.vocab)}")
```

nltk 软件包首先下载古腾堡语料库（gutenberg corpus），其中包括古腾堡项目（Project Gutenberg）电子文本档案中的一些文本，该项目的官网地址为 https://www.gutenberg.org。nltk 软件包还下载用于分词过程的 punkt 分词器工具。punkt 分词器使用无监督机器学习算法将原始文本划分为句子列表。nltk 软件包包含了一个经过预训练的英语 punkt 分词器模型，用于缩写词和常用语搭配。在使用之前，可以对任何语言的文本列表进行训练。在接下来的章节中，将讨论如何为 Transformer 模型训练不同且更高效的分词器。以下代码片段生成了语言模型迄今所学习到的内容。

```
print(f"The frequency of the term 'Macbeth' is {lm.
counts['Macbeth']}")
print(f"The language model probability score of 'Macbeth' is
{lm.score('Macbeth')}")
print(f"The number of times 'Macbeth' follows 'Enter' is {lm.
counts[['Enter']]['Macbeth']} ")
print(f"P(Macbeth |Enter) is {lm.score('Macbeth',
['Enter'])}")
print(f"P(shaking |for) is {lm.score('shaking', ['for'])}")
```

上述代码片段的输出结果如下所示。

```
The frequency of the term 'Macbeth' is 61
The language model probability score of 'Macbeth' is 0.00226
The number of times 'Macbeth' follows 'Enter' is 15
P(Macbeth |Enter) is 0.1875
P(shaking |for) is 0.0121
```

n – gram 语言模型保持 n – gram 计数并计算句子生成的条件概率。lm = MLE(2) 表示最大似然估计，根据每个标记概率生成最可能的句子。以下代码片段基于给定 < s > 作为起始条件，生成一个由 10 个单词组成的随机句子。

```
lm.generate(10, text_seed=['<s>'], random_seed=42)
```

其输出结果显示在以下代码片段中。

```
['My','Bosome','franchis',"'",'s','of','time',',','We','are']
```

可以通过 text_seed 参数指定一个特定的起始条件，以生成基于前面的上下文条件。在上述示例中，前面的上下文是 <s>，这是一个特殊的标记，表示句子的开头。

到目前为止，本节讨论了基于传统自然语言处理模型的范式，并提供了使用流行框架的非常简单的实现过程。接下来讨论深度学习部分，探讨神经网络语言模型如何影响自然语言处理领域，以及如何克服传统模型的局限性。

1.4 利用深度学习

深度学习体系结构得到了广泛和成功的应用，自然语言处理是其中的一个应用领域。几十年来，我们见证了各类成功的体系结构，特别是在单词和句子表示方面。本节讨论这些方法的发展历程，而这些方法均基于常用的框架来实现。

1.4.1 学习单词嵌入

基于神经网络的语言模型有效地解决了特征表示和语言建模问题，因为这种模型可以在更大的数据集上训练更复杂的神经结构，以构建简短而密集的表示。2013 年，Word2vec 模型（一种流行的单词嵌入技术）使用一种简单有效的体系结构来学习连续单词的高质量表示。Word2vec 模型在各种句法和语义语言任务［如情感分析（sentiment analysis）、释义检测（paraphrase detection）、关系抽取（relation extraction）等］方面都优于其他模型。该模型流行的另一个关键原因是其具有较低的计算复杂度。该模型最大限度地提高了当前单词在任何上下文中出现的概率，反之亦然。

下面的代码片段演示了如何为戏剧 *Macbeth*（麦克白）的句子训练单词向量。

```
from gensim.models import Word2vec
model = Word2vec(sentences=macbeth, size=100, window=4, min_count=10, workers=4, iter=10)
```

上述代码片段通过一个滑动的长度为 5 的上下文窗口来训练向量大小为 100 的单词嵌入。为了可视化单词嵌入，需要通过应用主成分分析（Principal Component Analysis，PCA）将维度减少到 3。代码如下所示。

```
import matplotlib.pyplot as plt
from sklearn.decomposition import PCA
import random
np.random.seed(42)
words=list([e for e in model.wv.vocab if len(e)>4])
random.shuffle(words)
words3d = PCA(n_components=3,random_state=42).fit_
```

```
transform(model.wv[words[:100]])
def plotWords3D(vecs, words, title):
...
plotWords3D(words3d, words, "Visualizing Word2vec Word
Embeddings using PCA")
```

输出结果如图 1-4 所示。

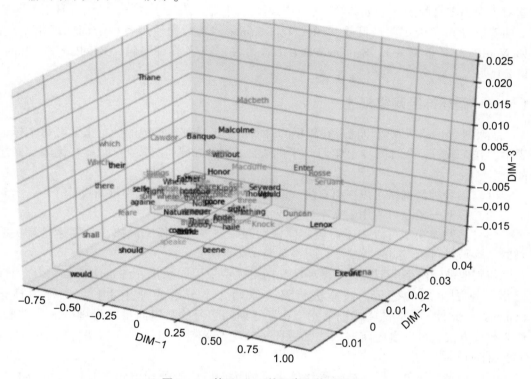

图 1-4 基于 PCA 单词嵌入的可视化

在图 1-4 中，莎士比亚戏剧中的主要角色（Macbeth、Malcolm、Banquo、Macduff等）相互之间非常接近。同样，助动词（shall、should 和 would）在图 1-4 的左下角彼此靠近。还可以使用嵌入函数集来捕捉类比关系，例如 man - woman = uncle - aunt。有关此主题的更多有趣的视觉示例，请参阅以下项目 https://projector.tensorflow.org/。

类似 Word2vec 的模型使用基于预测的神经结构来学习单词嵌入。这些模型对一些目标函数和附近的单词预测采用梯度下降法。传统方法采用基于计数的方法，而神经模型为分布式语义设计了基于预测的体系结构。对于基于计数的方法还是基于预测的方法，哪种方法最适合分布式单词表示呢？GloVe 方法回答了这个问题，认为这两种方法并没有显著的区别。Jeffrey Penington 等甚至支持以下观点：基于计数的方法可以捕获全局统计数据，因此更加有效。他们指出，GloVe 方法在单词类比、单词相似性和命名实体识别（Named Entity Recognition，NER）任务方面优于其他神经网络语言模型。

然而，这两种范式并没有为不可见词和词义问题提供有用的解决方案。这些范式没有利用子词信息，因此无法学习稀有词和不可见词的嵌入。

FastText（另一个广泛使用的模型）提出了一种新的使用子词信息的扩展方法，其中每个词都表示为一袋字符 $n-gram$。该模型为每个字符 $n-gram$ 设置一个常量向量，并将单词表示为其子向量之和，该思想是 Hinrich Schütze（*Word Space*，1993 年）首次提出的。该模型甚至可以计算不可见词的表示，并学习单词的内部结构，如后缀/词缀，这对于形态丰富的语言（如芬兰语、匈牙利语、土耳其语、蒙古语、韩语、日语、印度尼西亚语等）尤为重要。目前，现代 Transformer 体系结构使用各种子词标记化方法，如 WordPiece（单词块）、SentencePiece（语句块）或字节对编码（BytePair Encoding，BPE）。

1.4.2 循环神经网络概述

循环神经网络模型可以通过在较早的时间步上汇总其他标记的信息来学习每个标记表示，并在最后一个时间步上学习句子的表示。这一机制在许多方面都有优势，概述如下。

（1）循环神经网络可以在语言生成或音乐生成的一对多模型中重新设计。

（2）多对一模型可以用于文本分类或情感分析。

（3）多对多模型可以用于命名实体识别问题。多对多模型的第二个用途是解决编码器 - 解码器问题，如机器翻译、问答系统和文本摘要。

与其他神经网络模型一样，循环神经网络模型采用词元化（tokenization，又称为标记化）算法生成的标记，该算法将整个原始文本分解为原子单位，也称为标记（tokens）。此外，该算法将标记单元与在训练期间学习的数值向量（令牌嵌入）关联。作为替代方案，可以事先将嵌入式学习任务分配给著名的单词嵌入算法，如 Word2vec 或 FastText。

下面是一个简单的循环神经网络体系结构示例，用于处理语句"The cat is sad."。其中，x_0 是 The 的向量嵌入；x_1 是 cat 的向量嵌入，依此类推。图 1 - 5 显示了循环神经网络被展开为一个全深度神经网络（Deep Neural Network，DNN）。

展开（Unfolding）意味着将每个单词与一个层关联。对于语句系列"The cat is sad."，处理由 5 个单词组成的一个系列。每层中的隐藏状态充当网络的存储器。它对所有前面的时间步和当前时间步中发生的情况进行编码，如图 1 - 5 所示。

循环神经网络体系结构的优点如下。

（1）可变长度输入：处理可变长度输入的能力，与输入的句子大小无关。可以在不改变参数的情况下为网络提供 3～300 个单词的句子。

（2）关注词序：按顺序逐字处理序列，关注单词的位置。

（3）适用于各种模式（多对多、一对多）：可以使用相同的循环范式训练机器翻译模型或情感分析。这两种体系结构都基于循环神经网络。

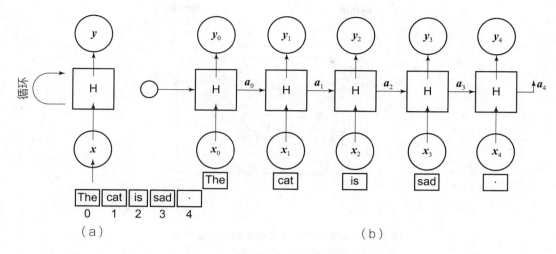

图 1-5　一个循环神经网络体系结构
(a) 折叠表示；(b) 展开表示

循环神经网络体系结构的缺点如下。

(1) 长期依赖性问题：当处理一个很长的文档并尝试将彼此相距很远的术语相链接时，需要关注这些术语之间所有不相关的其他术语，并对其编码。

(2) 容易出现梯度爆炸或梯度消失的问题：在处理长文档时，更新第一个单词的权重非常重要，因为权重的设置会使模型由于梯度消失问题而无法训练。

(3) 难以应用并行化训练：并行化将主要问题分解为一个较小的问题，并同时执行解决方案，但循环神经网络遵循经典的顺序方法。每一层都强烈地依赖前面的层，这使并行化变得不可能实现。

(4) 当序列较长时计算速度会变慢：循环神经网络对于短文本问题可能非常有效。除了长期依赖性问题外，循环神经网络处理较长文档的速度也非常慢。

尽管从理论上讲，循环神经网络可以处理许多时间步的信息，但在现实世界中，诸如长文档和长期依赖性之类的问题是不可能轻易被发现的。

1.4.3　长短期记忆网络和门控循环单元

长短期记忆网络和门控循环单元（Gated Recurrent Units，GRU）是循环神经网络的新变体，它们解决了长期依赖性问题，并引起了广泛的关注。长短期记忆网络是专门为解决长期依赖性问题而开发的。长短期记忆网络模型的优点是使用附加的单元状态，即长短期记忆网络单元顶部的水平序列线。该单元状态由用于遗忘、插入或更新操作的专用门来控制。长短期记忆网络体系结构的复杂单元如图 1-6 所示。

长短期记忆网络体系结构可以确定以下事项。

(1) 在单元状态中存储何种信息。

(2) 哪些信息将被遗忘或删除。

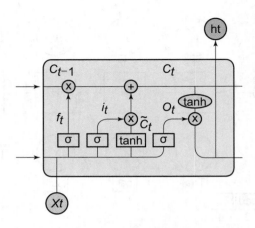

图 1-6 长短期记忆网络体系结构的复杂单元

在原始的循环神经网络中,为了学习标记 I 的状态,将在 timestep_0 和 timestep_{i-1}[①] 之间重复处理先前标记的整个状态。携带早期时间步的全部信息会导致梯度消失的问题,这使模型无法训练。长短期记忆网络中的门机制允许体系结构在特定的时间步跳过一些不相关的标记,或者记住远程状态,以便学习当前所标记的状态。

门控循环单元在许多方面与长短期记忆网络相似,主要区别在于门控循环单元不使用单元状态。门控循环单元通过将单元状态的功能转移到隐藏状态,简化了体系结构。门控循环单元只包括两个门:更新门(update gate)和重置门(reset gate)。更新门确定向前推送上一个和当前时间步中的信息量。该特性有助于模型保留来自过去的相关信息,从而最大限度地降低梯度消失问题的风险。重置门检测不相关的数据并使模型忘记这些数据。

下面介绍如何使用 Keras 简单地实现长短期记忆网络。

首先需要从通用语言理解评估(General Language Understanding Evaluation,GLUE)基准下载 Stanford Sentiment Treebank(SST-2)情感数据集。可以运行以下代码来下载该数据集。

```
$ wget https://dl.fbaipublicfiles.com/glue/data/SST-2.zip
$ unzip SST-2.zip
```

> **重要提示**
> SST-2 是一个完全标记的解析树,可以使用英语进行完整的情感分析。该语料库最初由约 12 000 个从电影评论中提取的单个句子组成。使用斯坦福解析器进行解析,包含超过 20 万个独特的短语,每个短语都由三位人类评判员进行标注。

---

① 此处原著有误,译者做了更正。——译者注

在下载 SST-2 情感数据集后，将其读取为 pandas 对象。实现代码如下所示。

```
import tensorflow as tf
import pandas as pd
df = pd.read_csv('SST-2/train.tsv',sep = "\t")
sentences = df.sentence
labels = df.label
```

需要设置最大句子长度以构建词汇表和字典（word2idx、idx2words），最后将每个句子表示为索引列表而不是字符串。可以运行以下代码来实现上述功能。

```
max_sen_len = max([len(s.split()) for s in sentences])
words = ["PAD"] + \
        list(set([w for s in sentences for w in s.split()]))
word2idx = {w:i for i,w in enumerate(words)}
max_words = max(word2idx.values()) + 1
idx2word = {i:w for i,w in enumerate(words)}
train = [list(map(lambda x:word2idx[x], s.split())) \
        for s in sentences]
```

长度小于 max_sen_len（最大句子长度）的序列使用一个 PAD 值进行填充，直到序列的长度达到 max_sen_len。另外，较长的序列被截断，以使这些序列适合 max_sen_len。以下是具体的实施方案。

```
from keras import preprocessing
train_pad = preprocessing.sequence.pad_sequences(train,
                                    maxlen = max_sen_len)
print('Train shape:', train_pad.shape)
Output: Train shape: (67349, 52)
```

然后准备设计和训练长短期记忆网络模型。实现代码如下所示。

```
from keras.layers import LSTM, Embedding, Dense
from keras.models import Sequential
model = Sequential()
model.add(Embedding(max_words, 32))
model.add(LSTM(32))
model.add(Dense(1, activation = 'sigmoid'))
model.compile(optimizer = 'rmsprop',loss = 'binary_crossentropy',
metrics = ['acc'])
history = model.fit(train_pad,labels, epochs = 30, batch_size = 32,
validation_split = 0.2)
```

该模型训练 30 个 epoch（学习迭代次数，或者称为训练阶段、训练周期）。为了绘制长短期记忆网络模型迄今为止学习的结果，可以执行以下代码。

```
import matplotlib.pyplot as plt
def plot_graphs(history, string):
...
plot_graphs(history,'acc')
plot_graphs(history,'loss')
```

以上代码将生成图 1－7 所示的曲线图，该图展示了基于长短期记忆网络的文本分类的训练性能和验证性能。

图 1－7　长短期记忆网络的分类性能

如前所述，基于循环神经网络的编码器－解码器模型的主要问题在于，它为序列生成单一的固定表示。然而，注意力机制允许循环神经网络在将输入标记映射到输出标记的特定部分时，将注意力集中在输入标记的特定部分上。注意力机制已经被发现是有用的，并且已经成为 Transformer 体系结构的基本思想之一。我们将在下一部分和整本书中讨论 Transformer 体系结构如何利用注意力机制。

1.4.4　卷积神经网络概述

卷积神经网络在计算机视觉领域取得成功后，被移植到自然语言处理中，用于句子建模或语义文本分类等任务。在许多实践中，卷积神经网络由卷积层和密集的神经网络组成。卷积层在数据上执行，以便提取有用的特征。与所有深度学习模型一样，卷积层扮演着自动特征提取的角色。在自然语言处理的情况下，该特征层由一个嵌入层提供，而嵌入层则以一个独热向量化格式将句子作为输入。独热向量由构成句子的每个单词的 token－id（标记 id）生成。图 1－8 中的左半部分显示了一个句子的独热表示方式。

	1	2	3	4	5
I	1	0	0	0	0
saw	0	1	0	0	0
a	0	0	1	0	0
cat	0	0	0	1	0
.	0	0	0	0	1

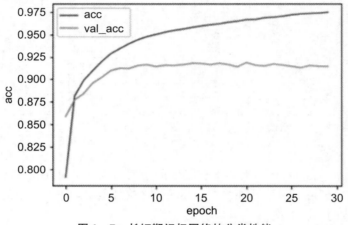

图 1－8　独热向量

每个标记（分别由一个独热向量来表示）被馈送到嵌入层。嵌入层可以初始化为随机值或者使用预先训练好的词向量（如 GloVe、Word2vec 或 FastText）；然后，一个句子将被转换成 $N \times E$ 形状的密集矩阵（其中，N 是句子中的标记数量，E 是嵌入大小）。包含 5 个标记的句子的一维卷积神经网络如图 1-9 所示。

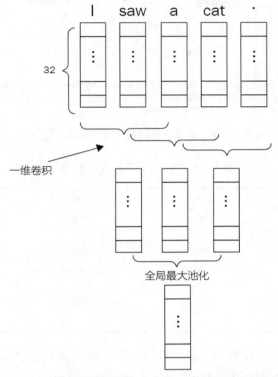

图 1-9 包含 5 个标记的句子的一维卷积神经网络

卷积将在不同层和核的操作上进行。卷积层的超参数是核大小和核的数量。同样值得注意的是，这里应用了一维卷积，其原因是标记嵌入不能被视为部分的，用户可能希望应用那些能够以连续顺序同时看到多个标记的核。可以将其视为具有指定窗口的 n-gram。将浅层迁移学习与卷积神经网络模型结合使用也是此类模型的另一个特色。如图 1-10 所示，还可以通过多种标记表示的组合来传播网络，这是 Yoon Kim 在 2014 年的研究 "*Convolutional Neural Networks for Sentence Classification*（用于句子分类的卷积神经网络）" 中所提出的思想。

例如，可以使用三个嵌入层而不是一个嵌入层，并为每个标记连接这些嵌套层。基于此设置，如果所有三种不同嵌入的嵌入大小均为 128，则像 fell 这样的标记，其向量大小将为 3×128。这些嵌入可以使用 Word2vec、GloVe 和 FastText 中预先训练的向量进行初始化。每个步骤的卷积运算将观察到 N 个字及其各自的三个向量（N 是卷积滤波器的大小）。这里使用的卷积类型是一维卷积。此处的维度表示进行操作时可能发生的移动。例如，二维卷积将沿两个轴移动，而一维卷积仅沿一个轴移动。表 1-2 所示为各个维度卷积之间的差异。

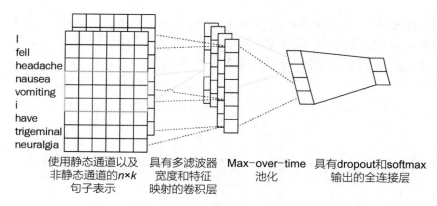

图 1-10 卷积神经网络中多种表示的组合

表 1-2 各个维度卷积之间差异

卷积方向	输入	滤波	输出
一个方向	3维	3维	2维
两个方向	4维	4维	3维
三个方向	5维	5维	4维

下面的代码片段是一维卷积神经网络的实现，处理长短期记忆网络管道中使用的相同数据，其中包括 Conv1D 和 MaxPooling 层，然后是 GlobalMaxPooling 层。可以通过调整参数以及添加更多层来优化模型，从而扩展管道。

```
from keras import layers
model = Sequential()
model.add(layers.Embedding(max_words, 32, input_length = max_sen_len))
model.add(layers.Conv1D(32, 8, activation ='relu'))
model.add(layers.MaxPooling1D(4))
model.add(layers.Conv1D(32, 3, activation ='relu'))
model.add(layers.GlobalMaxPooling1D())
model.add(layers.Dense(1, activation = 'sigmoid'))
model.compile(loss ='binary_crossentropy', metrics =['acc'])
history = model.fit(train_pad,labels, epochs = 15, batch_size = 32,
validation_split = 0.2)
```

结果表明，卷积神经网络模型的性能与长短期记忆网络模型的性能相当。虽然卷积神经网络已成为图像处理的标准，但用户也看到了卷积神经网络在自然语言处理中的许多成功应用案例。长短期记忆网络模型适用于识别跨时间的模式，而卷积神经网络模型则适用于识别跨空间的模式。

1.5 Transformer 体系结构概述

Transformer 模型因其在从文本分类到文本生成的一系列自然语言处理问题中的有效性而受到广泛关注。注意力机制是这些模型的重要组成部分，并且起着非常关键的作用。在 Transformer 模型之前，注意力机制被提出作为改进传统深度学习模型（如循环神经网络）的助手。为了更好地理解 Transformer 及其对自然语言处理的影响，本节首先研究注意力机制。

1.5.1 注意力机制

Bahdanau 等（2015 年）提出了注意力机制的最初变体之一。该机制基于循环神经网络模型（如门控循环单元或长短期记忆网络）在诸如神经机器翻译（Neural Machine Translation，NMT）等任务上具有信息瓶颈的事实。这些基于编码器-解码器的模型以 token–id 的形式获取输入，并以循环方式（编码器）对其进行处理，然后，处理后的中间表示被馈送到另一个循环单元（解码器）以提取结果。这种类似雪崩的信息就像一个滚动的雪球，吸收了所有的信息；而对解码器部分而言，滚动该雪球是非常困难的，因为解码器部分看不到所有的依赖项，只能获得中间表示（上下文向量）作为输入。

为了协调这一机制，Bahdanau 提出了一种注意力机制，在中间隐藏值上使用权重。这些权重调整了模型在每个解码步骤中必须在输入上使用的注意力数量。这种出色的指导可以帮助模型完成特定的任务，如神经机器翻译，而神经机器翻译是一项多对多的任务务。图 1-11 所示为典型的注意力机制示意。

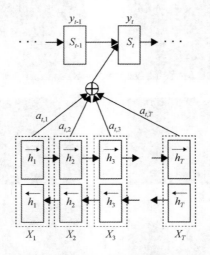

图 1-11 典型的注意力机制示意

研究人员提出了不同的注意力机制，并且分别进行了不同的改进。这些注意力机制系列包括加法型（additive）注意力机制、乘法型（multiplicative）注意力机制、通用型

（general）注意力机制、点积型（dot-product）注意力机制。点积型注意力机制是一个带有缩放参数的修改版本，被称为缩放点积注意力机制（scaled dot-product attention）。这个特定的注意力类型是 Transformer 模型的基础，被称为多头注意力机制（multi-head attention mechanism）。加法型注意力机制也是早期在神经机器翻译任务中引入的一个显著特点。注意力机制的类型如表 1-3 所示。

表 1-3 注意力机制的类型

名称	注意力评分函数
基于内容的注意力机制	$\text{score}(s_t, h_i) = \text{cosine}[s_t, h_i]$
加法型注意力机制	$\text{score}(s_t, h_i) = v_a^T \tanh(W_a[s_t; h_i])$
基于位置的注意力机制	$\alpha_{t,i} = \text{softmax}(W_a s_t)$
通用型注意力机制	$\text{score}(s_t, h_i) = s_t^T W_a h_i$
点积型注意力机制	$\text{score}(s_t, h_i) = s_t^T h_i$
缩放点积注意力机制	$\text{score}(s_t, h_i) = \dfrac{s_t^T h_i}{\sqrt{n}}$

注意力机制并不是自然语言处理特有的特点，它们也被用于计算机视觉、语音识别等不同领域的不同用例中。图 1-12 显示了用于神经图像字幕训练的多模式方法的可视化。

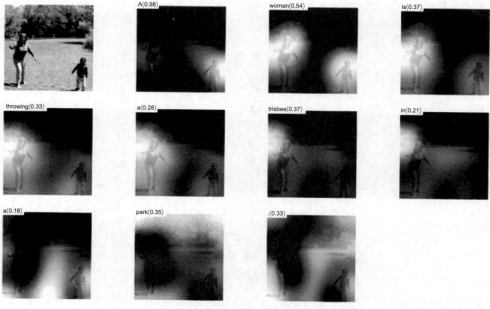

图 1-12 计算机视觉中的注意力机制

图 1-13 所示的多头注意力机制是 Transformer 体系结构的重要组成部分。

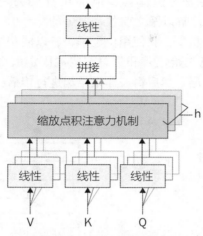

图 1-13 多头注意力机制

接下来讨论多头注意力机制。

1.5.2 多头注意力机制

在讨论缩放点积注意力机制之前，需要充分理解自注意力机制。如图 1-15 所示，自注意力机制是一种缩放自注意力机制的基本形式。该注意力机制使用输入矩阵（图 1-15 中表示为 X），并在 X 中的各个项目之间生成注意力得分。将 X 视为一个 3×4 矩阵，其中，3 表示标记的数量，4 表示嵌入的大小。图 1-15 中的 Q 表示查询（query），K 表示键（key），V 表示值（value）。三种类型的矩阵（图 1-15 中分别为 θ、ϕ 和 g）在生成 Q、K 和 V 之前乘以 X。查询（Q）和键（K）之间的相乘结果生成注意力得分矩阵。这也可以看作一个数据库，在其中使用键进行查询，以找出在数值评估方面有多少不同的项是相关的。将注意力得分与 V 矩阵相乘，将得到这种注意力机制的最终结果。这种机制被称为自注意力机制的主要原因在于，其统一的输入为 X，而 Q、K 和 V 都是由 X 计算出来的。图 1-14 描述了上述内容。

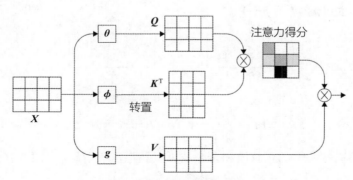

图 1-14 注意力机制的数学表示

缩放点积注意力机制与自注意力（点积）机制非常相似，其区别在于是否使用了缩放因子。另外，多头自注意力确保模型能够在所有级别下查看输入的各个方面。Transformer 模型关注编码器注解以及之前各个层中的隐藏值。Transformer 模型体系结构没有包含循环的分步流程；相反，它使用位置编码，以便获得关于输入序列中每个标记的位置信息。嵌入值（随机初始化）和位置编码的固定值拼接在一起作为输入，并馈入第一个编码器部分的各个层，然后沿着体系结构进行传播，如图 1－15 所示。

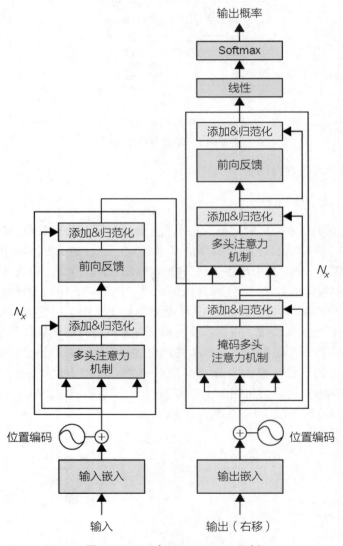

图 1－15　一个 Transformer 示例

通过计算不同频率下的正弦波和余弦波可以获得位置信息。图 1－16 所示为位置编码的示例。

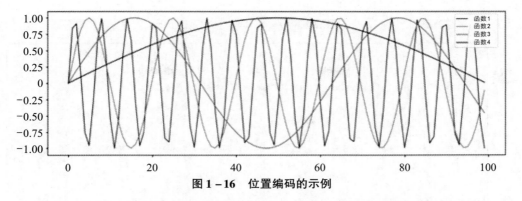

图 1-16 位置编码的示例

图 1-17 给出了 Transformer 体系结构和缩放点积注意力机制性能的经典示例。

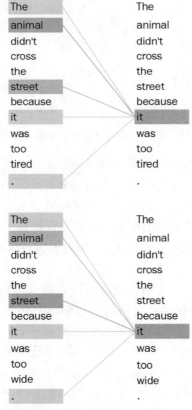

图 1-17 Transformer 的注意力映射

从图 1-17 中可以看出，单词 it 指示不同上下文中的不同实体。Transformer 体系结构的另一个改进是并行处理。传统的顺序递归模型（如长短期记忆网络和门控循环单元）并不具备并行处理能力，因为它们按逐个标记的方式处理输入。另外，前馈层的速度要快一点，因为单矩阵乘法远比循环单元快。多头注意力层的堆栈可以更好地理解复杂的句子。图 1-18 所示为多头注意力机制的一个经典视觉示例。

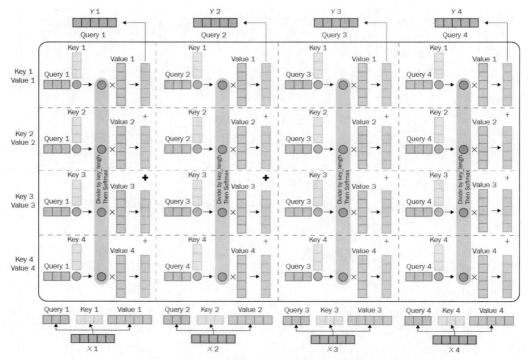

图 1-18　多头注意力机制的一个经典视觉示例

在注意力机制的解码器端,使用了与编码器非常相似的方法,只是稍加修改。多头注意力机制完全相同,但也使用编码器堆栈的输出。该编码被赋予第二个多头注意层中的每个解码器堆栈。这是一个小小的改进,在解码时引入了编码器堆栈的输出。这种改进使模型在解码时能够感知编码器的输出,同时在训练期间帮助模型在各个层具有更好的梯度流。解码器层末尾的最后一个 Softmax 层用于为各种用例(如神经机器翻译)提供输出,其中引入了原始的 Transformer 体系结构。

这种体系结构有两个输入,即输入和输出(右移)。其中一个在训练和推理中始终存在(输入),而另一个仅在模型产生的训练和推理中存在。在推理中不使用模型预测的原因是防止模型本身出错。但这意味着什么?想象一下,一个神经翻译模型试图在每一步将一个句子从英语翻译成法语,它对一个单词进行预测,并使用预测的单词预测下一个单词。但是,如果某一步出了问题,下面所有的预测也都将是错误的。为了防止模型出现这样的错误,本节提供了正确的单词作为一个右移版本。

图 1-19 所示为 Transformer 模型的可视化示例。该图显示了一个具有两个编码器和两个解码器层的 Transformer 模型。图 1-19 中的添加 & 规范化(Add&Normalize)层添加并规范化从前馈层获取的输入。

Transformer 体系结构的另一个主要改进是基于一个简单的通用文本压缩方案,以防止在输入端出现不可见的标记。这种改进使用不同的方法(例如,字节对编码以及句子片段编码)来实现,提高了 Transformer 处理不可见标记的性能。当模型遇到形态上近

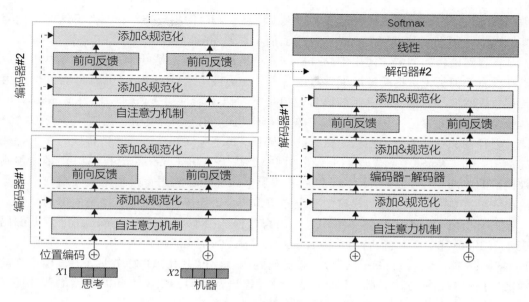

图 1-19 Transformer 模型的可视化示例

似的标记时，它也可以指导模型。这样的标记在过去是不可见的，在训练中很少被使用，但是在推理中有可能是可见的。在某些情况下，训练中会看到大量的信息；后者发生在形态丰富的语言中，如土耳其语、德语、捷克语和拉脱维亚语。例如，模型可能会看到单词 training，但不会看到 trainings。在这种情况下，模型可以将 trainings 标记为 training + s。当用户将这两个形态视为两个部分时，这两个部分是常见的形态。

基于 Transformer 的模型具有特别常见的特征。例如，它们都基于这个原始体系结构，区别在于模型所使用的步骤和不使用的步骤。在某些情况下，这些模型会产生微小的差异，例如对多头注意力机制的改进。

1.6 在迁移学习中结合使用 Transformer

迁移学习（Transfer Learning，TL）是人工智能（Artificial Intelligence，AI）和机器学习的一个领域，旨在使模型可以用于不同的任务。例如，在给定任务（如 A）上训练的模型可以用于不同的任务（如 B）。在自然语言处理领域，这可以使用类似 Transformer 的体系结构来实现，这种体系结构可以通过语言建模捕获对语言本身的理解。这些模型称为语言模型，它们为经过训练的语言提供了一个模型。迁移学习并不是一种新技术，它已被应用于计算机视觉等各个领域。ResNet、Inception、VGG 和 EfficientNet 都是此类模型的示例，这些模型都可以用作预先训练的模型，能够对不同的计算机视觉任务进行微调。

在自然语言处理中，也可以使用 Word2vec、GloVe 和 Doc2vec 等模型进行浅层迁移学习。之所以称为浅层，是因为这种迁移学习背后没有模型，而是使用了单词/标记的预训练向量。可以使用这些标记或文档嵌入模型,然后使用分类器,或者将这些模型与其他模型(如循环神经网络)结合使用,而不是使用随机嵌入。

在自然语言处理中,使用 Transformer 模型的迁移学习也是可能的,因为这些模型可以在没有任何标记数据的情况下学习语言本身。语言建模是一项用于训练各种问题的可转移权重的任务。带掩码机制的语言建模是学习语言本身的方法之一。与 Word2vec 的基于窗口的中心标记预测模型一样,在带掩码机制的语言建模中,也采用了类似的方法,但存在关键的差异。在给定概率的情况下,每个单词都被掩蔽并被替换为一个特殊的标记,如[MASK]。语言模型(在本例中是基于 Transformer 的语言模型)必须预测被掩蔽的单词。与 Word2vec 不同的是,基于 Transformer 的语言模型不使用窗口,而是给出一个完整的句子,并且模型的输出必须是同一个句子,并填充被掩蔽的单词。

最早使用 Transformer 体系结构进行语言建模的模型之一是 Transformer 的双向编码表示(Bidirectional Encoder Representations form Transformer BART),它的实现基于 Transformer 体系结构的编码器部分。带掩码的语言建模由 BERT 使用训练语言模型之前和之后描述的相同方法完成。BERT 是一种迁移语言模型,用于不同的自然语言处理任务,如标记分类、序列分类,甚至问答系统。

一旦一个语言模型被训练出来,这些任务中的每一个都是 BERT 的一个微调任务。BERT 因其在基本 Transformer 编码器模型上的关键特征而闻名。通过改变这些特征,人们提出了小、极小、基本、大和超大的不同版本。上下文嵌入使模型能够根据给定的上下文确定每个单词的正确含义。例如,单词 Cold 可以在两个不同的句子中具有不同的含义:Cold – hearted killer(冷血杀手)和 Cold weather(寒冷天气)。编码器部分的层数、输入维度、输出嵌入维度和多头注意力机制的数量都是所谓的关键特征,如图 1 – 20 所示。

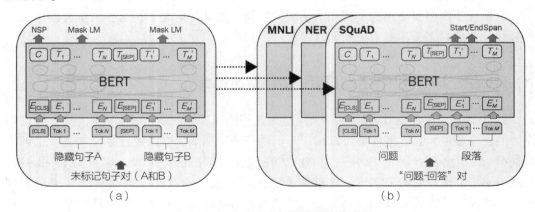

图 1 – 20　BERT 的预训练和微调过程
(a)预训练;(b)微调

在图 1 – 20 中,预训练(Pre – training)阶段还包括另一个目标,称为 next – sentence prediction(下一个句子预测)。正如我们所知道的,每个文档都是由相邻的句子组成的。训练一个模型捕获语言的另一个重要部分是理解句子之间的关系(无论这些句子是否相关）。为了完成这些任务，BERT引入了特殊的标记，如［CLS］和［SEP］。［CLS］标记最初是一个无意义的标记，用作所有任务的开始标记，并且包含有关句子的所有信息。在序列分类任务（如NSP）中，使用位于该标记输出顶部的分类器（输出位置为0）。该分类器也有助于评估句子的意义或者获取句子的语义。例如，当使用Siamese BERT模型时，通过余弦相似性等度量来比较不同句子的两个［CLS］标记非常有用。另外，［SEP］标记用于区分两个句子，它仅用于分隔两个句子。在预训练后，如果期望对序列分类任务（如情感分析）的BERT进行微调（这是一项序列分类任务），那么将在［CLS］标记的输出嵌入上使用分类器。值得注意的是，所有迁移学习模型都可以在微调期间冻结或释放。冻结意味着将模型中的所有权重和偏差视为常量，并停止对其进行训练。在情感分析的例子中，如果模型冻结，那么只训练分类器，而不是训练模型。

1.7 本章小结

通过本章学习，读者了解到自然语言处理的各种方法及其演变历程：从BoW到Transformer；研究了如何实现基于词袋的方法、基于循环神经网络的方法、基于卷积神经网络的方法，并了解了什么是Word2vec，以及它如何帮助改善传统的基于深度学习的方法使用浅层的迁移学习；还以BERT作为示例，探讨了Transformer体系结构的基础。到本章结束时，读者了解了迁移学习，以及BERT是如何利用迁移学习的实现机制的。

至此，读者了解了继续下一章学习所需的基本知识，理解了Transformer体系结构背后的主要思想，以及如何使用这种体系结构应用迁移学习。

下一章将介绍如何从头开始运行一个简单的Transformer示例，给出有关安装步骤的相关信息，并详细研究如何使用数据集和基准测试。

第 2 章 Transformer的实践操作入门

到目前为止，读者已经全面了解了基于深度学习方法的自然语言处理的发展历程。了解了一些有关 Transformer 及其相关体系结构的基本信息。在本章中，将深入探讨如何使用 Transformer 模型。本章将通过操作实例详细阐述分词器（Tokenizer）及其模型（例如 BERT）的技术细节，包括如何加载分词器/模型，以及如何使用社区提供的预训练模型。但在使用任何特定模型之前，将先讨论使用 Anaconda 提供必要环境所需的安装步骤。在安装步骤中，将介绍在各种操作系统（如 Linux、Windows 和 macOS）中安装库和程序的方法。本章还介绍了 PyTorch 和 TensorFlow 的两种版本［中央处理器（Central Processing Unit，CPU）和图形处理单元（Graphics Processing Unit，GPU）］的安装方法。本章还提供了在 Google Colaboratory（Google Colab）上快速安装 Transformer 库的方法。本章还包含一节，专门介绍在 PyTorch 和 TensorFlow 框架中使用模型的方法。

本章的另一个重要部分是 huggingface 模型库，其中讨论了寻找不同的模型和使用各种管道的步骤。例如，详细介绍了双向和自回归 Transformer（Bidirectional and Auto-Regressive Transformer，BART）、BERT 和表解析（TAble PArSing，TAPA）等模型，简要讨论了生成式预训练 Transformer 2（Generative Pre-trained Transformer 2，GPT-2）的文本生成。然而，这仅是一个概述，本章的这一部分涉及安装环境和使用预先训练的模型。本章没有讨论模型训练，模型训练是后续章节的讨论重点。

一切准备就绪，并且读者已经了解了如何通过社区提供的模型使用 Transformer 库进行推理之后，将阐述 datasets 库。本章将介绍如何加载各种数据集、基准测试，以及如何使用各种度量；主要讨论如何加载一个特定的数据集并从中获取数据；讨论跨语言数据集以及如何使用 datasets 库加载本地文件；研究 map( ) 函数和 filter( ) 函数，这两个函数是 datasets 库在模型训练方面的重要函数。

本章是本书的重要部分，因为本章详细阐述了 datasets 库。了解如何使用社区提供的模型并为本书的后续章节准备好系统环境，这也是至关重要的。

本章将介绍以下主题。

(1) 使用 Anaconda 安装 Transformer。
(2) 使用语言模型和分词器。
(3) 使用社区提供的模型。
(4) 使用基准测试和数据集。
(5) 速度和内存的基准测试。

2.1 技术需求

本章需要安装以下库和软件列表。尽管安装最新版本具有一定的优势,但必须安装彼此兼容的版本。

(1) Anaconda;
(2) Transformer 4.0.0;
(3) PyTorch 1.1.0;
(4) TensorFlow 2.4.0;
(5) Datasets 1.4.1。

可以通过以下 GitHub 链接获得本章中所有的源代码:
https://github.com/PacktPublishing/Mastering-Transformer/tree/main/CH02。

2.2 使用 Anaconda 安装 Transformer

Anaconda 是 Python 和 R 程序设计语言的一个发行版,简化了包的发行和部署,适用于科学计算。本章将介绍 Transformer 库的安装。但是,也可以在不借助 Anaconda 的情况下安装 Transformer 库。使用 Anaconda 的主要动机是更容易解释过程,并协调所使用的包。

如果要开始安装相关库,必须先安装 Anaconda。Anaconda 文档提供的官方指南提供了为常见操作系统(macOS、Windows 和 Linux)安装该软件的简单步骤。

2.2.1 在 Linux 操作系统中安装 Anaconda

目前有许多不同的 Linux 发行版可以供用户选择使用,但 Ubuntu 是其中的首选之一。本小节介绍在 Linux 操作系统中安装 Anaconda 的步骤。具体步骤如下。

(1) 从 Anaconda 的官网下载 Linux 版本的 Anaconda 安装程序。在浏览器中打开网址 https://www.anaconda.com/products/individual#Downloads,然后跳转到 Linux 部分,如图 2-1 所示。

图 2-1 Linux 版本的 Anaconda 下载链接

(2) 运行 bash 命令进行安装，并完成以下安装步骤。
(3) 打开终端并运行以下命令。

```
bash Terminal./FilePath/For/Anaconda.sh
```

(4) 按 Enter 键阅读许可协议，如果不想全部阅读，请按 Q 键。
(5) 单击"Yes"按钮表示同意。
(6) 单击"Yes"按钮使安装程序始终初始化 conda 根环境。
(7) 从终端运行 Python 命令后，结果将会在 Python 版本信息后显示 Anaconda 提示符。
(8) 可以从终端运行 anaconda – navigator 命令，以访问 Anaconda Navigator（Anaconda 导航器）。结果将显示 Anaconda 图形用户界面（Graphical User Interface，GUI），并开始加载相关模块，如图 2 – 2 所示。

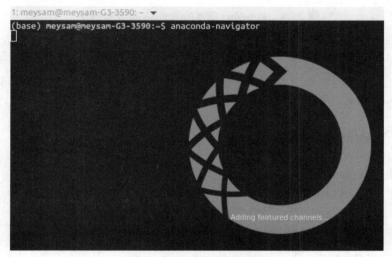

图 2 – 2　Anaconda 导航器

2.2.2　在 Windows 操作系统中安装 Anaconda

在 Windows 操作系统中安装 Anaconda 的步骤如下。

(1) 从 Anaconda 的官网下载 Windows 版本的 Anaconda 安装程序。在浏览器中打开网址 https://www.anaconda.com/products/individual#Downloads，然后跳转到 Windows 部分，如图 2 – 3 所示。

图 2 – 3　Windows 版本的 Anaconda 下载链接

（2）运行下载的安装程序，按照指南，单击"I Agree"按钮。
（3）选择安装位置，如图 2-4 所示。

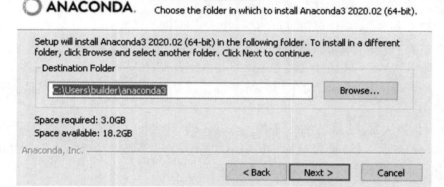

图 2-4　Windows 版本的 Anaconda 安装程序

（4）确认勾选"Add Anaconda3 to my PATH environment variable（添加 Anaconda3 到 PATH 环境变量）"复选框，如图 2-5 所示。如果没有勾选这个复选框，那么系统不会将 Anaconda 版本的 Python 添加到 Windows 环境变量中，从而无法在 Windows shell 或 Windows 命令行中直接运行 Python 命令。

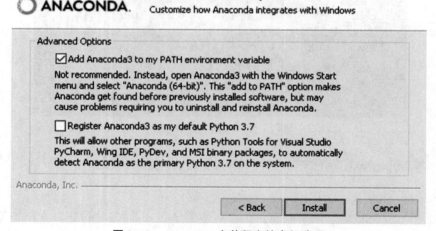

图 2-5　Anaconda 安装程序的高级选项

（5）按照其余的安装说明指示步骤完成安装。

至此，用户应该能够从"start（开始）"菜单中启动 Anaconda Navigator。

2.2.3　在 macOS 操作系统中安装 Anaconda

在 macOS 操作系统中安装 Anaconda 的步骤如下。

（1）从 Anaconda 的官网下载 macOS 版本的 Anaconda 安装程序。在浏览器中打开网址 https://www.anaconda.com/products/individual#Downloads，然后跳转到 macOS 部分，如图 2-6 所示。

图 2-6　macOS 版本的 Anaconda 下载链接

（2）运行下载的安装程序。

（3）按照安装说明，单击"Install"按钮，在预定义位置安装 macOS 版本的 Anaconda，如图 2-7 所示。用户可以更改默认安装路径，但一般不建议修改。

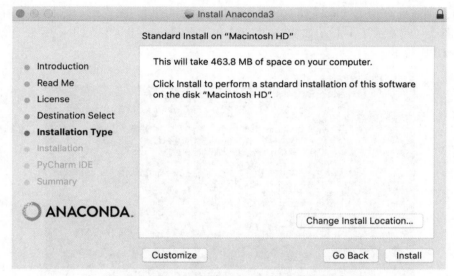

图 2-7　macOS 的 Anaconda 安装程序

完成安装后，用户应该能够访问 Anaconda Navigator。

2.2.4　安装 TensorFlow、PyTorch 和 Transformer

TensorFlow 和 PyTorch 是深度学习的两个主要库，可以通过 pip 或 conda 本身进行安装。conda 提供了一个命令行界面（Command-Line Interface，CLI），用于轻松地安装这些库。

为了安装一个干净的环境，并避免与其他环境冲突，最好为 huggingface 库创建一个 conda 环境。用户可以运行以下代码来创建一个虚拟环境。

```
conda create -n Transformer
```

上述命令将为安装其他库创建一个空的虚拟环境。创建虚拟环境之后，需要激活虚拟环境。激活方法如下所示。

```
conda activate Transformer
```

运行以下命令，可以轻松安装 Transformer 库。

```
conda install -c conda-forge tensorflow
conda install -c conda-forge pytorch
conda install -c conda-forge Transformer
```

conda install 命令中的 -c 参数允许 Anaconda 使用其他通道搜索库。

请注意，必须安装 TensorFlow 和 PyTorch，因为 Transformer 库同时使用这两个库。另外一个注意事项是 conda 可以轻松处理 TensorFlow 的 CPU 和 GPU 版本。只需将 -gpu 放在 tensorflow 之后，conda 将自动安装 GPU 版本。若通过 cuda 库（GPU 版本）安装 PyTorch，则需要有相关的库（如 cuda），但 conda 会自动处理，无须额外的手动设置或安装。图 2-8 显示了 conda 如何通过安装相关的 cudatoolkit 和 cudnn 库来自动安装 PyTorch GPU 版本。

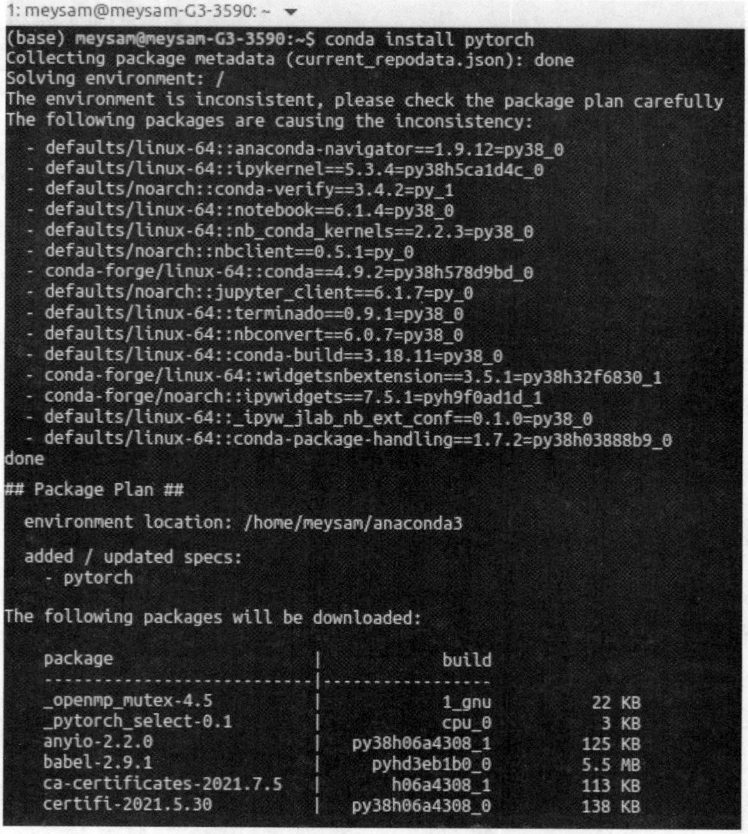

```
1: meysam@meysam-G3-3590: ~
(base) meysam@meysam-G3-3590:~$ conda install pytorch
Collecting package metadata (current_repodata.json): done
Solving environment: /
The environment is inconsistent, please check the package plan carefully
The following packages are causing the inconsistency:

  - defaults/linux-64::anaconda-navigator==1.9.12=py38_0
  - defaults/linux-64::ipykernel==5.3.4=py38h5ca1d4c_0
  - defaults/noarch::conda-verify==3.4.2=py_1
  - defaults/linux-64::notebook==6.1.4=py38_0
  - defaults/linux-64::nb_conda_kernels==2.2.3=py38_0
  - defaults/noarch::nbclient==0.5.1=py_0
  - conda-forge/linux-64::conda==4.9.2=py38h578d9bd_0
  - defaults/noarch::jupyter_client==6.1.7=py_0
  - defaults/linux-64::terminado==0.9.1=py38_0
  - defaults/linux-64::nbconvert==6.0.7=py38_0
  - defaults/linux-64::conda-build==3.18.11=py38_0
  - conda-forge/linux-64::widgetsnbextension==3.5.1=py38h32f6830_1
  - conda-forge/noarch::ipywidgets==7.5.1=pyh9f0ad1d_1
  - defaults/linux-64::_ipyw_jlab_nb_ext_conf==0.1.0=py38_0
  - defaults/linux-64::conda-package-handling==1.7.2=py38h03888b9_0
done

## Package Plan ##

  environment location: /home/meysam/anaconda3

  added / updated specs:
    - pytorch


The following packages will be downloaded:

    package                    |            build
    ---------------------------|-----------------
    _openmp_mutex-4.5          |            1_gnu          22 KB
    _pytorch_select-0.1        |            cpu_0           3 KB
    anyio-2.2.0                |   py38h06a4308_1         125 KB
    babel-2.9.1                |     pyhd3eb1b0_0         5.5 MB
    ca-certificates-2021.7.5   |       h06a4308_1         113 KB
    certifi-2021.5.30          |   py38h06a4308_0         138 KB
```

图 2-8　在 conda 中安装 PyTorch 和相关 cuda 库

请注意，所有这些安装操作也可以在没有 conda 的情况下完成，但使用 Anaconda 的原因在于其易用性。在使用虚拟环境或者安装 GPU 版本的 TensorFlow 或 PyTorch 方面，Anaconda 的工作方式就像魔术一样，可以节省大量时间。

2.2.5 使用 Google Colab 安装环境

即使使用 Anaconda 可以节省时间并且非常有用，但在大多数情况下，并不是每个人都有良好的、合理的计算资源。在这种情况下，Google Colab 是一个很好的选择。可以使用以下命令在 Colab 中安装 Transformer 库。

```
!pip install Transformer
```

命令语句前面的感叹号（!）使代码可以在 Colab shell 中运行，这相当于在终端中运行代码，而不是使用 Python 解释器运行代码。该命令将自动安装 Transformer 库。

2.3 使用语言模型和分词器

本节介绍如何将 Transformer 库与语言模型及其相关的分词器（tokenizers）一起使用。为了使用指定的语言模型，首先需要导入对应的库，从 Google 提供的 BERT 模型开始，并使用其预训练版本。代码片段如下所示。

```
>>> from Transformer import BERTTokenizer
>>> tokenizer = \
BERTTokenizer.from_pretrained('BERT-base-uncased')
```

在上述代码片段中，第 1 行导入了 BERT 分词器，第 2 行下载了 BERT 基本版本的预训练分词器。请注意，不区分大、小写的版本使用不区分大、小写的字母进行训练，因此文本采用大写还是小写是无关紧要的。为了测试并查看输出，可以运行以下代码片段。

```
>>> text = "Using Transformer is easy!"
>>> tokenizer(text)
```

其输出结果如下所示。

```
{'input_ids':[101,2478,19081,2003,3733,999,102],'token_type_ids':[0,0,0,0,0,0,0],'attention_mask':[1,1,1,1,1,1,1]}
```

input_ids 显示每个标记的标记 ID，token_type_ids 显示分隔第 1 个序列和第 2 个序列的标记类型，如图 2-9 所示。

```
0 0 0 0 0 0 0 0 0 0 1 1 1 1 1 1 1 1
| first sequence  | second sequence |
```

图 2-9 BERT 的序列分隔

注意，attention_mask 是一个由 0 和 1 组成的掩码，用于显示 Transformer 模型中序列的开始和结束，以避免不必要的计算。每个分词器都按自己的方式向原始序列添加特殊标记。对于 BERT 分词器，它将［CLS］标记添加到序列的开头，将［SEP］标记添加到序列的结尾，结果显示为 101 和 102。这些数字来自预训练分词器的标记 ID。

分词器可以分别用于基于 PyTorch 的 Transformer 模型以及基于 TensorFlow 的 Transformer 模型。为了输出对应模型所要求的输出，必须在命令参数 return_tensors（返回张量）中指定 pt 或 tf 关键字。例如，运行以下命令就可以使用分词器。

```
>>> encoded_input = tokenizer(text, return_tensors = "pt")
```

变量 encoded_input 中包含 PyTorch 模型所需要的分词文本。例如，为了运行模型（如 BERT 基础模型），可以使用以下代码，从 huggingface 库中下载模型。

```
>>> from Transformer import BERTModel
>>> model = BERTModel.from_pretrained("BERT-base-uncased")
```

通过以下代码行，可以将分词器的输出传递给下载的模型。

```
>>> output = model(**encoded_input)
```

模型的输出结果为嵌入和交叉注意力输出的形式。

在加载和导入模型时，可以指定需要使用的模型版本。如果模型名称包含前缀 TF，Transformer 库将加载对应的 TensorFlow 版本。以下代码显示了如何加载和使用 BERT 基础模型的 TensorFlow 版本。

```
from Transformer import BERTTokenizer, TFBERTModel
tokenizer = \
BERTTokenizer.from_pretrained('BERT-base-uncased')
model = TFBERTModel.from_pretrained("BERT-base-uncased")
text = " Using Transformer is easy!"
encoded_input = tokenizer(text, return_tensors ='tf')
output = model(**encoded_input)
```

对于特定的任务，如使用语言模型填充掩码，可以直接使用 huggingface 库设计的管道。例如，在以下代码段中，包含了填充掩码的任务。

```
>>> from Transformer import pipeline
>>> unmasker = \
pipeline('fill-mask', model ='BERT-base-uncased')
>>> unmasker("The man worked as a [MASK].")
```

上述代码片段将生成以下输出，显示得分以及可能放置在［MASK］标记中的标记。

```
[{'score': 0.09747539460659027,'sequence':'the man worked
as a carpenter.','token': 10533,'token_str':'carpenter'},
```

```
{'score': 0.052383217960596085,'sequence':'the man worked
as a waiter.','token': 15610,'token_str':'waiter'},
{'score': 0.049627091735601425,'sequence':'the man worked
as a barber.','token': 13362,'token_str':'barber'},
{'score': 0.03788605332374573,'sequence':'the man worked
as a mechanic.','token': 15893,'token_str':'mechanic'},
{'score': 0.03768084570765495,'sequence':'the man worked as
a salesman.','token': 18968,'token_str':'salesman'}]
```

为了使用 pandas 来显示整洁的视图，请运行以下代码。

```
>>> pd.DataFrame(unmasker("The man worked as a [MASK]."))
```

输出结果如图 2-10 所示。

	score	sequence	token	token_str
0	0.097475	the man worked as a carpenter.	10533	carpenter
1	0.052383	the man worked as a waiter.	15610	waiter
2	0.049627	the man worked as a barber.	13362	barber
3	0.037886	the man worked as a mechanic.	15893	mechanic
4	0.037681	the man worked as a salesman.	18968	salesman

图 2-10　BERT 掩码填充的输出结果

到目前为止，读者学习了如何加载和使用预训练的 BERT 模型，并且已经了解了分词器的基本知识，以及模型的 PyTorch 版本和 TensorFlow 版本的差异。在下一节中，将学习如何使用社区提供的模型加载不同的模型，阅读模型作者提供的相关信息，以及使用不同的管道，如文本生成管道、问题回答系统管道。

2.4　使用社区提供的模型

Hugging Face 拥有由大型人工智能和信息技术（Information Technology，IT）公司（如 Google 和 Facebook）的合作者提供的大量社区模型，还包括个人和大学研究人员提供的许多有趣的模型。访问和使用这些模型非常容易。首先，访问 Hugging Face 网站上的 Transformer models 目录（https://huggingface.co/models），如图 2-11 所示。

除了这些模型之外，自然语言处理任务还可以使用许多优秀的、实用的数据集。为了使用其中一些模型，可以通过关键字来搜索这些模型，或者通过指定主要的自然语言处理任务和管道来搜索这些模型。

例如，假设用户正在寻找一个表问答系统模型。在找到一个感兴趣的模型后，Hugging Face 网站将显示一个类似图 2-12 的页面（https://huggingface.co/google/tapas-base-finetuned-wtq）。

图 2-11　Hugging Face 网站中的模型存储库

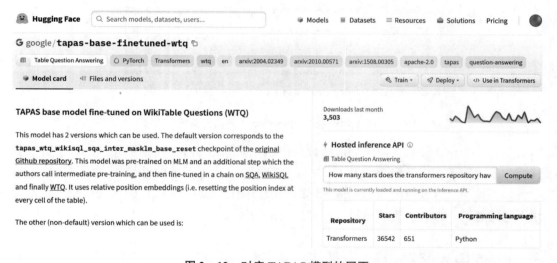

图 2-12　对应 TAPAS 模型的网页

在图 2-12 所示网页的右侧有一个面板，可以在其中测试此模型。请注意，这是一个表问答系统的模型，可以回答提供给模型的有关表的问题。如果用户问一个问题，模型会通过突出显示答案来回答。图 2-13 显示了用户获取输入并提供特定表的答案的过程。

每个模型都包含一个由模型作者提供的页面，也称为模型卡。可以通过模型页面中提供的示例使用模型。例如，可以访问 Hugging Face GPT-2 网页并查看作者提供的示例（https://huggingface.co/gpt2），如图 2-14 所示。

建议使用管道，因为 Transformer 库负责完成所有的复杂操作。作为另一个示例，假设需要一个现成的零样本（zero-shot）分类器。以下代码片段表明，实现和使用这种预训练模型非常简单。

```
⊞ Table Question Answering
How many stars does the transformers repository have?    [Compute]
1 match: AVERAGE > 36542

Repository    Stars    Contributors    Programming language
Transformers  36542    651             Python
Datasets      4512     77              Python
Tokenizers    3934     34              Rust, Python and NodeJS

= Add row    ‖ Add col                              Reset table
Computation time on cpu: cached.
```

图 2 – 13　使用 TAPAS 的表问答系统

How to use

You can use this model directly with a pipeline for text generation. Since the generation relies on some randomness, we set a seed for reproducibility:

```
>>> from transformers import pipeline, set_seed
>>> generator = pipeline('text-generation', model='gpt2')
>>> set_seed(42)
>>> generator("Hello, I'm a language model,", max_length=30, num_return_sequence

[{'generated_text': "Hello, I'm a language model, a language for thinking, a lan
 {'generated_text': "Hello, I'm a language model, a compiler, a compiler library
 {'generated_text': "Hello, I'm a language model, and also have more than a few
 {'generated_text': "Hello, I'm a language model, a system model. I want to know
 {'generated_text': 'Hello, I\'m a language model, not a language model"\n\nThe
```

图 2 – 14　Hugging Face GPT – 2 网页中的文本生成代码示例

```
>>> from Transformers import pipeline
>>> classifier = pipeline("zero-shot-classification",
model="facebook/bart-large-mnli")
>>> sequence_to_classify = "I am going to france."
>>> candidate_labels = ['travel','cooking','dancing']
>>> classifier(sequence_to_classify, candidate_labels)
```

上述代码片段将产生以下输出结果。

```
{'labels':['travel','dancing','cooking'],
'scores':[0.9866883158683777, 0.007197578903287649,
0.006114077754318714],'sequence':'I am going to france.'}
```

到目前为止，本节完成了模型的安装以及 Hello World 应用程序的测试。本节详细介绍了模型的安装过程，完成了环境设置，并体验了第一个 Transformer 管道。在接下来的章节中，将介绍 datasets 库，它将是后续章节中实验内容不可或缺的实用工具。

2.5 使用基准测试和数据集

在介绍 datasets 库之前,有必要讨论一些重要的基准测试。例如,通用语言理解评估(General Language Understanding Evaluation[①],GLUE)、多语言编码器的跨语言迁移评估(Cross-lingual Transfer Evaluation of Multilingual Encoders,XTREME)和斯坦福问答数据集(Stanford Question Answering Dataset,SQuAD)。基准测试对于在多任务和多语言环境中的迁移学习尤其重要。在自然语言处理中,用户主要关注特定的度量指标,即特定任务或数据集的性能得分。借助 Transformer 库,可以将从特定任务中学到的知识迁移到相关任务上,这称为迁移学习。通过在相关问题之间迁移表示,用户能够训练跨任务并且共享共同语言知识的通用模型,也称之为多任务学习(Multi-Task Learning,MTL)。迁移学习的另一个方面是跨自然语言(多语言模型)的迁移知识。

2.5.1 重要的基准测试

本小节介绍基于 Transformer 体系结构并且被广泛使用的重要基准测试。这些基准测试对多任务学习以及多语言和零样本学习(包括许多具有挑战性的任务)做出了很大贡献。本小节研究以下基准测试。

(1)GLUE;

(2)SuperGLUE;

(3)XTREME;

(4)XGLUE;

(5)SQuAD。

为了节约篇幅,仅讨论 GLUE 基准测试的任务细节。下面讨论该基准测试。

1. GLUE 基准测试

最近的研究成果表明,多任务训练方法作为一种特殊模式,与单任务学习方法相比,可以取得更好的效果。在这个研究方向上,为多任务学习引入了 GLUE 基准测试,它是一组工具和数据集,用于评估任务列表中多任务学习模型的性能。GLUE 基准测试提供了一个公共排行榜,用于监控基准测试上的提交性能,以及汇总了 11 项任务的单个数字指标。GLUE 基准测试包括许多基于现有任务的句子理解任务,这些任务涵盖不同大小、文本类型和难度级别的各种数据集。这些任务分为三大类,每个大类及其具体示例概述如下。

1)单句子任务

(1)CoLA:Corpus of Linguistic Acceptability(语言可接受性语料库)数据集。这项任务包括从语言学理论文章中得出的英语可接受性判断。

(2)SST-2:Stanford Sentiment Treebank(斯坦福情绪树库)数据集。这项任务包

[①] 原著此处拼写错误,应该是 Evaluation。——译者注

括电影评论中的句子和用 pos/neg 标签对其情感进行的人工标注。

2）相似性和释义任务

（1）MRPC：Microsoft Research Paraphrase Corpus（微软研究释义语料库）数据集。这项任务主要检测两个句子在语义上是否等价。

（2）QQP：Quora Question Pairs（Quora 问题对）数据集。这项任务确定一对疑问句在语义上是否等价。

（3）STS-B：Semantic Textual Similarity Benchmark（语义文本相似性基准测试）数据集。这项任务是从新闻标题中提取的句子对集合，相似性得分在 1 和 5 之间。

3）推理任务

（1）MNLI：Multi-Genre Natural Language Inference（多体裁自然语言推理）语料库。它是一组具有文本蕴含（textual entailment）的句子对。这项任务是预测文本是否包含假设（蕴含关系），是否与假设冲突（矛盾关系），或者两者都不是（中性关系）。

（2）QNLI：Question Natural Language Inference（自然语言问题推理）数据集。这是 SQuAD 的转换版本。这项任务是检查一个句子是否包含一个问题的答案。

（3）RTE：Recognizing Textual Entailment（文本蕴含识别）数据集。这是一项具有挑战性的文本蕴含任务，需要组合来自不同来源的数据。该数据集类似之前的自然语言问题推理 QNLI 数据集，其任务是检查第一个文本是否包含第二个文本。

（4）WNLI：Winograd Natural Language Inference（Winograd 自然语言推理）模式挑战。它最初是一个代词解析任务，用于连接一个句子中的代词和短语。GLUE 将该问题转化为句子对的分类问题。

2. SuperGLUE 基准测试

与 GLUE 相类似，SuperGLUE 也是一个新的基准测试，采用了一组新的更难理解的语言任务，并利用现有数据，提供了一个由大约 8 个语言任务组成的公共排行榜，与 GLUE 等单一数字性能指标关联。其背后的动机是，在写这本书时，目前最先进的 GLUE 得分（90.8）超过了人类的表现（87.1）。因此，SuperGLUE 为通用语言理解技术提供了更具挑战性和多样性的任务。

在 gluebenchmark.com 网站上，用户可以访问 GLUE 和 SuperGLUE 的基准测试。

3. XTREME 基准测试

近年来，自然语言处理研究者越来越关注学习通用表征，而不是学习一个可以应用于许多相关任务的单一任务。构建通用语言模型的另一种方法是使用多语言任务。据观察，最近的多语种模型，如多语种 BERT（mBERT）和 XLM-R，在大量多语种语料库的预训练下，在将其迁移到其他语言时表现更好。因此，本节所提出的基准测试的主要优势在于，跨语言泛化使用户能够通过零样本跨语言迁移，在资源匮乏的语言中构建成功的自然语言处理应用程序。

基于这样的研究目的，本节设计了 XTREME 基准测试。它目前包括大约 40 种不同的语言，属于 12 个语系，包括 9 种不同的任务，需要对不同层次的语法或语义进行推理。然而，将一个模型扩展到 7 000 多种世界语言仍然是一个挑战，语言覆盖率和模型能力之间存在着权衡。

4. XGLUE 基准测试

XGLUE 是另一个跨语言基准测试，用于评估和改进自然语言理解（Natural Language Understanding，NLU）和自然语言生成（Natural Language Generation，NLG）的跨语言预训练模型的性能。它最初由 19 种语言的 11 项任务组成。与 XTREME 的第一个区别是，每个任务的训练数据只有英文版本。它迫使语言模型只从英语文本数据中学习，并将这些知识迁移到其他语言中，这就是所谓的零样本跨语言迁移能力。第二个区别是，它同时具有自然语言理解和自然语言生成任务。

5. SQuAD 基准测试

SQuAD 是自然语言处理领域中广泛使用的问答系统数据集。它提供了一组"问题–回答"对，以对自然语言处理模型的阅读理解能力进行基准测试。它由一系列问题、一段阅读文章和一个答案组成，所提供的答案由众包工人（crowdworker）在一组维基百科文章中进行人工标注。问题的答案通过阅读文章中的一段文字来获取。最初的版本 SQuAD1.1 在收集数据集时，没有提供"unanswerable（无法回答）"选项，因此每个问题都有一个答案，可以在所阅读文章的某个地方找到。自然语言处理模型被迫回答这个问题，即使这似乎不可能。SQuAD2.0 是一个改进的版本，自然语言处理模型在可能的情况下回答问题，在不可能回答的情况下避免回答问题。SQuAD2.0 包含 50 000 个无法回答的问题，这些问题由众包工人以对抗的方式编写，看起来类似可回答的问题。此外，SQuAD2.0 还从 SQuAD1.1 中提取了 100 000 个问题。

2.5.2 使用应用程序编程接口访问数据集

datasets 库提供了一个非常有效的实用工具，通过 Hugging Face 中心与社区加载、处理和共享数据集。与 TensorFlow 数据集一样，datasets 库可以根据请求直接从原始数据集主机下载、缓存和动态加载数据集。该库还提供了评估指标以及所需要的数据。事实上，该中心并不持有或分发数据集。相反，它保留有关数据集的所有信息，包括所有者、预处理脚本、描述和下载链接。首先需要检查是否具有使用相应许可证下的数据集的权限。为了了解其他功能，请查看数据集的具体信息。

首先，需要安装 datasets[①] 库，安装命令如下所示。

```
pip install datasets
```

以下代码片段使用 Hugging Face 中心来自动加载 CoLA 数据集。如果数据尚未缓存，则 datasets.load_dataset() 函数将从实际路径下载加载脚本。

```
from datasets import load_dataset
cola = load_dataset('glue','cola')
```

---

① 原著此处有误，应该是 datasets。——译者注

```
cola['train'][25:28]
```

> **重要提示**
>
> 数据集的可重用性：当用户多次重新运行代码时，datasets 开始缓存用户的加载和操作请求。它首先存储数据集并开始缓存数据集上的操作，如数据拆分、选择和排序。用户将看到一条警告消息。

在前面的示例中，从 GLUE 基准测试下载了 CoLA 数据集，并从该数据集的 train 拆分中选择了几个样例。

目前，有 661 个自然语言处理数据集和 21 个不同任务的度量指标，如以下代码片段所示。

```
from pprint import pprint
from datasets import list_datasets, list_metrics
all_d = list_datasets()
metrics = list_metrics()
print(f"{len(all_d)} datasets and {len(metrics)} metrics exist in the hub\n")
pprint(all_d[:20], compact=True)
pprint(metrics, compact=True)
```

输出结果如下所示。

```
661 datasets and 21 metrics exist in the hub.
['acronym_identification', 'ade_corpus_v2', 'adversarial_qa',
 'aeslc', 'afrikaans_ner_corpus', 'ag_news', 'ai2_arc', 'air_
 dialogue', 'ajgt_twitter_ar', 'allegro_reviews', 'allocine',
 'alt', 'amazon_polarity', 'amazon_reviews_multi', 'amazon_us_
 reviews', 'ambig_qa', 'amttl', 'anli', 'app_reviews', 'aqua_rat']
['accuracy', 'BERTscore', 'bleu', 'bleurt', 'comet', 'coval',
 'f1', 'gleu', 'glue', 'indic_glue', 'meteor', 'precision',
 'recall', 'rouge', 'sacrebleu', 'sari', 'seqeval', 'squad',
 'squad_v2', 'wer', 'xnli']
```

一个数据集可能有多个配置。例如，作为一个聚合基准测试，GLUE 包含许多子集，如前面提到的 CoLA、SST-2 和 MRPC。为了访问每个 GLUE 基准数据集，需要传递两个参数：第一个参数是 GLUE；第二个参数是可以选择的样例数据集的特定数据集（CoLA 或 SST-2）。同样，Wikipedia 数据集为几种语言提供了多种配置。

数据集附带一个 DatasetDict 对象，包括几个 Dataset 实例。当使用数据拆分选项（split='...'）时，将得到数据集实例。例如，CoLA 数据集附带一个 DatasetDict 对象，其中包含三个数据拆分部分，即训练（train）、验证（validation）和测试（test）。虽然训练数据集和验证数据集包括两个标签（1表示可接受；0表示不可接受），但测试拆分数据集的标签值为 –1，这表示没有标签。

接下来，查看 CoLA 数据集对象的结构。代码如下所示。

```
>>> cola = load_dataset('glue','cola')
>>> cola
DatasetDict({
train: Dataset({
features: ['sentence','label','idx'],
         num_rows: 8551 })
validation: Dataset({
features: ['sentence','label','idx'],
         num_rows: 1043 })
test: Dataset({
         features: ['sentence','label','idx'],
         num_rows: 1063 })
})
cola['train'][12]
{'idx': 12,'label':1,'sentence':'Bill rolled out of the room.'}
>>> cola['validation'][68]
{'idx': 68,'label': 0,'sentence': 'Which report that John was incompetent did he submit?'}
>>> cola['test'][20]
{'idx': 20,'label': -1,'sentence': 'Has John seen Mary?'}
```

数据集对象包含一些可能对用户有用的附加元数据信息，如 split（拆分）、description（描述）、citation（引用）、homepage（主页）、license（许可证）和 info（信息）等。接着运行以下代码。

```
>>> print("1#",cola["train"].description)
>>> print("2#",cola["train"].citation)
>>> print("3#",cola["train"].homepage)
1# GLUE, the General Language Understanding Evaluation
benchmark(https://gluebenchmark.com/) is a collection of
resources for training, evaluating, and analyzing natural
language understanding systems.2# @article{warstadt2018neural,
title = {Neural Network Acceptability Judgments},
author = {Warstadt, Alex and Singh, Amanpreet and Bowman,
Samuel R}, journal = {arXiv preprint arXiv:1805.12471},
year = {2018}}@inproceedings{wang2019glue, title = {{GLUE}:
A Multi-Task Benchmark and Analysis Platform for Natural
Language Understanding}, author = {Wang, Alex and Singh,
```

```
Amanpreet and Michael, Julian and Hill, Felix and Levy, Omer
and Bowman, Samuel R.}, note ={In the Proceedings of ICLR.},
year ={2019}}3# https://nyu-mll.github.io/CoLA/
```

如前所述，GLUE 基准测试提供了许多数据集。使用以下代码可以下载 MRPC 数据集。

```
>>> mrpc = load_dataset('glue','mrpc')
```

同样，为了访问其他 GLUE 任务，需要更改第二个参数。代码如下所示。

```
>>> load_dataset('glue','XYZ')
```

为了应用数据可用性的健全性检查，可以运行以下代码。

```
>>> glue =['cola','sst2','mrpc','qqp','stsb','mnli',
        'mnli_mismatched','mnli_matched','qnli','rte',
        'wnli','ax']
>>> for g in glue:
        _ = load_dataset('glue', g)
```

XTREME（同时结合使用一个跨语言数据集）是本节讨论过的另一种流行的跨语言数据集。可以从 XTREME 集合中选取 MLQA 示例。多语言问题回答（MLQA）数据集是 XTREME 基准测试的一个子集，该基准测试旨在评估跨语言问题回答模型的性能，包括大约 5 000 个 SQuAD 格式的摘录问题回答实例，跨越 7 种语言（文字），即英语、德语、阿拉伯语、印地语、越南语、西班牙语和简体中文。

例如，MLQA.en.de 是一个英语-德语问题回答示例数据集，可以按照以下方式加载。

```
>>> en_de = load_dataset('xtreme','MLQA.en.de')
>>> en_de \
DatasetDict({
test: Dataset({features: ['id','title','context','question',
'answers'], num_rows: 4517
}) validation: Dataset({ features: ['id','title','context',
'question','answers'], num_rows: 512})})
```

使用 pandas DataFrame（数据帧，又被译为数据框），可以更方便地查看其内容。代码如下所示。

```
>>> import pandas as pd
>>> pd.DataFrame(en_de['test'][0:4])
```

上述代码片段的输出结果如图 2-15 所示。

	answers	context	id	question	title
0	{'answer_start': [31], 'text': ['cell']}	An established or immortalized cell line has a...	037e8929e7e4d2f949ffbabd10f0f860499ff7c9	Woraus besteht die Linie?	Cell culture
1	{'answer_start': [232], 'text': ['1885']}	The 19th-century English physiologist Sydney R...	4b36724f3cbde7c287bde512ff09194cbba7f932	Wann hat Roux etwas von seiner Medullarplatte ...	Cell culture
2	{'answer_start': [131], 'text': ['TRIPS']}	After the Uruguay round, the GATT became the b...	13e58403df16d88b0e2c665953e89575704942d4	Was muss ratifiziert werden, wenn ein Land ger...	TRIPS Agreement

图 2–15　英语–德语跨语言问题回答数据集

1. 使用 datasets 库进行数据操作

数据集附带有许多子集字典，其中 split 参数用于确定需要加载的子集或子集的一部分。当 split 参数为默认值 none 时，它将返回所有子集（训练、测试、验证或其他组合）的数据集字典。如果指定了 split 参数，则将返回单个数据集而不是字典。在以下示例中，仅检索 cola 数据集的训练数据拆分。

```
>>> cola_train = load_dataset('glue','cola', split ='train')
```

还可以得到训练子集和验证子集的混合数据。代码如下所示。

```
>>> cola_sel = load_dataset('glue','cola', split = 'train[:300] +validation[ -30:]')
```

split 表达式表示获取前 300 个训练样例和最后 30 个验证样例，结果作为 cola_sel 返回。

可以应用各种拆分组合来得到不同训练子集和验证子集组成的混合数据，拆分示例如下所示。

（1）训练子集的前 100 个样例和验证子集的前 100 个样例。代码如下所示。

```
split ='train[:100] +validation[:100]'
```

（2）训练子集的前 50% 样例和验证子集的后 30% 样例。代码如下所示。

```
split ='train[:50%] +validation[ -30%:]'
```

（3）训练子集的前 20% 样例和验证子集切片［30:50］后的样例。代码如下所示。

```
split ='train[:20%] +validation[30:50]'
```

2. 排序、索引和混排

以下代码片段执行调用 cola_sel 对象的 sort() 函数。可以看到前 15 个标签和后 15 个标签。

```
>>> cola_sel.sort('label')['label'][:15]
[0, 0, 0, 0, 0, 0, 0, 0, 0, 0, 0, 0, 0, 0, 0]
```

```
>>> cola_sel.sort('label')['label'][-15:]
[1, 1, 1, 1, 1, 1, 1, 1, 1, 1, 1, 1, 1, 1, 1]
```

到目前为止，用户已经熟练掌握了 Python 切片表示法。同样，也可以使用类似的切片表示法或索引列表访问多行数据。代码如下所示。

```
>>> cola_sel[6,19,44]
{'idx': [6, 19, 44],
'label': [1, 1, 1],
 'sentence':['Fred watered the plants flat.',
   'The professor talked us into a stupor.',
   'The trolley rumbled through the tunnel.']}
```

可以对数据集进行如下混排。

```
>>> cola_sel.shuffle(seed=42)[2:5]
{'idx': [159, 1022, 46],
'label': [1, 0, 1],
'sentence': ['Mary gets depressed if she listens to the
Grateful Dead.',
'It was believed to be illegal by them to do that.',
'The bullets whistled past the house.']}
```

> **重要提示**
> 种子值：混排时，需要传递一个种子值来控制随机性，从而保证读者运行的结果与本书的运行结果一致。

3. 缓存和可重用性

通过使用缓存文件，可以使用快速后端通过内存映射（如果数据集在硬盘上）加载大型数据集。这种智能缓存有助于保存和重用在硬盘上执行的操作结果。为了查看有关数据集的缓存日志，请运行以下代码。

```
>>> cola_sel.cache_files
[{'filename':'/home/savas/.cache/huggingface...','skip':
0,'take': 300}, {'filename':'/home/savas/.cache/
huggingface...','skip': 1013, 'take': 30}]
```

4. 数据集的 filter( ) 函数和 map( ) 函数

有时候人们可能希望使用数据集的特定选择。例如，仅检索 CoLA 数据集中包括单词 kick 在内的句子，如以下代码片段所示。datasets.Dataset.filter( ) 函数的作用是返回包括单词 kick 在内的句子，其中应用了匿名函数和 lambda 关键字。

```
>>> cola_sel = load_dataset('glue','cola',
split='train[:100%]+validation[-30%:]')
```

```
>>> cola_sel.filter(lambda s: "kick" in s['sentence'])
["sentence"][:3]
['Jill kicked the ball from home plate to third base.','Fred
kicked the ball under the porch.','Fred kicked the ball behind
the tree.']
```

以下过滤操作用于从集合中获取正样例（也就是可接受的样例）。

```
>>> cola_sel.filter(lambda s: s['label'] == 1 )["sentence"][:3]
["Our friends won't buy this analysis, let alone the next one
we propose.",
"One more pseudo generalization and I'm giving up.",
"One more pseudo generalization or I'm giving up."]
```

在某些情况下，可能不知道类标签所对应的整数编码。假设有很多类，而且无法判断在这 10 个类别中 culture 类所对应的编码。可以将 acceptable 标签传递给 str2int() 函数，而不是指定 acceptable 标签的整数编码为 1（如前面的示例所示）。代码如下所示。

```
>>> cola_sel.filter(lambda s: s['label'] == cola_sel.
features['label'].str2int('acceptable'))["sentence"][:3]
```

其输出结果与前一次执行的输出结果相同。

5. 使用 map( ) 函数处理数据

使用 datasets.Dataset.map() 函数遍历数据集，对集合中的每个样例应用一个处理函数，并修改样例的内容。以下代码片段演示了如何添加一个新的 len 特征（len 特征表示句子的长度）。

```
>>> cola_new = cola_sel.map(lambda e:{'len': len(e['sentence'])})
>>> pd.DataFrame(cola_new[0:3])
```

上述代码片段的输出结果如图 2 – 16 所示。

idx	label	len	sentence
0	0	1	71	Our friends won't buy this analysis, let alone...
1	1	1	49	One more pseudo generalization and I'm giving up.
2	2	1	48	One more pseudo generalization or I'm giving up.

图 2 – 16 带有附加列的 cola 数据集

作为另一个示例，以下的代码片段将句子缩短为 20 个字符。代码中并没有创建新的特征，而是更新句子特征的内容。代码如下所示。

```
>>> cola_cut = cola_new.map(lambda e: {'sentence': e['sentence']
[:20] + '_'})
```

输出结果如图 2 – 17 所示。

	idx	label	len	sentence
0	0	1	71	Our friends won't bu_
1	1	1	49	One more pseudo gene_
2	2	1	48	One more pseudo gene_

图 2-17 更新后的 cola 数据集

6. 使用本地文件

为了从逗号分隔值（Comma-Separated Values，CSV）、文本（TXT）格式或 JavaScript 对象表示法（JavaScript Object Notation，JSON）格式的本地文件中加载数据集，可以将文件类型（csv、txt 或 json）传递给通用的 load_dataset() 加载脚本，实现方式如以下代码片段所示。假设在 "../data/" 文件夹下有三个 CSV 文件（a.csv、b.csv 和 c.csv），它们都是从 SST-2 数据集中随机选择的简单示例。可以加载单个文件，如 data1 对象所示；也可以合并多个文件，如 data2 对象所示；还可以进行数据集拆分，如 data3 对象所示。

```
from datasets import load_dataset
data1 = load_dataset('csv', data_files = '../data/a.csv',
delimiter = "\t")
data2 = load_dataset('csv', data_files = ['../data/a.csv','../
data/b.csv','../data/c.csv'], delimiter = "\t")
data3 = load_dataset('csv', data_files = {'train':['../
data/a.csv','../data/b.csv'],'test':['../data/c.csv']},
delimiter = "\t")
```

为了读取其他格式的文件，可以传递 json 或者 txt，而不是 csv 的文件类型。实现代码如下所示。

```
>>> data_json = load_dataset('json', data_files = 'a.json')
>>> data_text = load_dataset('text', data_files = 'a.txt')
```

到目前为止，本节讨论了如何加载、处理和操作托管在中心或本地硬盘上的数据集。接下来研究如何为 Transformer 模型训练准备数据集。

7. 为模型训练准备数据集

首先从分词过程开始。每个模型都有自己的分词模型，该模型在实际语言模型之前经过训练。分词模型将在下一章展开讨论。为了使用分词器，需要先安装 Transformer 库。下面的示例从预训练的 distilBERT-base-uncased 模型中加载分词器模型。使用 map() 函数和一个带有 lambda 的匿名函数将分词器应用于 data3 中的每个数据拆分。如果将 map() 函数的参数选项 batched 设置为 True，则会向分词器函数提供一批样例。默认情况下，batch_size 值为 1 000，这是传递给函数的每个批次的样例数。如果 map() 函数的参数选项 batched 并未设置为 True，则整个数据集将作为单个批次传递。代码片段如下所示。

```
from Transformer import DistilBERTTokenizer
tokenizer = \DistilBERTTokenizer.from_pretrained('distilBERT-base-uncased')
```

```
encoded_data3 = data3.map(lambda e: tokenizer( e['sentence'],
padding = True, truncation = True, max_length = 12), batched = True,
batch_size = 1000)
```

如以下输出所示，所得到的 data3 和 encoded_data3 之间存在着差异，两个额外的特征 attention_mask 和 input_ids 被添加到 encoded_data3 的训练数据集和测试数据集中。在本章前面的内容中，已经介绍过这两个特征。简而言之，input_ids 是对应于句子中每个标记的索引。这些特征是 Transformer 的 Trainer 类所需的预期特征，将在随后涉及微调语言模型的章节中加以讨论。

通常一次性地将几个句子［称为 batch（批次）］传递给分词器，然后将分词后的批次进一步传递给模型。为此，将每个句子填充到批次中的最大句子长度，或者填充到由参数 max_length 指定的特定最大长度（在该简单示例中为 12）。还可以截断较长的句子以适应最大长度。代码片段如下所示。

```
>>> data3
DatasetDict({
train: Dataset({
    features: ['sentence','label'], num_rows: 199 })
test: Dataset({
    features: ['sentence','label'], num_rows: 100 })})
>>> encoded_data3
DatasetDict({
train: Dataset({
    features: ['attention_mask','input_ids','label','sentence'],
    num_rows: 199 })
test: Dataset({
features: ['attention_mask','input_ids','label','sentence'],
    num_rows: 100 })})
>>> pprint(encoded_data3['test'][12])
{'attention_mask': [1,1,1,1,1,1,1,0,0,0,0,0],
'input_ids': [101, 2019, 5186, 16010, 2143, 1012, 102, 0, 0, 0,
0, 0], 'label': 0, 'sentence': 'an extremely unpleasant film.
'}
```

到目前为止，本节已经完成了对 datasets 库的讨论。本节讨论了有关 datasets 各个方面的功能，介绍了与 GLUE 相类似的基准测试，同时讨论了分类度量。在下一节中，将重点讨论如何在速度和内存方面对计算性能进行基准测试。

2.6 速度和内存的基准测试

仅比较大型模型在特定任务或基准测试上的分类性能不足以说明问题。现在必须考虑在给定的环境（RAM、CPU、GPU）下，特定模型在内存使用和速度方面的计算成本。训练和部署到生产环境进行推理的计算成本是需要衡量的两个主要指标值。

Transformer 库中的两个类 PyTorchBenchmark 和 TensorFlowBenchmark，可以对 TensorFlow 和 PyTorch 的模型进行基准测试。

在开始实验之前，需要执行以下命令来检查 GPU 的功能。

```
>>> import torch
>>> print(f"The GPU total memory is {torch.cuda.get_device_properties(0).total_memory /(1024 **3)} GB")
The GPU total memory is 2.94921875 GB
```

输出结果来自 NVIDIA GeForce GTX 1050（3GB）。用户需要更强大的资源来完成高级实现。Transformer 库目前仅支持单设备基准测试。当在 GPU 上进行基准测试时，需要指出 Python 代码将在哪个 GPU 设备上运行，这是通过设置 CUDA_VISIBLE_DEVICES 环境变量来完成的。例如，export CUDA_VISIBLE_DEVICES = 0，0 表示将使用第一个 cuda 设备。

下面的代码示例探索了两个网格，比较了 4 个随机选择的预训练 BERT 模型，这 4 个模型的名称包含在 models 数组中。第二个要观察的参数是 sequence_lengths（序列长度）。在代码中将批次值设置为 4。如果用户的 GPU 容量更多，那么可以使用范围为 4 ~64 的批次值以及其他参数来扩展参数的搜索空间。

```
from Transformer import PyTorchBenchmark, PyTorchBenchmarkArguments
models = ["BERT-base-uncased","distilBERT-base-uncased","distilroBERTa-base", "distilBERT-base-german-cased"]
batch_sizes =[4]
sequence_lengths =[32,64,128,256,512]
args = PyTorchBenchmarkArguments(models =models, batch_sizes =batch_sizes, sequence_lengths =sequence_lengths, multi_process =False)
benchmark = PyTorchBenchmark(args)
```

> **重要提示**
>
> TensorFlow 的基准测试：本节中的代码示例用于 PyTorch 基准测试。对于 TensorFlow 基准测试，只需使用对应的类 TensorFlowBenchmarkArguments 和 TensorFlowBenchmark。

可以运行以下代码进行基准测试实验。

```
>>> results = benchmark.run()
```

运行需要一些时间，具体取决于用户的 CPU/GPU 容量和参数选择。如果用户面临内存不足的问题，那么可以采取以下措施来解决问题。

（1）重新启动内核或操作系统。

（2）启动前删除内存中所有不必要的对象。

（3）设置较低的批次大小，如 2，甚至 1。

以下输出显示推理速度性能，如图 2-18 所示。由于搜索空间有 4 个不同的模型和 5 个不同的序列长度，所以在结果中看到了 20 行内容。

```
====================  INFERENCE - SPEED - RESULT  ====================
    Model Name                Batch Size    Seq Length    Time in s
--------------------------------------------------------------------
    bert-base-uncased              4            32          0.021
    bert-base-uncased              4            64          0.031
    bert-base-uncased              4           128          0.057
    bert-base-uncased              4           256          0.12
    bert-base-uncased              4           512          0.269
    distilbert-base-uncased        4            32          0.007
    distilbert-base-uncased        4            64          0.011
    distilbert-base-uncased        4           128          0.021
    distilbert-base-uncased        4           256          0.044
    distilbert-base-uncased        4           512          0.095
    distilroberta-base             4            32          0.009
    distilroberta-base             4            64          0.014
    distilroberta-base             4           128          0.025
    distilroberta-base             4           256          0.053
    distilroberta-base             4           512          0.118
    distilbert-base-german-cased   4            32          0.007
    distilbert-base-german-cased   4            64          0.012
    distilbert-base-german-cased   4           128          0.021
    distilbert-base-german-cased   4           256          0.044
    distilbert-base-german-cased   4           512          0.095
--------------------------------------------------------------------
```

图 2-18 推理速度性能

同样，观察到 20 种不同场景的推理内存使用情况，如图 2-19 所示。

```
====================  INFERENCE - MEMORY - RESULT  ====================
    Model Name                Batch Size    Seq Length    Memory in MB
--------------------------------------------------------------------
    bert-base-uncased              4            32           1453
    bert-base-uncased              4            64           1487
    bert-base-uncased              4           128           1547
    bert-base-uncased              4           256           1661
    bert-base-uncased              4           512           1901
    distilbert-base-uncased        4            32           1908
    distilbert-base-uncased        4            64           1900
    distilbert-base-uncased        4           128           1900
    distilbert-base-uncased        4           256           1900
    distilbert-base-uncased        4           512           1900
    distilroberta-base             4            32           1907
    distilroberta-base             4            64           1900
    distilroberta-base             4           128           1900
    distilroberta-base             4           256           2098
    distilroberta-base             4           512           2492
    distilbert-base-german-cased   4            32           2499
    distilbert-base-german-cased   4            64           2492
    distilbert-base-german-cased   4           128           2492
    distilbert-base-german-cased   4           256           2491
    distilbert-base-german-cased   4           512           2491
--------------------------------------------------------------------
```

图 2-19 推理内存性能

为了观察不同参数之间的内存使用情况，将使用存储统计信息的 results 对象来绘制内存使用情况。以下代码片段绘制了跨模型和序列长度的时间推断性能。

```
import matplotlib.pyplot as plt
plt.figure(figsize=(8,8))
```

```
t = sequence_lengths
models_perf = [list(results.time_inference_result[m]['result']
[batch_sizes[0]].values()) for m in models]
plt.xlabel('Seq Length')
plt.ylabel('Time in Second')
plt.title('Inference Speed Result')
plt.plot(t, models_perf[0], 'rs--', t, models_perf[1], 'g-.',
t, models_perf[2], 'b--^', t, models_perf[3], 'c--o')
plt.legend(models)
plt.show()
```

如图2-20所示，两个 DistilBERT 模型的结果相近，并且性能优于其他两个模型。与其他模型相比，BERT-based-uncased 模型表现不佳，尤其是当序列长度增加时。

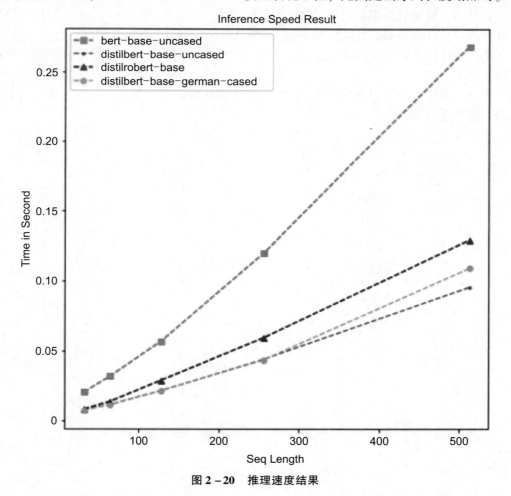

图2-20 推理速度结果

为了绘制内存性能，需要使用 results 对象的 memory_inference_result 结果，而不是前面代码中显示的 time_inference_result。

至此结束了本节内容，并成功地完成了这一章的讨论。祝贺用户完成了安装、运行第一个 Hello World Transformer 程序、使用 datasets 库和基准测试！

2.7 本章小结

本章讨论了各种入门主题，还介绍了 Hello World Transformer 应用程序。另外，本章具有至关重要的作用，为将迄今所学知识应用于后续章节做准备。那么，到目前为止，读者学到了哪些知识点呢？首先，完成了环境设置和系统安装，其中，Anaconda 软件包管理器帮助用户为主流操作系统安装必要的模块；还研究了语言模型、社区提供的模型和分词过程；此外，引入了多任务（GLUE）和跨语言（XTREME）基准测试，这使这些语言模型变得更加强大和准确；讨论了 datasets 库，这有助于高效访问社区提供的自然语言处理数据集；最后，学习了如何根据内存使用和运行速度来评估特定模型的计算成本。Transformer 可以对 TensorFlow 和 PyTorch 模型进行基准测试。

本章中使用的模型由社区经过训练并共享。接下来，需要训练一种语言模型并向社区传播。

在下一章中，将学习如何训练 BERT 语言模型和分词器，并了解如何与社区共享这些语言模型和分词器。

第 2 部分
Transformer 模型：从自编码模型到自回归模型

在第 2 部分中，读者将了解自编码模型（如 BERT）和自回归模型（如 GPT）的体系结构，学习如何训练、测试和微调各种自然语言理解和自然语言生成问题的模型，还将学习如何与社区共享这些模型，以及如何微调社区共享的其他经过预训练的语言模型。

第 2 部分包括以下章节内容。

- 第 3 章：自编码语言模型。
- 第 4 章：自回归和其他语言模型。
- 第 5 章：微调文本分类语言模型。
- 第 6 章：微调标记分类语言模型。
- 第 7 章：文本表示。

第 3 章

自编码语言模型

上一章研究了如何通过 Hugging Face 的 Transformer 库使用典型的 Transformer 模型。到目前为止，所有的主题都包括了如何使用预定义的或预先构建的模型，很少涉及关于特定模型及其训练的信息。

在本章中，读者将了解如何从零开始在任何给定语言上训练自编码语言模型。这里的训练包括模型的预训练和特定任务的训练。首先，读者将了解有关 BERT 的基本知识及其工作原理，将使用一个简单的小语料库来训练语言模型；之后，将研究如何在 Keras 模型中使用该模型。

本章将介绍以下主题。
（1）BERT：一种自编码语言模型。
（2）适用于任何语言的自编码语言模型训练。
（3）与社区共享模型。
（4）其他自编码模型。
（5）分词算法的使用。

3.1 技术需求

本章的技术需求如下所示。
（1）Anaconda；
（2）Transformer（不低于4.0.0版本）；
（3）PyTorch（不低于1.0.2版本）；
（4）TensorFlow（不低于2.4.0版本）；
（5）datasets（不低于1.4.1版）；
（6）Tokenizers。

可以通过以下 GitHub 链接获得本章中的所有源代码：
https://github.com/PacktPublishing/Advanced–Natural–LanguageProcessing–with–Transformers/tree/main/CH03。

3.2 BERT：一种自编码语言模型

BERT 是第一批使用编码器 Transformer 堆栈（稍加修改后可用于语言建模）的自编

码语言模型之一。

BERT 体系结构是基于 Transformer 库原始实现的多层 Transformer 编码器。Transformer 模型本身最初用于机器翻译任务，但是 BERT 所做的主要改进是利用该体系结构的这一部分来提供更好的语言建模。这种语言模型经过预训练后，能够提供对所训练语言的全面理解。

3.2.1 BERT 语言模型预训练任务

为了深入理解 BERT 所使用的带掩码机制的语言建模，首先明确定义其细节。带掩码机制的语言建模（Masked language modeling）是一种任务，用于训练一个输入模型（一个包含某些掩码标记的句子），并获得填充了掩码标记的整个句子的输出。掩码语言建模是如何以及为什么帮助模型在下游任务（如分类）上获得更好的结果？答案很简单：如果模型可以实现完形填空测试（一种通过填空来评估语言理解的语言测试），那么模型对语言本身就有一个大致的理解。对于其他任务，由于已经经过了预训练（通过语言建模），所以性能会更好。

下面是一个完形填空测试的例子。

George Washington was the first President of the ____ States.

用户期望空白处应该填补 United。对于带掩码机制的语言模型，应用相同的任务，并且需要填充掩码标记。但是，掩码标记是从句子中随机选择的。

BERT 训练的另一项任务是下一个句子预测（Next Sentence Prediction，NSP）。这个预训练任务确保 BERT 在预测掩码标记时不仅学习所有标记之间的关系，还帮助理解两个句子之间的关系。选择一对句子并传递给 BERT，中间带有［SEP］拆分标记。从数据集中还可以知道第二个句子是否在第一个句子之后。

以下是下一个句子预测的示例。

It is required from reader to fill the blank.

Bitcoin price is way over too high compared to other altcoins.

在本例中，需要模型将其预测为否定（两个句子之间没有关联）。

这两项预训练任务使 BERT 能够理解语言本身。BERT 标记嵌入为每个标记提供上下文嵌入（Contextual embedding）。上下文嵌入意味着每个标记都有一个与周围标记完全相关的嵌入。与 Word2vec 等模型不同，BERT 为每个标记嵌入提供了更有意义的信息。另外，下一个句子预测任务使 BERT 能够更好地嵌入［CLS］标记。正如第 1 章所讨论的，该标记提供了有关整个输入的信息。［CLS］标记用于分类任务，在预训练部分学习整个输入的整体嵌入。图 3-1 显示了 BERT 模型的整体视图以及相应的输入和输出。

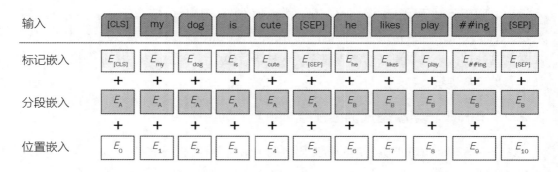

图 3-1 BERT 模型

3.2.2 对 BERT 语言模型的深入研究

分词器是许多自然语言处理应用程序在其各自管道中最重要的组成部分之一。BERT 使用 WordPiece 分词器。一般来说，WordPiece、SentencePiece 和 BytePairEncoding（BPE）是三种最广为人知的分词器，它们被用于不同的基于 Transformer 的体系结构，具体内容将在下一节中阐述。BERT 或者任何其他基于 Transformer 的体系结构使用子词进行分词的主要原因是，这些分词器具有处理未知标记的能力。

BERT 还使用位置编码来确保将标记的位置传递给模型。在第 1 章中，读者了解到 BERT 和类似的模型均使用非顺序操作（如密集的神经层）。传统模型，如基于长短期记忆神经网络和循环神经网络的模型，通过序列中标记的顺序获得位置。为了向 BERT 提供这些额外的信息，可以简单地使用位置编码。

BERT 的预训练（如自编码模型）为模型提供了语言方面的信息，但在实践中，在处理不同的问题（如序列分类、标记分类或问题回答系统）时，会使用模型输出的不同部分所包含的内容。

例如，在序列分类任务（如情绪分析或句子分类）的情况下，原始 BERT 文章建议必须使用最后一层的［CLS］嵌入。然而，还有其他一些研究借助 BERT 并且使用不同的技术进行分类（例如，使用所有标记的平均标记嵌入在最后一层部署长短期记忆网络，甚至在最后一层的顶部使用卷积神经网络）。用于序列分类的最后一个［CLS］嵌入可以被任何分类器使用，但建议（也是最常见的）是一个密集层，其输入大小等于最终标记嵌入大小，输出大小与 softmax() 激活函数的类别数量相同。当输出可能是多标签并且问题本身是多标签分类问题时，使用 sigmoid() 函数也是一种选择。

为了向读者提供有关 BERT 实际工作方式的更详细信息，图 3-2 显示了下一个句子预测任务的示例。注意，为了更好地理解，这里简化了分词过程。

BERT 模型具有不同的变体以及不同的设置。例如，输入的大小是可变的。在前面的示例中，输入的大小被设置为 512，模型作为输入可以获得的最大序列大小为 512。但是，该大小包括特殊标记［CLS］和［SEP］，因此最大序列将减小到 510。另外，使

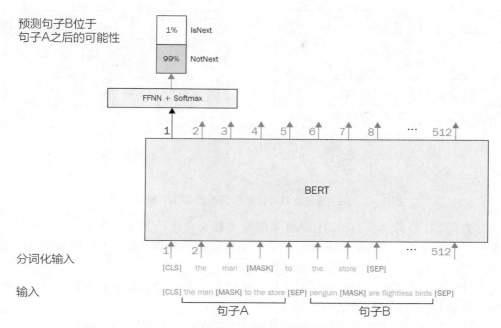

图 3-2　下一个句子预测任务的示例

用 WordPiece 作为分词器会产生子词标记，最初的序列包含更少的词。在分词之后，序列会增大，因为如果词在预训练语料库中不常见，分词器会将这些词分成子词。

图 3-3 所示为不同任务的 BERT 模型示例。对于一个命名实体识别任务，使用所有标记的输出，而不仅是［CLS］标记。在问题回答系统的情况下，使用［SEP］分隔符标记将问题和答案连接起来，并使用最后一层的 Start/End 以及 Span 输出来标注答案。在这种情况下，该段落是被提问的问题的上下文。

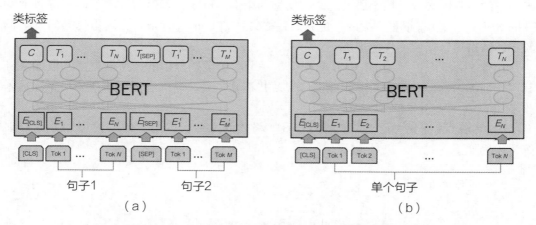

图 3-3　用于各种自然语言处理任务的 BERT 模型

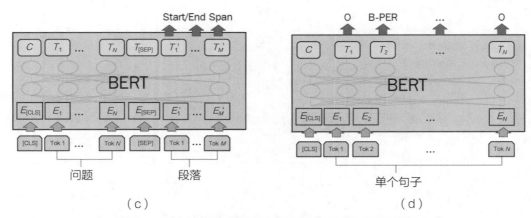

图3-3 用于各种自然语言处理任务的 BERT 模型（续）

与所有这些任务无关，BERT 最重要的能力是对文本的上下文表示。BERT 在各种任务中成功的原因是 Transformer 编码器体系结构以密集向量的形式表示输入。可以通过非常简单的分类器将这些向量轻松地转换为输出。

到目前为止，本节介绍了 BERT 及其工作原理，并阐述了有关 BERT 可用于各种任务的详细信息以及相关体系结构的要点。

在下一节中，读者将学习如何预训练 BERT 并在训练后使用 BERT。

3.3 适用于任何语言的自编码语言模型训练

前面已经讨论了 BERT 的工作原理，并且读者已经可以使用 huggingface 库提供的预训练版本。在本节中，读者将学习如何使用 huggingface 库训练自己的 BERT。

在正式开始之前，必须拥有良好的训练数据，这些数据将用于语言建模。这些数据被称为语料库（corpus），通常是一大堆数据（有时是经过预处理和清洗的数据）。这些未标记的语料库必须适用于所训练语言模型的用例。例如，如果尝试为英语训练一个特殊的 BERT，虽然有很多巨大的、优秀的数据集，如 Common Crawl，这里仍倾向于选择较小的数据集，以便更快地训练。

包含 5 万条电影评论的 IMDB 数据集是一个用于情感分析的大型数据集，但如果将其用作训练语言模型的语料库，数据集规模并不算很大。训练语言模型和分词器的具体步骤如下：

（1）下载数据集并将其保存为".txt"格式的文件，以用于语言模型和分词器训练。代码如下。

```
import pandas as pd
imdb_df = pd.read_csv("IMDB Dataset.csv")
reviews = imdb_df.review.to_string(index=None)
```

```
with open("corpus.txt", "w") as f:
    f.writelines(reviews)
```

（2）对分词器进行训练。tokenizers 库为 WordPiece 分词器提供了快速而简单的训练。为了在语料库中对其进行训练，需要运行以下代码。

```
>>> from tokenizers import BertWordPieceTokenizer
>>> bert_wordpiece_tokenizer = BertWordPieceTokenizer()
>>> bert_wordpiece_tokenizer.train("corpus.txt")
```

（3）访问训练后的词汇表。可以使用训练后的 tokenizer 对象的 get_vocab() 方法访问训练后的词汇表。代码如下所示。

```
>>> bert_wordpiece_tokenizer.get_vocab()
```

输出结果如下所示。

```
{'almod': 9111, 'events': 3710, 'bogart': 7647,
'slapstick': 9541, 'terrorist': 16811, 'patter': 9269,
'183': 16482, '##cul': 14292, 'sophie': 13109, 'thinki':
10265, 'tarnish': 16310, '##outh': 14729, 'peckinpah':
17156, 'gw': 6157, '##cat': 14290, '##eing': 14256,
'successfully': 12747, 'roomm': 7363, 'stalwart':
13347, ...}
```

（4）保存分词器以供后面使用。使用 tokenizer 对象的 save_model() 方法并指定路径，保存分词器词汇表以供进一步使用。

```
>>> bert_wordpiece_tokenizer.save_model("tokenizer")
```

（5）调用 from_file() 函数重新加载。

```
>>> tokenizer = \BertWordPieceTokenizer.from_
file("tokenizer/vocab.txt")
```

（6）通过以下示例使用分词器。

```
>>> tokenized_sentence = \
tokenizer.encode("Oh it works just fine")
>>> tokenized_sentence.tokens
['[CLS]','oh','it','works','just','fine','[SEP]']
```

特殊标记［CLS］和［SEP］将自动添加到标记列表中，因为 BERT 需要这些标记来处理输入。

（7）使用分词器处理另一个句子。

```
>>> tokenized_sentence = \
tokenizer.encode("ohoh i thougt it might be workingg
well")
['[CLS]','oh','##o','##h','i','thoug','##t','it',
'might','be','working','##g','well','[SEP]']
```

（8）对于有噪声和拼写错误的文本，这似乎是一个不错的分词器。接下来可以保存分词器，并训练自己的 BERT。首先使用 Transformer 库中的 BertTokenizerFast，然后使用以下命令加载（4）中训练好的分词器。

```
>>> from Transformers import BertTokenizerFast
>>> tokenizer = BertTokenizerFast.from_pretrained("tokenizer")
```

由于 Hugging Face 文档建议使用 BertTokenizerFast，因此代码中使用了 BertTokenizerFast。还有一个分词器 BertTokenizer，根据库文档中的定义，它的实现速度不如 BertTokenizerFast 版本快。在大多数预训练模型的文档和卡片中，强烈建议使用 BertTokenizerFast 版本。

（9）准备用于快速训练的语料库，可以使用以下命令。

```
>>> from Transformers import LineByLineTextDataset
>>> dataset = LineByLineTextDataset(tokenizer=tokenizer,
                                    file_path="corpus.txt",
                                    block_size=128)
```

（10）提供一个用于带掩码机制的语言建模数据校对器（data collator）。

```
>>> from Transformers import DataCollatorForLanguageModeling
>>> data_collator = DataCollatorForLanguageModeling(
                    tokenizer=tokenizer,
                    mlm=True,
                    mlm_probability=0.15)
```

数据校对器获取数据并为训练做好准备。例如，上面的数据校对器获取数据，并以 0.15 的概率为带掩码机制的语言建模做准备。使用这种机制的目的在于即时进行预处理，从而减少计算资源的消耗。另外，这种机制会减慢训练过程，因为每个样本都必须在训练时即时进行预先处理。

（11）训练参数的同时为训练器提供训练阶段所需的信息，可以使用以下命令进行设置。

```
>>> from Transformers import TrainingArguments
>>> training_args = TrainingArguments(
                    output_dir="BERT",
                    overwrite_output_dir=True,
                    num_train_epochs=1,
                    per_device_train_batch_size=128)
```

第3章 自编码语言模型

（12）创建 BERT 模型，使用默认配置（包括注意力头的数量、Transformer 编码器的层数等）。

```
>>> from Transformers import BertConfig, BertForMaskedLM
>>> bert = BertForMaskedLM(BertConfig())
```

（13）创建一个训练器对象。

```
>>> from Transformers import Trainer
>>> trainer = Trainer(model=bert,
                      args=training_args,
                      data_collator=data_collator,
                      train_dataset=dataset)
```

（14）使用以下命令训练自己的语言模型。

```
>>> trainer.train()
```

训练器将显示一个进度条，如图 3-4 所示，指示训练的进度。

```
[ 13/391 07:02 < 4:01:47, 0.03 it/s, Epoch 0.03/1]
```

图 3-4　BERT 模型的训练进度

在模型训练期间，训练器将创建一个名为"runs"的日志目录，按步骤存储检查点，如图 3-5 所示。

```
▼ 📁 runs
  ▶ 📁 Mar18_20-51-26_cf17d0f459a7
  ▶ 📁 Mar18_20-59-43_cf17d0f459a7
```

图 3-5　BERT 模型的检查点

（15）使用以下命令保存模型。

```
>>> trainer.save_model("MyBERT")
```

到目前为止，读者已经学会了如何从零开始针对任何特定语言来训练 BERT 模型，以及如何使用自己准备的语料库来训练分词器和 BERT 模型。

（16）为 BERT 提供的默认配置是训练过程中最重要的部分，这些配置定义了 BERT 的体系结构及其超参数。可以使用以下代码查看这些参数。

```
>>> from Transformers import BertConfig
>>> BertConfig()
```

输出结果如图 3-6 所示。

如果读者希望从原始 BERT 配置复制 Tiny（微型）、Mini（迷你型）、Small（小型）、Base（基础）以及相对模型，那么可以更改图 3-7 中的设置。

```
BertConfig {
  "attention_probs_dropout_prob": 0.1,
  "gradient_checkpointing": false,
  "hidden_act": "gelu",
  "hidden_dropout_prob": 0.1,
  "hidden_size": 768,
  "initializer_range": 0.02,
  "intermediate_size": 3072,
  "layer_norm_eps": 1e-12,
  "max_position_embeddings": 512,
  "model_type": "bert",
  "num_attention_heads": 12,
  "num_hidden_layers": 12,
  "pad_token_id": 0,
  "position_embedding_type": "absolute",
  "transformers_version": "4.4.2",
  "type_vocab_size": 2,
  "use_cache": true,
  "vocab_size": 30522
}
```

图 3-6 查看 BERT 模型的配置

	H=128	H=256	H=512	H=768
L=2	2/128 (BERT-Tiny)	2/256	2/512	2/768
L=4	4/128	4/256 (BERT-Mini)	4/512 (BERT-Small)	4/768
L=6	6/128	6/256	6/512	6/768
L=8	8/128	8/256	8/512 (BERT-Medium)	8/768
L=10	10/128	10/256	10/512	10/768
L=12	12/128	12/256	12/512	12/768 (BERT-Base)

图 3-7 BERT 模型的配置参数

请注意，更改这些参数（特别是参数 max_position_embeddings、num_attention_heads、num_hidden_layers、intermediate_size 和 hidden_size）会直接影响训练时间。调大这些参数，会大幅增加大型语料库的训练时间。

（17）使用以下代码可以轻松地为一个微型版本的 BERT 进行全新的配置，以便更快速地进行训练。

```
>>> tiny_bert_config = BertConfig(max_position_
embeddings=512, hidden_size=128,
          num_attention_heads=2,
          num_hidden_layers=2,
          intermediate_size=512)
>>> tiny_bert_config
```

上述代码片段的输出结果如图 3-8 所示。

```
BertConfig {
  "attention_probs_dropout_prob": 0.1,
  "gradient_checkpointing": false,
  "hidden_act": "gelu",
  "hidden_dropout_prob": 0.1,
  "hidden_size": 128,
  "initializer_range": 0.02,
  "intermediate_size": 512,
  "layer_norm_eps": 1e-12,
  "max_position_embeddings": 512,
  "model_type": "bert",
  "num_attention_heads": 2,
  "num_hidden_layers": 2,
  "pad_token_id": 0,
  "position_embedding_type": "absolute",
  "transformers_version": "4.4.2",
  "type_vocab_size": 2,
  "use_cache": true,
  "vocab_size": 30522
}
```

图 3-8 微型 BERT 模型的配置参数

（18）使用以下配置创建一个微型 BERT 模型。

```
>>> tiny_bert = BertForMaskedLM(tiny_bert_config)
```

（19）使用相同的参数训练这个新的微型 BERT 模型。

```
>>> trainer = Trainer(model=tiny_bert, args=training_args,
                      data_collator=data_collator,
                      train_dataset=dataset)
>>> trainer.train()
```

其输出结果如图 3-9 所示。

[9/391 00:17 < 15:43, 0.40 it/s, Epoch 0.02/1]

图 3-9 微型 BERT 模型的训练进度①

很明显，训练时间大大缩短了。但需要注意的是，这是一个微型版本的 BERT，具有较少的层和参数，因此它比 BERT 基础模型的训练效果要差。

到目前为止，读者已经学会了如何从头开始训练自己的模型。但需要注意的是，在处理用于训练语言模型的数据集或者利用数据集执行特定于任务的训练时，使用 datasets 库是更好的选择。

（20）BERT 模型也可以作为嵌入层与任何深度学习模型相结合。例如，可以加载任何预训练的 BERT 模型或者在上一步中训练过的自定义的版本。以下代码显示了要在 Keras 模型中使用 BERT 模型，必须先按以下方法进行加载。

```
>>> from Transformers import TFBertModel, BertTokenizerFast
>>> bert = TFBertModel.from_pretrained("bert-base-uncased")
```

---

① 原著此处有误，应该是模型的训练进度而不是模型的配置。——译者注

```
>>> tokenizer = BertTokenizerFast.from_pretrained("bert-base-uncased")
```

(21) 此处不需要整个模型,可以使用以下代码访问各个层。

```
>>> bert.layers
[<Transformers.models.bert.modeling_tf_bert.
TFBertMainLayer at 0x7f72459b1110>]
```

(22) 正如所见,TFBertMainLayer 中只有一个层,用户可以在 Keras 模型中访问该层。在使用之前,最好先测试一下,观察其输出结果是什么。

```
>>> tokenized_text = tokenizer.batch_encode_plus(
                    ["hello how is it going with you",
                    "lets test it"],
                    return_tensors = "tf",
                    max_length = 256,
                    truncation = True,
                    pad_to_max_length = True)
>>> bert(tokenized_text)
```

输出结果如图 3-10 所示。

```
TFBaseModelOutputWithPooling([{'last_hidden_state',
            <tf.Tensor: shape=(2, 256, 768), dtype=float32, numpy=
            array([[[ 1.00471362e-01,  6.77026287e-02, -8.33595246e-02, ...,
                     -4.93304580e-01,  1.16539136e-01,  2.26647347e-01],
                    [ 3.23623657e-01,  3.70719165e-01,  6.14685774e-01, ...,
                     -6.27267540e-01,  3.79083097e-01,  7.05310702e-02],
                    [ 1.99532971e-01, -8.75509441e-01, -6.47868365e-02, ...,
                     -1.28077380e-02,  3.07651043e-01, -2.07325034e-02],
                    ...,
                    [-6.53299838e-02,  1.19046383e-01,  5.76846600e-01, ...,
                     -2.95460820e-01,  2.49744654e-02,  1.13964394e-01],
                    [-2.64715493e-01, -7.86386207e-02,  5.47280848e-01, ...,
                     -1.37515247e-01, -5.94691373e-02, -5.17928638e-02],
                    [-2.44958848e-01, -1.14799395e-01,  5.92173815e-01, ...,
                     -1.56882048e-01, -3.39757390e-02, -8.46135616e-02]],

                   [[ 2.94558890e-02,  2.30868042e-01,  2.92651534e-01, ...,
                     -1.30421281e-01,  1.89659461e-01,  4.68427837e-01],
                    [ 1.70523107e+00,  6.91360056e-01,  7.31509984e-01, ...,
                     2.89302200e-01,  5.36758840e-01, -1.54553086e-01],
                    [ 1.04596823e-01,  9.63676572e-02,  6.99661374e-02, ...,
                     -4.15922999e-01, -1.18989825e-01, -6.72240376e-01],
                    ...,
                    [ 8.00909758e-01,  2.38983199e-01,  4.15492684e-01, ...,
                     3.90530713e-02,  1.22278236e-01,  1.22278236e-01],
                    [ 2.60862708e-01,  4.43267114e-02,  3.63648295e-01, ...,
                     -7.53704458e-04,  3.84620279e-02, -2.14213312e-01],
                    [-2.30111778e-01, -4.98388559e-01, -1.26496106e-02, ...,
                     4.49867934e-01,  6.16019145e-02, -2.61357218e-01]]],
                   dtype=float32)>),
            ('pooler_output',
            <tf.Tensor: shape=(2, 768), dtype=float32, numpy=
            array([[-0.9204854 , -0.37138987, -0.6051259 , ..., -0.4473697 ,
                     -0.64347583,  0.9423271 ],
                    [-0.8854158 , -0.26547667,  0.21015054, ...,  0.17237163,
                     -0.6402989 ,  0.8888342 ]], dtype=float32)>)])
```

图 3-10 BERT 模型的输出结果

从图 3-10 可以看出,BERT 模型有两个输出:一个输出显示最后一个隐藏状态;另一个输出显示池输出结果。最后一个隐藏状态提供了在开始和结束时分别来自 BERT

的所有标记,包括 [CLS] 标记和 [SEP] 标记。

(23) 至此,用户已经了解了有关 BERT 的 TensorFlow 版本的更多信息,可以使用以下新嵌入来创建 Keras 模型。

```
from tensorflow import keras
import tensorflow as tf
max_length = 256
tokens = keras.layers.Input(shape = (max_length,),
                            dtype = tf.dtypes.int32)
masks = keras.layers.Input(shape = (max_length,),
                           dtype = tf.dtypes.int32)
embedding_layer = bert.layers[0]([tokens,masks])[0]
[:,0,:]
dense = tf.keras.layers.Dense(units = 2,
          activation = "softmax")(embedding_layer)
model = keras.Model([tokens,masks],dense)
```

(24) 模型对象(Keras 模型)有两个输入:一个输入用于标记;另一个输入用于掩码。标记包含来自分词器输出的 token_ids,掩码将包含 attention_mask。接下来,尝试查看会发生什么现象。

```
>>> tokenized = tokenizer.batch_encode_plus(
["hello how is it going with you",
"hello how is it going with you"],
return_tensors = "tf",
max_length = max_length,
truncation = True,
pad_to_max_length = True)
```

(25) 在使用分词器时,设置参数 max_length、truncation 和 pad_to_max_length 非常重要。这些参数将输出填充到之前定义的最大长度 256,以确保输出为可用形状。现在,可以使用以下示例运行模型。

```
>>>model([tokenized["input_ids"],tokenized["attention_mask"]])
```

输出结果如图 3-11 所示。

```
<tf.Tensor: shape=(2, 2), dtype=float32, numpy=
array([[0.45928752, 0.5407125 ],
       [0.45928752, 0.5407125 ]], dtype=float32)>
```

图 3-11 BERT 模型的分类输出

(26) 在训练模型时,需要调用 compile() 函数进行编译。

```
>>> model.compile(optimizer = "Adam",
loss = "categorical_crossentropy",
```

```
metrics=["accuracy"])
>>> model.summary()
```

输出结果如图 3 – 12 所示。

```
Layer (type)                     Output Shape          Param #     Connected to
=================================================================================
input_tokens (InputLayer)        [(None, 256)]         0
input_masks (InputLayer)         [(None, 256)]         0
bert (TFBertMainLayer)           multiple              109482240   input_tokens[0][0]
                                                                   input_masks[0][0]
tf.__operators__.getitem_3 (Sli  (None, 768)           0           bert[3][0]
output_layer (Dense)             (None, 2)             1538        tf.__operators__.getitem_3[0][0]
=================================================================================
Total params: 109,483,778
Trainable params: 109,483,778
Non-trainable params: 0
```

图 3 – 12 BERT 模型的摘要信息

（27）从模型的摘要信息中可以看出，该模型包含 109 483 778 个可训练参数，包括 BERT。但是，如果对 BERT 模型进行预训练，并且希望在对应特定任务的训练中冻结模型，则可以使用以下命令。

```
>>> model.layers[2].trainable = False
```

由本节内容可知，嵌入层的层索引是 2，因此可以方便地冻结模型。如果重新调用 summary( )函数，结果发现可训练参数减少到 1 538，即最后一层参数的数量，如图 3 – 13 所示。

```
Layer (type)                     Output Shape          Param #     Connected to
=================================================================================
input_tokens (InputLayer)        [(None, 256)]         0
input_masks (InputLayer)         [(None, 256)]         0
bert (TFBertMainLayer)           multiple              109482240   input_tokens[0][0]
                                                                   input_masks[0][0]
tf.__operators__.getitem_3 (Sli  (None, 768)           0           bert[3][0]
output_layer (Dense)             (None, 2)             1538        tf.__operators__.getitem_3[0][0]
=================================================================================
Total params: 109,483,778
Trainable params: 1,538
Non-trainable params: 109,482,240
```

图 3 – 13 具有较少可训练参数的 BERT 模型摘要信息

（28）如前所述，使用 IMDB 情感分析数据集来训练语言模型。现在，可以使用该数据集训练基于 Keras 的情感分析模型，但首先需要准备输入和输出。

```
import pandas as pd
imdb_df = pd.read_csv("IMDB Dataset.csv")
```

```
reviews = list(imdb_df.review)
tokenized_reviews = \
tokenizer.batch_encode_plus(reviews, return_tensors = "tf",
            max_length = max_length,
            truncation = True,
            pad_to_max_length = True)
import numpy as np
train_split = int(0.8 * len(tokenized_reviews["attention_mask"]))
train_tokens = tokenized_reviews["input_ids"][:train_split]
test_tokens = tokenized_reviews["input_ids"][train_split:]
train_masks = tokenized_reviews["attention_mask"][:train_split]
test_masks = tokenized_reviews["attention_mask"][train_split:]①
sentiments = list(imdb_df.sentiment)
labels = np.array([[0,1] if sentiment == "positive" else \
[1,0] for sentiment in sentiments])
train_labels = labels[:train_split]
test_labels = labels[train_split:]
```

（29）当数据准备就绪后，就可以拟合模型。

```
>>> model.fit([train_tokens,train_masks],train_labels, epochs = 5)
```

在拟合好模型后，模型就可以使用了。至此，读者已经了解了如何为分类任务执行模型训练，并学习了如何保存模型。在下一节中，读者将继续学习如何将训练好的模型提供给社区加以共享。

3.4 与社区共享模型

Hugging Face 提供了一种非常易于使用的模型共享机制。

（1）使用以下命令行工具，即可登录。

```
Transformers - cli login
```

（2）使用自己的账户信息登录后，可以创建存储库。

```
Transformers - cli repo create a - fancy - model - name
```

（3）为 a – fancy – model – name 参数输入任何模型名称，然后必须确保安装了 Git LFS。

```
git lfs install
```

Git LFS 是用于处理大型文件的 Git 扩展。Hugging Face 预训练模型通常是大型文件，Git 需要额外库（如 LFS）才能处理。

---

① 原著此处代码格式以及内容有误，译者已经根据源代码进行了勘误。——译者注

（4）克隆刚刚创建的存储库。

```
git clone https://huggingface.co/username/a-fancy-model-name
```

（5）根据需要从存储库中添加和删除数据，然后，与 Git 的用法一样，必须运行以下命令。

```
git add . && git commit -m "Update from $USER"
git push
```

自编码模型依赖原始 Transformer 的左侧编码器，在解决分类问题时非常高效。尽管 BERT 是自编码模型的一个典型示例，但相关文献中讨论了许多替代方案。接下来，继续讨论这些重要的替代方案。

3.5 了解其他自编码模型

在本节中，评述自编码模型的替代方案，这些方案对原始的 BERT 稍微进行了修改。这些重新实现的替代方案使用了许多改进方法，包括优化预训练流程以及层或头的数量、提高数据质量、设计更好的目标函数等，从而实现了更好的下游任务。这些替代方案改进的方法大致分为两部分：架构设计和预训练控制。

社区近期分享了许多有效的替代方案，因此本节不可能对其全部进行分析和阐述，只讨论文献中引用最多的一些模型，以及自然语言处理基准测试中使用最多的模型。接下来从 Albert 模型开始学习，它是对 BERT 的重新实现，该模型特别关注架构设计的选择。

3.5.1 Albert 模型概述

语言模型的性能会随着其规模的增大而提高。然而，由于内存的限制和较长的训练时间，所以训练大规模的模型变得更具挑战性。为了解决这些问题，Google 团队提出了 Albert 模型［一种用于语言表示的自监督学习的轻量型 BERT（A Lite BERT）］，这实际上是对 BERT 体系结构的重新实现，它利用了几种新技术来减少内存消耗并提高训练速度。新的设计使语言模型的可伸缩性比原来的 BERT 模型好得多。参数的数量减少为原来的 BERT 模型的 1/18，另外 Albert 的训练速度比原来的大型 BERT 模型快 1.7 倍。

Albert 模型主要包括对原始 BERT 的以下三处修改。

（1）分解嵌入参数化（Factorized embedding parameterization）。

（2）跨层参数共享（Cross-layer parameter sharing）。

（3）句间连贯性损失（Inter-sentence coherence loss）。

前两处修改是参数缩减方法，与原始 BERT 模型的大小和内存消耗问题相关。第三处修改对应于一个新的目标函数——句子顺序预测（Sentence-Order Prediction，SOP），它取代了原始 BERT 的下一个句子预测（Next Sentence Prediction，NSP）任务，这有助于模型的精简和性能的提高。

分解嵌入参数化用于将大的词汇表嵌入矩阵分解为两个小矩阵，从而将隐藏层的大小与词汇表的大小分开。这种分解将嵌入参数从 $O\ (V\times H)$ 减少到 $O\ (V\times E + E\times H)$。其中，$V$ 是词汇表；H 是隐藏层大小；E 是嵌入，如果满足 $H>>E$，则可以更有效地使用整个模型参数。

跨层参数共享可以防止参数总数随着网络的加深而增加。该技术被认为是提高参数效率的另一种方法，因为可以通过共享或复制来保持较小的参数数量。在最初的论文中，论文作者尝试了许多共享参数的方法。例如，仅跨层共享 FF 参数，或者仅共享关注的参数或整个参数。

Albert 模型的另一处改进是句间连贯性损失。如前所述，BERT 体系结构利用了两种损耗计算方法：带掩码机制的语言建模（Masked Language Modeling，MLM）的损失计算和下一个句子预测的损失计算。下一个句子预测附带了二进制交叉熵损失，用于预测原始文本中是否有两个片段出现在同一行中。通过从不同的文件中选择两个部分来获得负样例。然而，Albert 团队指出下一个句子预测是一个主题预测问题，这被认为是一个相对容易的问题。因此，研究小组提出了一个主要基于连贯性而非主题预测的损失函数。它们利用侧重于建模句子间连贯性而不是主题预测的句子顺序预测损失函数。句子顺序预测损失函数使用与 BERT 相同的正样例技术（即同一文档中的两个连续片段）；而作为负样例，使用相同的两个连续片段，但顺序交换。然后，该模型在语篇层面上学习连贯属性之间更细粒度的区别。

（1）将原始的 BERT 和 Albert 配置与 Transformer 库进行比较。下面的代码显示了如何配置基于 BERT 的初始模型。从输出结果可以看出，参数数量约为 11×10^7。

```
#BERT-BASE(L=12, H=768, A=12, Total Parameters=110M)
>> from Transformers import BertConfig, BertModel
>> bert_base = BertConfig()
>> model = BertModel(bert_base)
>> print(f"{model.num_parameters()/(10**6)}million parameters")
109.48224 million parameters
```

（2）使用下面的代码片段展示如何使用 Transformer 库中的两个类 AlbertConfig 和 AlbertModel 定义 Albert 模型。

```
# Albert-base Configuration
>>> from Transformers import AlbertConfig, AlbertModel
>>> albert_base = AlbertConfig(hidden_size=768,
                    num_attention_heads=12,
                    intermediate_size=3072,)
>>> model = AlbertModel(albert_base)
>>> print(f"{model.num_parameters()/(10**6)}million parameters")
11.683584 million parameters
```

因此，默认的 Albert 配置指向 Albert-xxlarge。需要设置隐藏大小、注意力头的数量和中间大小，以拟合 Albert 基础模型。以上代码片段显示 Albert 基础模型的参数数量

约为 11×10^6，是 BERT 基础模型的 1/10。关于 Albert 的原始论文报告的基准测试如图 3-14 所示。

Model		Parameters	SQuAD1.1	SQuAD2.0	MNLI	SST-2	RACE	Avg	Speedup
BERT	base	108M	90.4/83.2	80.4/77.6	84.5	92.8	68.2	82.3	4.7x
	large	334M	92.2/85.5	85.0/82.2	86.6	93.0	73.9	85.2	1.0
ALBERT	base	12M	89.3/82.3	80.0/77.1	81.6	90.3	64.0	80.1	5.6x
	large	18M	90.6/83.9	82.3/79.4	83.5	91.7	68.5	82.4	1.7x
	xlarge	60M	92.5/86.1	86.1/83.1	86.4	92.4	74.8	85.5	0.6x
	xxlarge	235M	94.1/88.3	88.1/85.1	88.0	95.2	82.3	88.7	0.3x

图 3-14 关于 Albert 的原始论文报告的基准测试

（3）基于以上操作步骤，同时为了从头开始训练 Albert 模型，需要使用统一的 Transformers 应用程序接口，安装前面章节的 BERT 训练中已经说明的类似阶段。这里不再重构相同的步骤。现在加载一个已经训练过的 Albert 模型。代码如下所示。

```
from Transformers import AlbertTokenizer, AlbertModel
tokenizer = \
AlbertTokenizer.from_pretrained("albert-base-v2")
model = AlbertModel.from_pretrained("albert-base-v2")
text = "The cat is so sad ."
encoded_input = tokenizer(text, return_tensors='pt')
output = model(**encoded_input)
```

（4）上述代码片段从 Hugging Face 中心下载 Albert 模型权重及其配置，或者从本地缓存目录下载［如果之前已经缓存，就意味着用户曾经调用过 AlbertTokenizer.from_pretrained( )函数］。由于模型对象是一个预先训练过的语言模型，所以现在使用该模型做的事情是有限的。需要在下游任务中训练语言模型，以便能够使用该语言模型进行推理，这将是后面章节的主要主题。可以利用带掩码机制的语言模型目标，代码如下所示。

```
from Transformers import pipeline
fillmask = pipeline('fill-mask', model='albert-base-v2')
pd.DataFrame(fillmask("The cat is so [MASK] ."))
```

输出结果如图 3-15 所示。

sequence	score	token	token_str
[CLS] the cat is so cute.[SEP]	0.281025	10901	_cute
[CLS] the cat is so adorable.[SEP]	0.094893	26354	_adorable
[CLS] the cat is so happy.[SEP]	0.042963	1700	_happy
[CLS] the cat is so funny.[SEP]	0.040976	5066	_funny
[CLS] the cat is so affectionate.[SEP]	0.024233	28803	_affectionate

图 3-15 Albert 模型版本 2 的填充掩码的输出结果

fill-mask（填充掩码）管道使用 softmax( )函数计算每个词汇表标记的得分，并对最可能的标记进行排序，其中 cute 是赢家，概率得分为 0.281。用户可能会注意到，

token_str 列中的项以下划线（_）字符开头，这是 Albert 分词器的元空间组件造成的。

接下来，讨论下一个替代方案：鲁棒优化的 BERT 预训练方法（Robustly Optimized BERT pre-training Approach，RoBERTa）。该方案侧重于预训练阶段。

3.5.2 RoBERTa 模型

RoBERTa 是另一种流行的 BERT 重新实现。RoBERTa 模型在训练策略方面的改进远远多于架构设计方面的改进。在 GLUE 上的几乎所有独立任务中，RoBERTa 的性能都优于 BERT。动态掩码是其原始设计选择之一。虽然静态掩码在某些任务中表现更好，但 RoBERTa 团队证明动态掩码在整体性能上表现良好。相对于 BERT 模型，RoBERTa 模型的改进总结如下。

RoBERTa 模型在架构设计上的改进如下所示。

（1）删除下一句预测训练目标。

（2）动态更改掩码模式，而不是静态掩码。这是通过在向模型提供序列时生成掩码模式来完成的。

（3）字节对编码 BPE 子词分词器。

RoBERTa 模型在预训练控制上的改进如下所示。

（1）控制训练数据：使用更多的数据（如 160GB），而原来在 BERT 中使用的数据规模是 16GB。研究中不仅考虑了数据的大小，还考虑了数据的质量和多样性。

（2）更长的迭代步骤：长达 5×10^5 的预训练步骤。

（3）更长的批次。

（4）更长的序列，从而减少填充。

（5）一个庞大的 50KB 对编码词汇表，而不是 30KB 对编码词汇表。

基于 Transformer 统一的应用程序接口，正如在前面所述的 Albert 模型管道中一样，对 RoBERTa 模型进行如下初始化。

```
>>> from Transformers import RobertaConfig, RobertaModel
>>> conf = RobertaConfig()
>>> model = RobertaModel(conf)
>>> print(f"{model.num_parameters() /(10**6)}million parameters")
109.48224 million parameters
```

为了加载预先训练的模型，可以执行以下代码。

```
from Transformers import RobertaTokenizer, RobertaModel
tokenizer = \
RobertaTokenizer.from_pretrained('roberta-base')
model = RobertaModel.from_pretrained('roberta-base')
text = "The cat is so sad ."
encoded_input = tokenizer(text, return_tensors='pt')
output = model(**encoded_input)
```

这些代码行演示了模型如何处理给定的文本。最后一层的输出表示目前没有作用。正如本节多次提到的，需要微调主要的语言模型。以下执行代码使用 RoBERTa 基础模型应用填充掩码的功能。

```
>>> from Transformers import pipeline
>>> fillmask = pipeline("fill-mask",model="roberta-base",
                        tokenizer=tokenizer)
>>> pd.DataFrame(fillmask("The cat is so <mask> ."))
```

输出结果如图 3-16 所示。

sequence	score	token	token_str
\<s>The cat is so cute.\</s>	0.191843	11962	Ġcute
\<s>The cat is so sweet.\</s>	0.051524	4045	Ġsweet
\<s>The cat is so funny.\</s>	0.033595	6269	Ġfunny
\<s>The cat is so handsome.\</s>	0.032893	19222	Ġhandsome
\<s>The cat is so beautiful.\</s>	0.032314	2721	Ġbeautiful

图 3-16　RoBERTa 基础模型填充掩码任务的结果

与前面所述的 Albert 填充掩码模型一样，此管道对合适的候选词进行排序。请忽略标记中的前缀 Ġ，这是字节级字节对编码分词器生成的编码空格字符，将在后面加以讨论。读者应该已经注意到，在 Albert 和 RoBERTa 管道中使用了［MASK］和＜mask＞标记，以便为掩码标记保留位置。这是基于分词器的配置。为了了解将使用哪个标记表达式，可以检查 tokenizer. mask_token。请参见以下代码的执行结果。

```
>>> tokenizer = \
AlbertTokenizer.from_pretrained('albert-base-v2')
>>> print(tokenizer.mask_token)
[MASK]
>>> tokenizer = \
RobertaTokenizer.from_pretrained('roberta-base')
>>> print(tokenizer.mask_token)
<mask>
```

为了确保正确使用掩码标记，可以在管道中添加 fillmask. tokenizer. mask_token 表达式。代码如下所示。

```
fillmask(f"The cat is very \
{fillmask.tokenizer.mask_token}.")
```

3.5.3　ELECTRA 模型

ELECTRA 模型（Kevin Clark 等于 2020 年提出）侧重于一种新的掩码语言模型，该模型利用替换的标记检测训练目标。在预训练期间，该模型被迫学习以区分真实输入标记和合成生成的替换，其中合成负样例是从看似合理的标记，而不是随机采样的标记中采样的。Albert 模型指出 BERT 的下一个句子预测目标是一个主题预测问题，并使用了低质量的负样例。ELECTRA 模型训练两个神经网络——一个生成器和一个鉴别器，前者产生高质量的负样例，而后者区分原始标记和替换标记。用户从计算机视觉领域了解到生成式对抗网络（Generative Adversarial Networks，GAN），其中生成器 G 生成假图像并试图欺骗鉴别器 D，鉴别器网络试图避免被欺骗。ELECTRA 模型采用几乎相同的生成器 - 鉴别器方法，以高质量的负样例替换原始标记，这些样例看似合理，但实际上是以合成方式生成的。

为了避免在其他示例中重复相同的代码，本节仅为 ELECTRA 生成器提供一个简单的填充掩码示例。代码如下所示。

```
fillmask = \
pipeline("fill-mask", model="google/electra-small-generator")
fillmask(f"The cat is very {fillmask①.tokenizer.mask_token}.")
```

到此为止，终于完成了自编码模型所有相关的内容。接下来，继续讨论分词算法。分词算法对 Transformer 的成功具有重要影响。

3.6 使用分词算法

在本章的开头部分，使用了一个特定的分词器（即 BertWordPieceTokenizer）来训练 BERT 模型。现在有必要在这里详细讨论一下分词过程。分词是一种将文本输入拆分为标记并在输入神经网络架构之前为每个标记分配标识符的方法。最直观的方法是根据空间将序列分割成更小的块。然而，这种方法不能满足某些语言（如日语）的要求，还可能导致巨大的词汇问题。几乎所有的 Transformer 模型都利用子词（subword）分词法，它不仅可以降低维度，还可以对训练中未发现的罕见（或者未知）词进行编码。分词的基础是每个单词（包括稀有词或未知词）都可以被分解成有意义的小块，这些小块是训练语料库中常见的符号。

Moses 和 nltk 库中开发的一些传统分词器均应用了先进的基于规则的技术。但是，与 Transformer 库一起使用的分词算法是基于自监督学习的，并从语料库中提取规则。基于规则的分词最简单直观的解决方案是基于字符、标点符号或空格。基于字符的分词会导致语言模型失去输入意义。尽管这种方法可以减少词汇量（这是优点），但它使模型很难通过字符 c，a 和 t 的编码来捕获 cat 的含义。此外，输入序列的维数变得非常大。同样，基于标点符号的模型无法正确处理某些表达式，如 haven't 或 ain't。

最近，一些高级子词分词算法（如字节对编码 BPE）已成为 Transformer 体系结构的一个组成部分。这些现代分词过程包括两个阶段：第一个阶段是预分词阶段，使用空

---

① 原著此处有误，主要是续行符（\）使用有误，此行中应该删除续行符。——译者注

间或语言相关规则简单地将输入拆分为标记；第二个阶段是分词训练阶段，训练分词器基于标记构建合理大小的基础词汇表。在训练自定义的分词器之前，首先加载一个经过预训练的分词器。以下代码从 Transformer 库加载一个 BertTokenizerFast 类型的土耳其语分词器，其词汇表大小为 32×10^3。

```
>>> from Transformers import AutoModel, AutoTokenizer
>>> tokenizerTUR = AutoTokenizer.from_pretrained(
                   "dbmdz/bert-base-turkish-uncased")
>>> print(f"VOC size is: {tokenizerTUR.vocab_size}")
>>> print(f"The model is: {type(tokenizerTUR)}")
VOC size is: 32000
The model is: Transformers.models.bert.tokenization_bert_fast.
BertTokenizerFast
```

以下代码为 bert-base-uncased 模型加载一个英文 BERT 标记器。

```
>>> from Transformers import AutoModel, AutoTokenizer
>>> tokenizerEN = \
AutoTokenizer.from_pretrained("bert-base-uncased")
>>> print(f"VOC size is: {tokenizerEN.vocab_size}")
>>> print(f"The model is {type(tokenizerEN)}")
VOC size is: 30522
The model is ... BertTokenizerFast
```

接下来看一看模型是如何工作的。使用以下两个分词器对单词 telecommunication 进行分词。

```
>>> word_en = "telecommunication"
>>> print(f"is in Turkish Model ? \
{word_en in tokenizerTUR.vocab}")
>>> print(f"is in English Model ? \
{word_en in tokenizerEN.vocab}")
is in Turkish Model ? False
is in English Model ? True
```

word_en 标记出现在英语分词器的词汇表中，但不在土耳其语分词器的词汇表中。接下来看看土耳其语分词器会发生什么。

```
>>> tokens = tokenizerTUR.tokenize(word_en)
>>> tokens
['tel','##eco','##mm','##un','##ica','##tion']
```

由于土耳其语分词器模型的词汇表中没有这样一个词，所以需要将该单词分成对其有意义的部分。所有这些分割标记都已存储在模型词汇表中。请注意以下代码的输出。

```
>>> [t in tokenizerTUR.vocab for t in tokens]
[True, True, True, True, True, True]
```

使用已加载的英语分词器对相同的单词进行分词。

```
>>> tokenizerEN.tokenize(word_en)
['telecommunication']
```

由于英语模型的基本词汇表中包含 telecommunication 一词，所以不需要将其分解成多个部分，而是将其作为一个整体。通过从语料库中学习，分词器能够将一个词转换成语法逻辑上的大部分子成分。首先从土耳其语中找出一个很难的例子。作为一种粘着语言，土耳其语允许在词干上添加许多后缀来构造很长的单词。这是一篇文章中使用的最长的土耳其语单词之一。

```
Muvaffakiyetsizleştiricileştiriveremeyebileceklerimizdenmişsinizcesine
```

这个单词的英文含义是 As though you happen to have been from among those whom we will not be able to easily/quickly make a maker of unsuccessful ones。土耳其语的 BERT 分词可能在训练中没有看到这个词，但它已经看到了其片段；muvaffak（succesful）是一个词干，可以形成##iyet（successfulness）、##siz（unsuccessfulness）、##leş（become unsuccessful）等。将结果与 Wikipedia 文章进行比较时，土耳其语分词器提取的组件在语法上似乎符合土耳其语言的逻辑。

```
>>> print(tokenizerTUR.tokenize(long_word_tur))
['muvaffak','##iyet','##siz','##les','##tir','##ici',
'##les','##tir','##iver','##emeye','##bilecekleri','##mi',
'##z','##den','##mis','##siniz','##cesine']
```

土耳其语分词器是 WordPiece 算法的一个例子，因为它与 BERT 模型一起工作。几乎所有的语言模型，包括 BERT、DistilBERT 和 ELECTRA，都需要一个 WordPiece 分词器。

接下来，将讨论 Transformer 使用的分词方法。首先，讨论广泛使用的字节对编码、WordPiece 和 SentencePiece 分词算法；然后，使用 Hugging Face 的快速分词库对这些分词算法进行训练。

3.6.1 字节对编码

字节对编码（Byte Pair Encoding，BPE）是一种数据压缩技术。字节对编码扫描数据序列，并用单个符号迭代替换最频繁的字节对。这个方法首次在文献"*Neural Machine Translation of Rare Words with Subword Units*（基于字词对稀有词实施神经机器翻译）"（Sennrich 等，2015 年）中提出，用来解决机器翻译中未知词和稀有词的问题。

目前，字节对编码技术已经成功应用于 GPT-2（Generative Pre-Training，生成式预训练）模型和许多其他最先进的模型中。许多现代分词算法都基于这种压缩技术。

字节对编码将文本表示为字符 n-gram 的序列，也称为字符级子词。训练首先从语料库中看到的所有 Unicode 字符（或者符号）的词汇表开始。这对于英语来说可能很小，但对于日语等字符丰富的语言来说可能很大。然后，迭代计算字符 bigrams，并使用特殊的新符号替换最频繁的字符 bigrams。例如，t 和 h 是频繁出现的符号。使用 th 符号替换连续符号。这个过程一直迭代运行，直到词汇表达到所需的词汇表大小。最常见的词汇量约为 3×10^4。

字节对编码在表示未知词方面特别有效。但是，字节对编码可能无法保证处理稀有词和包含稀有子词的词。在这种情况下，字节对编码会将稀有字符与一个特殊符号（<UNK>）关联，这可能导致单词丢失部分含义。作为一种潜在的解决方案，用户已经提出了字节级字节对编码（Byte-Level BPE，BBPE），它使用 256 字节的词汇集而不是 Unicode 字符来确保词汇表中包含每个基本字符。

3.6.2　WordPiece 分词算法

WordPiece 是另一种流行的分词算法，广泛用于 BERT、DistilBERT 和 ELECTRA。Schuster 和 Nakajima 于 2012 年提出了该方法，用于解决日韩语音问题。这项工作背后的动机是，尽管分词对英语来说不是一个大问题，但对于许多亚洲语言来说分词是重要的预处理过程，因为在这些语言中很少使用空白符。因此，在亚洲语言的自然语言处理研究中经常遇到分词方法。与字节对编码类似，WordPiece 使用大型语料库来学习词汇和合并规则。字节对编码和字节级字节对编码基于共现统计量学习合并规则，而 WordPiece 算法使用最大似然估计从语料库中提取合并规则。WordPiece 首先使用 Unicode 字符（也称为词汇符号）初始化词汇表。它将训练语料库中的每个单词视为一个符号列表（最初为 Unicode 字符），然后根据最大似然率而非频率迭代生成一个新符号，将所有可能的候选符号对中的两个符号合并。这种生产管道继续运行，直至达到所需的词汇表大小。

3.6.3　SentencePiece 分词算法

前面所述的分词算法将文本视为空格分隔的单词列表。基于空格的拆分在某些语言中不起作用。在德语中，复合名词没有空格，如 menschenrechte（人权）。解决方案是使用特定于语言的预分词器。在德语中，自然语言处理管道利用复合拆分器（compound-splitter）模块检查单词是否可以细分为较小的单词。但是，东亚语言（如汉语、日语、韩语和泰语）在单词之间不使用空格分隔。SentencePiece 算法旨在克服这种没有空格的限制，这是 Kudo 等在 2018 年提出的一种简单且独立于语言的分词算法。这种算法将输入视为原始输入流，其中空格是字符集的一部分。使用 SentencePiece 算法的标记器生成"_"字符，这也是在前面的 Albert 模型示例的输出中看到"_"的原因。使用 SentencePiece 算法的其他流行语言模型有 XLNet、Marian 和文本到文本传输 Transformer

（Text-to-Text Transfer Transformer，T5）。

到目前为止，本节讨论了子词分词方法。接下来，使用tokenizers库尝试进行训练。

3.6.4 tokenizers库

读者可能已经注意到，在前面的代码示例中，Transformer库中包含预训练的土耳其语和英语分词器。另外，Hugging Face团队提供了独立于Transformer库的tokenizers库，以加快训练速度并提供给用户更多选项。tokenizers库最初是使用Rust语言编写的，结果使多核并行计算成为可能，并使用Python语言进行封装。

为了安装tokenizers库，可以使用以下命令。

```
$ pip install tokenizers
```

tokenizers库提供了几个组件，因此可以构建一个端到端的分词器（从预处理原始文本到解码标记化单元ID）。分词管道的过程如下：Normalizer（规范化器）→PreTokenizer（预分词器）→Model Training（模型训练）→Post-processing（后处理）→Decoder（解码器）。

分词管道示意如图3-17所示。

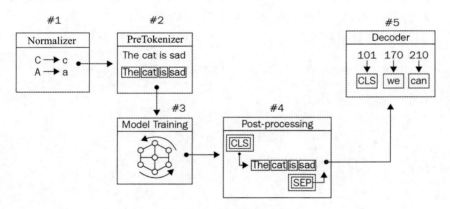

图3-17 分词管道示意

（1）Normalizer（规范化器）：可以使用基本文本处理，如转换为小写、去空格、Unicode规范化和删除重音符号。

（2）PreTokenizer（预分词器）：为下一个训练阶段准备语料库。预分词器根据规则（如空格）将输入拆分为标记。

（3）Model Training（模型训练）：一种子词分词算法（如字节对编码、字节级字节对编码和WordPiece，前面已经讨论过）。模型训练发现子词/词汇表，并学习生成规则。

（4）Post-processing（后处理）：提供了与Transformer模型兼容（如BertProcessors）的高级类构造。通常在馈入架构之前，向分词输入添加特殊的标记，如[CLS]和[SEP]标记。

(5) Decoder（解码器）：负责将标记 ID 转换回原始字符串。这只是为了检查正在发生的事情。

下面介绍如何训练 BPE 分词器和训练 WordPiece 模型。

1. 训练 BPE 分词器

下面使用莎士比亚的戏剧来训练 BPE 分词器。

(1) 加载方式如下所示。

```
import nltk
from nltk.corpus import gutenberg
nltk.download('gutenberg')
nltk.download('punkt')
plays = ['shakespeare-macbeth.txt','shakespeare-hamlet.txt','shakespeare-caesar.txt']
shakespeare = [" ".join(s) for ply in plays \
        for s in gutenberg.sents(ply)]
```

需要一个后处理器（TemplateProcessing）来处理前面的所有分词算法。需要定制后处理器，以方便特定的语言模型的输入。例如，下面的模板将适用于 BERT 模型，因为它需要在输入开始时嵌入［CLS］标记，在中间和末端嵌入［SEP］标记。

(2) 模板的定义如下所示。

```
from tokenizers.processors import TemplateProcessing
special_tokens = ["[UNK]","[CLS]","[SEP]","[PAD]","[MASK]"]
temp_proc = TemplateProcessing(
        single = "[CLS] $A [SEP]",
        pair = "[CLS] $A [SEP] $B:1 [SEP]:1",
        special_tokens = [
            ("[CLS]", special_tokens.index("[CLS]")),
            ("[SEP]", special_tokens.index("[SEP]")),
        ],
)
```

(3) 导入必要的组件以构建端到端分词管道。

```
from tokenizers import Tokenizer
from tokenizers.normalizers import \
    (Sequence,Lowercase, NFD, StripAccents)
from tokenizers.pre_tokenizers import Whitespace
from tokenizers.models import BPE
from tokenizers.decoders import BPEDecoder
```

(4) 实例化 BPE 模型，代码如下所示。

```
tokenizer = Tokenizer(BPE())
```

（5）预处理部分有两个组件：Normalizer（规范化器）和 Pre-Tokenizer（预分词器）。它可能有不止一个规范化器。因此，此处组成了规范化器组件的 Sequence（序列），该序列包括多个规范化器，其中，NFD( )是 Unicode 规范化器，StripAccents( )用于删除重音。对于预分词，Whitespace( )会根据空格拆分文本。由于解码器组件必须与模型兼容，所以为 BPE 模型选择了 BPEDecoder( )。

```
tokenizer.normalizer = Sequence(
[NFD(),Lowercase(),StripAccents()])
tokenizer.pre_tokenizer = Whitespace()
tokenizer.decoder = BPEDecoder()
tokenizer.post_processor = temp_proc
```

（6）至此已经准备好在数据上对 BPE 分词器进行训练。下面的代码片段对 BpeTrainer( )实例化，目的是通过设置超参数以帮助用户组织整个训练过程。将词汇大小参数设置为 5 000，因为莎士比亚语料库相对较小。对于大型的项目，会使用更大的语料库，通常将词汇大小设置为 30 000 左右。

```
>>> from tokenizers.trainers import BpeTrainer
>>> trainer = BpeTrainer(vocab_size =5000,
            special_tokens = special_tokens)
>>> tokenizer.train_from_iterator(shakespeare, trainer = trainer)
>>> print(f"Trained vocab size:{tokenizer.get_vocab_size()}")
Trained vocab size: 5000
```

至此成功地完成了训练！

> **重要提示**
>
> 从文件系统进行训练：为了开始训练过程，将内存中的 Shakespeare 对象作为字符串列表传递给 tokenizer.train_from_iterator( )。对于具有大型语料库的大型项目，需要设计一个 Python 生成器，主要使用文件系统中的文件而不是内存存储来生成字符串行信息。用户还应该检查 tokenizer.train( )，以从文件系统存储中进行训练。具体实现请参照上面的 BERT 训练部分的代码。

（7）从戏剧 *Macbeth*（麦克白）中随机抽取一句话，命名为"sen"，并使用刚刚设计的新分词器进行分词。

```
>>> sen = "Is this a dagger which I see before me,\
the handle toward my hand?"
>>> sen_enc = tokenizer.encode(sen)
>>> print(f"Output:{format(sen_enc.tokens)}")
Output:['[CLS]','is','this','a','dagger','which',
'i','see','before','me',',','the','hand','le',
'toward','my','hand','?','[SEP]']
```

(8) 由于上面的后处理器功能，可以在适当的位置观察到额外的 [CLS] 和 [SEP] 标记。只有一个被拆分的词 handle (hand, le)，因为给模型传递了一个来自 *Macbeth* 的句子，模型已经知道这个句子。此外，使用了一个小语料库，并且分词器不必使用压缩。接下来，传递一个富有挑战性的短语 Hugging Face，分词器可能不知道这个短语。

```
>>> sen_enc2 = tokenizer.encode("Macbeth and Hugging Face")
>>> print(f"Output: {format(sen_enc2.tokens)}")
Output: ['[CLS]','macbeth','and','hu','gg','ing','face','[SEP]']
```

(9) 术语 Hugging 被转换为小写，并拆分为 hu, gg, ing 三部分，因为模型词汇表包含除 Hugging 以外的所有其他标记。接下来，再传递两个句子。

```
>>> two_enc = tokenizer.encode("I like Hugging Face!", "He likes Macbeth!")
>>> print(f"Output: {format(two_enc.tokens)}")
Output: ['[CLS]','i','like','hu','gg','ing','face',
'!','[SEP]','he','li','kes','macbeth','!','[SEP]']
```

请注意，后处理器将 [SEP] 标记作为指示符注入。

(10) 现在需要保存 BPE 模型。可以保存子单词分词模型，也可以保存整个分词管道。首先，仅保存 BPE 模型。

```
>>> tokenizer.model.save('.')
['./vocab.json','./merges.txt']
```

(11) BPE 模型保存了两个关于词汇表和合并规则的文件。"merges.txt" 文件由 4 948 条合并规则组成。

```
$ wc -l ./merges.txt
4948 ./merges.txt
```

(12) 排名前五的规则如下所示。其中，(t, h) 是排名第一的规则，因为它是最常见的规则对。对于测试，BPE 模型扫描文本输入并尝试首先合并这两个符号（如果适用）。

```
$ head -3 ./merges.txt
t h
o u
a n
th e
r e
```

BPE 算法根据频率对规则进行排序。当用户在莎士比亚语料库中手动计算字符 bigrams 时，就会发现 (t, h) 是最常见的一对。

(13) 现在，保存并加载整个分词管道。

```
>>> tokenizer.save("MyBPETokenizer.json")
>>> tokenizerFromFile = \
Tokenizer.from_file("MyBPETokenizer.json")
>>> sen_enc3 = \
tokenizerFromFile.encode("I like Hugging Face and
Macbeth")
>>> print(f"Output: {format(sen_enc3.tokens)}")
Output: ['[CLS]','i','like','hu','gg','ing','face',
'and','macbeth','[SEP]']
```

至此成功地重新加载了分词器!

2. 训练 WordPiece 模型

下面训练 WordPiece 模型。

(1) 导入必要的模块。

```
from tokenizers.models import WordPiece
from tokenizers.decoders import WordPiece \
as WordPieceDecoder
from tokenizers.normalizers import BertNormalizer
```

(2) 下面几行代码用于实例化一个空的 WordPiece 分词器,并为训练做好准备。BertNormalizer 是一个预定义的规范化器序列,包括清理文本、转换重音、处理汉字和转换为小写的过程。

```
tokenizer = Tokenizer(WordPiece())
tokenizer.normalizer = BertNormalizer()
tokenizer.pre_tokenizer = Whitespace()
tokenizer.decoder = WordPieceDecoder()
```

(3) 现在,为 WordPiece() 实例化一个合适的训练器 WordPieceTrainer() 来组织训练过程。

```
>>> from tokenizers.trainers import WordPieceTrainer
>>> trainer = WordPieceTrainer(vocab_size=5000,\
special_tokens=["[UNK]","[CLS]","[SEP]",\
"[PAD]","[MASK]"])
>>> tokenizer.train_from_iterator(shakespeare,
trainer=trainer)
>>> output = tokenizer.encode(sen)
>>> print(output.tokens)
['is','this','a','dagger','which','i','see',
'before','me',',','the','hand','##le','toward',
'my','hand','?']
```

(4) 使用 WordPieceDecoder() 正确处理句子。

```
>>> tokenizer.decode(output.ids)
'is this a dagger which i see before me, the handle
toward my hand?'
```

（5）在输出中没有遇到任何［UNK］标记，因为分词器知道或者分割输入以进行编码。现在强制模型生成［UNK］标记，代码如下所示。它将一句土耳其语的句子传递给分词器。

```
>>> tokenizer.encode("Kralsın aslansın Macbeth!").tokens
'[UNK]', '[UNK]', 'macbeth', '!' ]
```

以上代码得到了不错的结果！（得到了几个未知的标记）分词器从合并规则和基本词汇表中没有找到分解给定单词的方法。

到目前为止，我们设计了从规范化器组件到解码器组件的分词管道。另外，tokenizers 库提供了一个已经制作（未经训练）的空分词管道，其中包含适当的组件，可以构建用于生产的快速原型。以下是一些预先制作的分词器。

（1）CharBPETokenizer：原始 BPE。
（2）ByteLevelBPETokenizer：BPE 的字节级版本。
（3）SentencePieceBPETokenizer：与 SentencePiece 兼容的 BPE 实现。
（4）BertWordPieceTokenizer：著名的 BERT 分词器，使用 WordPiece。

以下代码用于导入这些管道。

```
>>> from tokenizers import (ByteLevelBPETokenizer,
        CharBPETokenizer,
        SentencePieceBPETokenizer,
        BertWordPieceTokenizer)
```

所有这些管道都已经设计完成。该过程的其余部分（如训练、保存模型和使用分词器）与之前的 BPE 和 WordPiece 训练过程相同。

恭喜读者取得了巨大的进步，并训练了第一个 Transformer 模型及其分词器。

3.7 本章小结

本章通过理论结合实践探索了自编码模型。首先讨论了 BERT 的基本知识，并从头开始训练了 BERT 模型以及相应的分词器，讨论了如何在其他框架内工作，如 Keras；除了 BERT，还回顾了其他自编码模型；为了避免过度的代码重复，没有提供其他模型训练的完整实现；在 BERT 训练过程中，训练了 WordPiece 分词算法；最后，研究了其他分词算法，因为这些算法都值得讨论和理解。

自编码模型使用原始 Transformer 的左侧解码器，并且大多针对分类问题进行了微调。在下一章中，将讨论和学习 Transformer 的右侧解码器部分，以实现语言生成模型。

第 4 章

自回归和其他语言模型

第 3 章详细介绍了自编码（Autoencoder，AE）语言模型，并研究了如何从零开始训练自编码语言模型。本章将讨论自回归（Autoregressive，AR）语言模型的理论细节，读者将学习如何在自己的语料库中预训练自回归语言模型，接着将学习如何在自己的文本上预训练任何语言模型，如 GPT－2 模型，并将其用于各种任务，如自然语言生成（Natural Language Generation，NLG），然后将学习 T5 模型的基础知识，并在自己的机器翻译（Machine Translation，MT）数据上训练多国语言版 T5（Multilingual T5，mT5）模型。在完成本章的学习后，读者将对自回归语言模型及其在文本到文本应用程序中的各种用例（如摘要、释义和机器翻译）有一个总体认识。

本章将介绍以下主题。

（1）自回归语言模型的使用。

（2）序列到序列模型的使用。

（3）自回归语言模型训练。

（4）使用自回归模型的 NLG。

（5）使用 simpletransformers 进行总结和机器翻译微调。

4.1 技术需求

为了成功完成本章的学习，需要安装以下库/软件包。

（1）Anaconda；

（2）Transformer 4.0.0；

（3）PyTorch 1.0.2；

（4）TensorFlow 2.4.0；

（5）datasets 1.4.1；

（6）tokenizers；

（7）simpletransformers 0.61。

可以通过以下 GitHub 链接获得本章中所有编码练习的 Jupyter Notebook：

https://github.com/PacktPublishing/Mastering－Transformers/tree/main/CH04。

4.2 使用自回归语言模型

Transformer 体系结构最初旨在对序列对序列的任务（如机器翻译或文档摘要）有效，但后来被用于各种自然语言处理问题（从标记分类到共指解析）。随后的工作开始分别更具创造性地使用 Transformer 体系结构的左、右部分。目标［也称为去噪目标（denoising objective）］是以双向方式从损坏的输入中完全恢复原始输入，如图 4-1（a）所示，稍后将详细介绍。从 BERT 体系结构中可以看出，这是自回归语言模型的一个显著示例，它们可以包含单词两侧的上下文。然而，第一个问题是，在预训练阶段使用的损坏的［MASK］符号在微调阶段的数据中不存在，从而导致预训练和微调差异。第二个问题是，BERT 模型假设掩码标记相互独立，而这是有争议的。

另外，自回归语言模型不依赖这种关于独立性的假设，因此不会自然地对预训练和微调差异产生影响，因为模型依赖以先前标记为条件预测下一个标记的目标，而不会掩蔽这些标记。自回归语言模型仅利用带掩码注意力机制的 Transformer 的解码部分。自回归语言模型阻止模型向前访问当前单词右侧的单词（或者向后访问当前单词左侧的单词），这称为单向性（unidirectionality）。由于其单向性，自回归语言模型也称为因果语言模型（Causal Language Models，CLM）。

自编码和自回归语言模型的对比如图 4-1 所示。

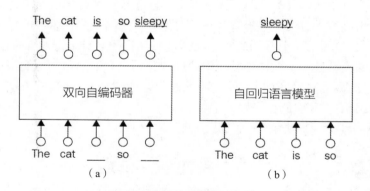

图 4-1 自编码和自回归语言模型的对比

相关文献中流行的自回归语言模型包括生成式预训练模型及其两个后续版本（GPT-2、GPT-3）、Transformer-XL 和 XLNet。尽管 XLNet 是基于自回归的模型，但在基于排列的语言目标的帮助下，该模型设法以双向方式利用单词两侧的上下文。接下来介绍这些模型，并展示如何通过各种实验来训练模型。首先讨论生成式预训练模型。

4.2.1 生成式预训练模型的介绍与训练

自回归语言模型由多个 Transformer 块组成。每个 Transformer 块包含一个带掩码的多头自注意力层以及一个逐点前馈层。最后一个 Transformer 块中的激活被馈入 softmax( ) 函数,该函数生成整个词汇表中的单词概率分布,以预测下一个单词。

在生成式预训练的原始论文 "Improving Language Understanding by Generative Pre - Training(通过生成式预训练提高对语言的理解)"(2018 年)中,作者解决了传统的基于机器学习的自然语言处理管道所面临的几个瓶颈问题。例如,首先,这些管道需要大量特定于任务的数据和体系结构。其次,在对预训练好模型的体系结构不做较大改动的情况下,很难应用任务感知的输入转换。最初的生成式预训练及其改进版本(GPT - 2 和 GPT - 3)由 OpenAI 团队设计,专注于缓解这些瓶颈的解决方案。原始生成式预训练研究的主要贡献在于,预训练的模型取得了令人满意的结果,不仅适用于单个任务,而且适用于多种任务。从未标记的数据中学习生成模型(称为无监督预训练)后,只需通过相对少量的特定于任务的数据[称为有监督的微调(supervised fine - tuning)]将模型微调到下游任务。这种"两阶段方案"广泛应用于其他 Transformer 模型中,其中无监督预训练之后是有监督微调。

为了提高生成式预训练体系结构的通用性,只需将输入转换为特定于任务的方式,而整个体系结构几乎保持不变。这种遍历式风格的方法根据任务将文本输入转换为有序序列,以便预训练的模型能够从中理解任务。图 4 - 2 的左侧部分说明了原始生成式预训练工作中使用的 Transformer 体系结构和训练目标;右侧部分显示了如何转换输入,以便在多个任务上进行微调。

简而言之,对于文本分类等单一序列任务,输入按照原样通过网络,线性层进行最后的激活以做出决策。对于文本蕴含等句子对任务,由两个序列组成的输入使用分隔符标记,如图 4 - 2 中的第二个示例所示。在这两种情况下,体系结构都认为统一的标记序列由预训练的模型处理。在这种转换中使用的分隔符有助于预训练的模型在文本蕴含的情况下,区分哪一部分是前提、哪一部分是假设。通过输入转换的方法,可以不必在整个任务中对结构进行实质性更改。

图 4 - 2 所示是输入转换的一种表示方式。

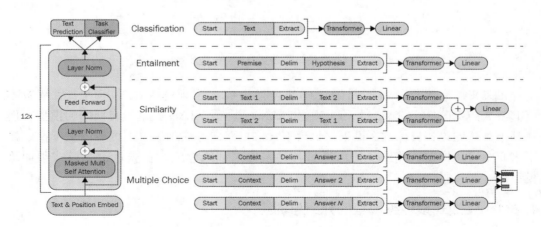

图 4 - 2　输入转换的一种表示方式(来源于原始论文)

生成式预训练模型及其两个改进版本大多专注于寻求特定的架构设计，不需要微调阶段。这些模型都基于这样一种理念，即模型可以非常熟练，可以在预训练阶段学习有关语言的大部分信息，而在微调阶段只剩下很少的工作。因此，微调过程可以在三个训练周期内完成，并且大多数任务的样例数相对较少。在极端情况下，零样本学习旨在禁用微调阶段。其基本思想是，模型可以在预训练期间学习有关该语言的大量信息。这对于所有基于 Transformer 的模型尤其如此。

下面介绍原始生成式预训练模型的改进版本。

GPT-2［具体请参见 "*Language Models are Unsupervised Multitask Learners*（语言模型是无监督式多任务学习器）"）（2019 年）一文］是原 GPT-1 的改进版本，是一个比原 GPT-1 更大的模型，其使用的训练数据（称为 WebText）要多得多。在零样本设置下（没有应用微调，但在某些任务中取得了有限的成功），GPT-2 在 8 项任务中的 7 项任务中取得了最先进的结果。它在度量长期依赖性的较小数据集上取得了可比的结果。GPT-2 的作者认为，语言模型不一定需要明确的监督来学习任务。相反，当这些模型在一个庞大而多样的网页数据集上接受训练时，可以学习这些任务。GPT-2 被认为是一个通用系统，将原始生成式预训练中的学习目标 P（输出｜输入）替换为 P（输出｜输入，任务 $-i$）。对于相同的输入，以特定任务为条件，模型产生不同的输出，即 GPT-2 通过训练相同的无监督模型来学习多个任务。一个单一的预训练模型仅通过学习目标来学习不同的能力。在其他研究中，在多任务和元任务设置中也可看到类似的公式。这种向多任务学习的转变使得为相同的输入执行许多不同的任务成为可能。但是，模型如何确定需要执行的任务呢？可以通过零样本任务迁移来实现这一目标。

与原始生成式预训练模型相比，GPT-2 没有特定于任务的微调，并且能够在零样本任务迁移设置下工作，其中所有下游任务都是预测条件概率的一部分。任务是在输入中以某种方式制定的，模型应该理解下游任务的性质并提供相应的答案。例如，从英语到土耳其语的机器翻译任务，不仅取决于输入，而且取决于任务。输入被安排为一个英语句子之后紧接着是一个土耳其语句子，并带有一个分隔符，模型根据分隔符来判断当前任务是英语到土耳其语的翻译。

OpenAI 团队使用 1 750 亿个参数训练了 GPT-3 模型［具体请参见 "*Language models are few-shot Learners*（语言模型是少数样本学习器）"（2020 年）一文］，其参数的数量是 GPT-2 的 100 倍。GPT-2 和 GPT-3 的体系结构类似，主要区别通常在于模型大小和数据集的数量及质量。由于数据集中的数据量巨大，并且训练了大量的参数，因此无须任何基于梯度的微调，GPT-3 模型在零样本、1 样本和少数样本（$K=32$）设置下的许多下游任务中都取得了更好的效果。该团队声明，对于许多任务，包括机器翻译、问题回答系统和掩码标记的任务，GPT-3 模型的性能随着参数大小和样例数量的增加而提高。

4.2.2 Transformer-XL 模型

由于初始设计中缺乏重复性和上下文碎片，Transformer 模型受限于固定长度的上下文,尽管这些模型能够学习长期依赖性。大多数 Transformer 模型将文档分成一个固定长度(大部分为 512)的段列表,其中不允许有任何跨段的信息流动。因此,语言模型无法捕获超出这个固定长度限制的长期依赖关系。此外,分段过程在不考虑句子边界的情况下构建分段。一个分段可以错误地由当前句子的后半部分和后一个句子的前半部分组合,因此语言模型在预测下一个标记时可能会错过必要的上下文信息。这个问题被研究者称为上下文碎片化(context fragmentation)问题。

为了解决和克服这些问题,Transformer - XL 模型的作者 [具体情况请参见 "Transformer - XL:Attentive Language Models Beyond a Fixed - Length Context(Transformer - XL:固定长度上下文之外的注意力语言模型)"(2019 年)一文] 提出了一种新的 Transformer 体系结构,包括分段级别的循环机制和新的位置编码方案。这一方法启发了许多后续模型。Transformer - XL 模型不限于两个连续的分段,因为有效的上下文可以延伸到两个段之外。循环机制在每两个连续分段之间工作,导致在一定程度上跨越多个分段。模型可能涉及的最大依赖项长度受层数和分段长度的限制。

4.2.3 XLNet 模型

带掩码机制的语言建模(Masked Language Modeling,MLM)在基于 Transformer 体系结构的预训练阶段占主导地位。然而,由于带掩码的标记在预训练阶段存在,而在微调阶段不存在,这导致了预训练和微调之间的差异,所以带掩码机制的语言建模曾经受到许多非议。由于这种缺陷的存在,带掩码机制的语言模型可能无法使用在预训练阶段学习到的所有信息。XLNet [具体请参见 "XLNet:Generalized Autoregressive Pretraining for Language Understanding(XLNet:通用自回归预训练的语言理解)"(2019 年)一文] 采用带置换机制的语言建模(Permuted Language Modeling,PLM,又称为带排列机制的语言模型)取代带掩码机制的语言建模,这是一种输入标记的随机置换,以克服带掩码机制所带来的瓶颈。带置换机制的语言建模使每个标记位置利用所有位置的上下文信息,从而捕获双向的上下文信息。目标函数仅对因子分解的顺序进行排列,并定义标记预测的顺序,但不改变序列的自然位置。简而言之,该模型在排列后选择一些标记作为目标,并进一步尝试根据剩余标记和目标的自然位置进行预测。这使以双向方式使用自回归模型成为可能。

XLNet 同时利用了自编码模型和自回归模型。事实上,这是一个广义自回归模型。然而,正是归功于基于置换的语言建模方式,模型才可以处理来自左上下文和右上下文的标记。除了目标函数外,XLNet 还由两个重要机制组成:模型将 Transformer - XL 的分段级别的循环机制集成到其框架中,并且还包含了针对目标感知表示的双流注意力机制的精心设计。

下一节将讨论 Transformer 的另外两种模型的使用。

4.3 使用序列到序列模型

Transformer 的左侧编码器和右侧解码器部分通过交叉注意力连接在一起,这有助于将每个解码器层的信息融入最终编码器层。这种方式自然会推动模型产生与原始输入密切相关的输出。作为原始 Transformer 的序列到序列（Seq2Seq）模型使用以下方案实现了这一点：

输入标记→嵌入→编码器→解码器→输出标记

Seq2Seq 模型保留 Transformer 的编码器和解码器部分。T5 模型、双向和自回归 Transformer（Bidirectional and Auto-Regressive Transformer，BART）模型，以及通过抽取间隙句的预训练生成式摘要序列模型（Pre-training with Extracted Gap-sentences for Abstractive Summarization Sequence-to-Sequence models，PEGASUS）都是流行的 Seq2Seq 模型。

4.3.1　T5 模型

大多数自然语言处理架构，从 Word2vec 到 Transformer，都是使用上下文（邻居）词来预测掩码以此来学习嵌入和其他参数。本节将自然语言处理问题视为单词预测问题。一些研究几乎将所有自然语言处理问题都归结为问题回答系统或标记分类。类似地，T5 模型［具体请参见论文"Exploring the Limits of Transfer Learning with a Unified Text-to-Text Transformer（探索使用统一的文本到文本 Transformer 框架进行迁移学习的局限性）"（2019 年）］提出了一个统一的框架，通过将许多任务转化为文本到文本的问题来解决问题。T5 的基本思想是将所有自然语言处理任务转换为文本到文本的问题，其中输入和输出都是一个标记列表，因为文本到文本的框架在将相同的模型应用于从问题回答系统到文本摘要的不同自然语言处理任务时十分有效。

图 4-3（来源于原论文）展示了 T5 如何在统一的框架内解决以下四个不同的自然语言处理问题：机器翻译、语言可接受性、语义相似性和文档摘要。

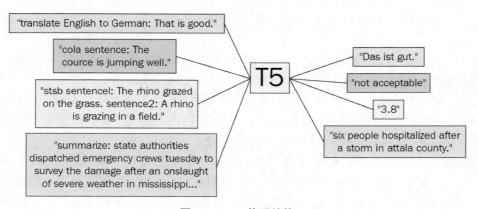

图 4-3　T5 体系结构

T5 模型大致遵循原始的编码器-解码器 Transformer 模型。修改是在层规范化和位置嵌入方案中完成的。T5 模型使用相对位置嵌入来代替正弦位置嵌入或学习嵌入，而相对位置嵌入在 Transformer 体系结构中越来越常见。T5 模型是一个单一的模型，可以处理多种任务，如语言生成。更重要的是，它将任务转换为文本到文本的格式。该模型的输入是由任务前缀和附加到其上的输入所组成的文本。将带标签的文本数据集转换为{'inputs':'...','targets':...}格式,在此格式中将目标作为前缀插入输入。然后,使用带标记的数据训练模型,以使模型学会做什么以及如何做。在图4-3中,对于英语-德语的翻译任务,输入"translate English to German: That is good.",将产生输出"Das ist gut."。同样,带有"summarize:"前缀的输入将由模型汇总。

4.3.2 BART 概述

与 XLNet 一样,BART 模型 [具体请参见论文"*BART: Denoising Sequence - to - Sequence Pre - training for Natural Language Generation, Translation, and Comprehension*"(BART:自然语言生成、翻译和理解中对序列到序列的预训练去噪)"(2019 年)]利用了自编码和自回归模型的方案。BART 模型使用标准的 Seq2Seq 的 Transformer 体系结构,仅稍做修改。BART 是一个预训练好的模型,使用各种噪声干扰方法破坏文档。该研究对自然语言处理领域的主要贡献在于,它允许用户应用多种创造性的破坏方案,如图4-4 所示。

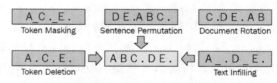

图4-4 BART 图表(来源于原始 BART 论文)

接下来将讨论以下各个方案。

(1)标记掩码(Token Masking):随机使用[MASK]符号屏蔽标记,与 BERT 模型相同。

(2)标记删除(Token Deletion):从文档中随机删除标记。模型被迫确定删除的位置。

(3)文本填充(Text Infilling):在 SpanBERT 之后,对多个文本跨距进行采样,然后将其替换为单个[MASK]标记。还存在[MASK]标记插入。

(4)句子排列(Sentence Permutation):输入中的各个句子按随机顺序分割和排列。

(5)文档旋转(Document Rotation):旋转文档使其以随机选择的标记开始,如图4-4 中为 C。目标是找到文档的起始位置。

BART 模型可以通过多种方式进行微调,以用于下游应用,如 BERT。对于序列分类任务,将输入传输给编码器和解码器,解码器的最终隐藏状态被视为学习的表示。然后,可以使用一个简单的线性分类器进行预测。类似地,对于标记分类任务,整个文档作为输入被传输给编码器和解码器,最终解码器的最后状态是每个标记的表示。基于这些表示,可以解决标记分类问题,具体将在第 6 章中讨论。命名实体识别(Named - Entity Recognition,NER)和词性识别(Part - Of - Speech,POS)任务可以使用这种最终表示法来解决,其中 NER 可以识别文本中的实体,如人和组织;POS 将每个标记与其词汇类别(如名词、形容词等)关联。

对于序列生成，BART 模型的解码器块（自回归解码器）可以直接微调，以执行诸如抽象的问题回答系统或文档摘要之类的序列生成任务。BART 的作者（Lewis、Mike 等）使用两个标准文档摘要数据集（CNN/DailyMail 和 XSum）对模型进行了训练。BART 的作者还表明，可以同时使用编码器部分（处理源语言）和解码器部分（生成目标语言的单词，作为机器翻译的单个预训练解码器）。BART 模型使用新的随机初始化编码器替换编码器嵌入层，以便学习源语言中的单词。然后，模型以端到端的方式进行训练，训练新的编码器将外来词映射到输入中。模型还可以对目标语言进行去噪处理。新的编码器可以使用原始 BART 模型中的单独词汇表，包括外来语。

在 Hugging Face 平台中，可以使用以下代码行访问原始预训练的 BART 模型。

```
AutoModel.from_pretrained('facebook/bart-large')
```

当调用 Transformers 库的标准 summarization 管道时，将加载一个经过提炼的预训练 BART 模型。这个调用隐式加载 "sshleifer/distilbart-cnn-12-6" 模型及其相应的分词器。代码如下所示。

```
summarizer = pipeline("summarization")
```

下面的代码显式加载相同的模型及其相应的分词器。代码示例获取需要摘要信息的文本并输出结果。

```
from transformers import BartTokenizer, BartForConditionalGeneration, BartConfig
from transformers import pipeline
model = \
BartForConditionalGeneration.from_pretrained('sshleifer/distilbart-cnn-12-6')
tokenizer = BartTokenizer.from_pretrained('sshleifer/distilbart-cnn-12-6')
nlp=pipeline("summarization", model=model, tokenizer=tokenizer)
text ='''
We order two different types of jewelry from this
company the other jewelry we order is perfect.
However with this jewelry I have a few things I
don't like. The little Stone comes out of these
and customers are complaining and bringing them
back and we are having to put new jewelry in their
holes. You cannot sterilize these in an autoclave
as well because it heats up too much and the glue
does not hold up so the second group of these that
we used I did not sterilize them that way and the
stones still came out. When I use a dermal clamp
to put the top on the stones come out immediately.
DO not waste your money on this particular product
buy the three mm. that has the claws that hold the
```

```
jewelry in those are perfect. So now I'm stuck
with jewelry that I can't sell not good for
business.'''
q = nlp(text)
import pprint
pp = pprint.PrettyPrinter(indent = 0, width = 100)
pp.pprint(q[0]['summary_text'])
('The little Stone comes out of these little stones and
customers are complaining and bringing''them back and we are
having to put new jewelry in their holes . You cannot sterilize
these in an''autoclave because it heats up too much and the
glue does not hold up so the second group of''these that we
used I did not sterilize them that way and the stones still
came out .')
```

在下一节中,读者将动手实践,学习如何训练此类模型。

4.4 自回归语言模型训练

在本节中读者将学习如何训练自己的自回归语言模型。读者将从 GPT-2 开始,使用 Transformers 库深入了解其不同的训练函数。

可以找到任何特定的语料库来训练自己的 GPT-2,但在本示例中,使用了简·奥斯汀(Jane Austen)的 *Emma*(爱玛),这是一本浪漫小说。强烈建议在更大的语料库上进行训练,以得到更通用的语言生成模型。

在开始之前,请注意,使用了 TensorFlow 的原生训练功能,以演示所有 Hugging Face 模型都可以直接在 TensorFlow 或 PyTorch 上进行训练。请遵循以下操作步骤。

(1)使用以下命令下载小说 *Emma* 的原始文本。

```
wget https://raw.githubusercontent.com/teropa/nlp/master/
resources/corpora/gutenberg/austen-emma.txt
```

(2)在训练 GPT-2 的语料库上,训练用于 GPT-2 的 BytePairEncoding 分词器。以下代码将从 tokenizers 库导入 BPE 分词器。

```
from tokenizers.models import BPE
from tokenizers import Tokenizer
from tokenizers.decoders import ByteLevel as
ByteLevelDecoder
from tokenizers.normalizers import Sequence, Lowercase
from tokenizers.pre_tokenizers import ByteLevel
from tokenizers.trainers import BpeTrainer
```

（3）如读者所见，在本例中，计划通过添加更多功能［如 Lowercase（小写规范化）］来训练更高级的标记器。为了创建 tokenizer（分词器）对象，可以使用以下代码。

```
tokenizer = Tokenizer(BPE())
tokenizer.normalizer = Sequence([
        Lowercase()
])
tokenizer.pre_tokenizer = ByteLevel()
tokenizer.decoder = ByteLevelDecoder()
```

第一行代码从 BPE 分词器类创建一个分词器对象。对于规范化部分，添加了 Lowercase（小写字母），并且将 pre_tokenizer 属性设置为 ByteLevel()，以确保输入为字节。decoder 属性也必须设置为 ByteLevelDecoder() 才能正确解码。

（4）使用 ByteLevel 提供的 50 000 个最大词汇量和初始字母表，对分词器进行训练。代码如下所示。

```
trainer = BpeTrainer(vocab_size=50000, inital_
alphabet=ByteLevel.alphabet(), special_tokens=[
        "<s>",
        "<pad>",
        "</s>",
        "<unk>",
        "<mask>"
        ])
tokenizer.train(["austen-emma.txt"], trainer)
```

（5）必须添加需要考虑的特殊标记。为了保存分词器对象，需要创建一个目录。代码如下所示。

```
!mkdir tokenizer_gpt
```

（6）可以运行以下命令来保存分词器对象。

```
tokenizer.save("tokenizer_gpt/tokenizer.json")
```

（7）保存分词器对象之后，可以使用保存好的分词器对语料库进行预处理，从而为 GPT-2 训练做好准备，但首先不能忘记导入相关的库。可以参照以下代码执行相关的导入操作。

```
from transformers import GPT2TokenizerFast, GPT2Config, TFGPT2LMHeadModel
```

（8）使用 GPT2TokenizerFast 加载分词器。代码如下所示。

```
tokenizer_gpt = GPT2TokenizerFast.from_pretrained("tokenizer_gpt")
```

（9）必须添加带有标记的特殊标记。代码如下所示。

```
tokenizer_gpt.add_special_tokens({
    "eos_token":"</s>",
    "bos_token":"<s>",
    "unk_token":"<unk>",
    "pad_token":"<pad>",
    "mask_token":"<mask>"
})
```

(10)还可以运行以下代码来再次检查是否一切正常。

```
tokenizer_gpt.eos_token_id
>> 2
```

此代码将输出句末(End-of-Sentence,EOS)标记的标识符(ID),对于当前分词器,其EOS标识为2。

(11)还可以执行以下代码来测试句子。

```
tokenizer_gpt.encode("<s> this is </s>")
>> [0, 265, 157, 56, 2]
```

对于这个输出结果,0表示句子的开头,265、157和56与句子本身相关,EOS标记为2,即</s>。

(12)创建config对象时必须使用这些配置。以下代码将创建config对象和GPT-2模型的TensorFlow版本。

```
config = GPT2Config(
    vocab_size=tokenizer_gpt.vocab_size,
    bos_token_id=tokenizer_gpt.bos_token_id,
    eos_token_id=tokenizer_gpt.eos_token_id
)
model = TFGPT2LMHeadModel(config)
```

(13)在运行config对象时,可以看到字典格式的配置。代码如下所示。

```
config
>> GPT2Config { "activation_function": "gelu_new",
"attn_pdrop": 0.1, "bos_token_id": 0, "embd_pdrop":
0.1, "eos_token_id": 2, "gradient_checkpointing":
false, "initializer_range": 0.02, "layer_norm_
epsilon": 1e-05, "model_type": "gpt2", "n_ctx": 1024,
"n_embd": 768, "n_head": 12, "n_inner": null, "n_
layer": 12, "n_positions": 1024, "resid_pdrop": 0.1,
"summary_activation": null, "summary_first_dropout":
```

```
0.1, "summary_proj_to_labels": true, "summary_type":
"cls_index", "summary_use_proj": true, "transformers_
version": "4.3.2", "use_cache": true, "vocab_size":
11750}
```

如读者所见，其他设置未被修改。有趣的是，vocab_size 设置为 11 750。其背后的原因是此处将最大词汇量设置为 50 000，但是语料库的词汇量较少，其 BPE 标记创建了 11 750。

（14）现在，可以准备好语料库进行预训练。代码如下所示。

```
with open("austen-emma.txt", "r", encoding='utf-8') as f:
    content = f.readlines()
```

（15）变量 content 现在将包括原始文件中的所有原始文本，但需要删除每行后的换行符 '\n'，并删除那些少于 10 个字符的行。代码如下所示。

```
content_p = []
for c in content:
    if len(c) >10:
        content_p.append(c.strip())
content_p = " ".join(content_p) +tokenizer_gpt.eos_token
```

（16）删除短句将确保模型在长序列上进行训练，以便能够生成更长的序列。在前面代码段的末尾，content_p 的内容为连接后的原始文件，并将 eos_token 添加到末尾。用户也可以遵循不同的策略。例如，可以通过在每行中添加 </s> 来分隔每一行，这将有助于模型识别句子何时结束。然而，此处打算让模型在没有遇到 EOS 的情况下可以处理更长的序列。下面的代码片段演示了其实现。

```
tokenized_content = tokenizer_gpt.encode(content_p)
```

上述代码片段中的 GPT 分词器将标记整个文本，并使其成为一个完整的、长的标记 ID 序列。

（17）现在，可以创建训练样本了。代码如下所示。

```
sample_len = 100
examples = []
for i in range(0, len(tokenized_content)):
    examples.append(tokenized_content[i:i + sample_len])
```

（18）上面的代码使 examples 的大小为 100，每个样例从文本的给定部分开始，然后在 100 个标记后的位置结束。

```
train_data = []
labels = []
```

```
for example in examples:
    train_data.append(example[:-1])
    labels.append(example[1:])
```

在 train_data 中，包含一个大小为 99 的序列，标记从最开始到第 99 个，labels 标签将包含一个从 1 到 100 的标记序列。

（19）为了更快地进行训练，需要把数据转换为 TensorFlow 数据集的形式。代码如下所示。

```
import[1] tensorflow as tf
buffer = 500
batch_size = 16
dataset = tf.data.Dataset.from_tensor_slices((train_data, labels))
dataset = dataset.shuffle(buffer).batch(batch_size, drop_remainder=True)
```

在上面的代码中，buffer 用于混排数据的缓冲区大小，batch_size 用于训练的批次大小，drop_remainder 用于删除余数（如果小于 16）。

（20）现在，用户可以指定 optimizer（优化器）、loss（损失函数）和 metrics（度量指标）属性。代码如下所示。

```
optimizer = tf.keras.optimizers.Adam(learning_rate=3e-5,
epsilon=1e-08, clipnorm=1.0)
loss = tf.keras.losses.SparseCategoricalCrossentropy(from_
logits=True)
metric = tf.keras.metrics.
SparseCategoricalAccuracy('accuracy')
model.compile(optimizer=optimizer, loss=[loss, *[None] *
model.config.n_layer], metrics=[metric])
```

（21）模型已经编译好，可以按照用户希望的学习迭代次数进行训练。代码如下所示。

```
epochs = 10
model.fit(dataset, epochs=epochs)
```

读者将看到图 4-5 所示的输出结果。

接下来，讨论使用自回归模型的自然语言生成。现在已经保存了模型，下一节将使用该模型生成句子。

到目前为止，读者了解了如何为自然语言生成训练自己的模型。下一节将描述如何利用自然语言生成模型生成语言。

---

[1] 原著此处有误，Python 代码中 import 必须小写。——译者注

```
Epoch 1/10
WARNING:tensorflow:The parameters `output_attentions`, `output_hidden_states` and `use_cache` cannot be updated wh
en calling a model.They have to be set to True/False in the config object (i.e., `config=XConfig.from_pretrained('
name', output_attentions=True)`).
WARNING:tensorflow:The parameters `return_dict` cannot be set in graph mode and will always be set to `True`.
WARNING:tensorflow:The parameters `output_attentions`, `output_hidden_states` and `use_cache` cannot be updated wh
en calling a model.They have to be set to True/False in the config object (i.e., `config=XConfig.from_pretrained('
name', output_attentions=True)`).
WARNING:tensorflow:The parameter `return_dict` cannot be set in graph mode and will always be set to `True`.
166/166 [==============================] - 421s 3s/step - loss: 5.8450 - logits_loss: 5.8450 - logits_accuracy: 0.
1649 - past_key_values_1_accuracy: 0.0025 - past_key_values_2_accuracy: 0.0021 - past_key_values_3_accuracy: 0.001
7 - past_key_values_4_accuracy: 0.0031 - past_key_values_5_accuracy: 0.0024 - past_key_values_6_accuracy: 0.0026 -
past_key_values_7_accuracy: 0.0029 - past_key_values_8_accuracy: 0.0030 - past_key_values_9_accuracy: 0.0032 - pas
t_key_values_10_accuracy: 0.0028 - past_key_values_11_accuracy: 0.0015 - past_key_values_12_accuracy: 0.0039
Epoch 2/10
166/166 [==============================] - 421s 3s/step - loss: 2.6242 - logits_loss: 2.6242 - logits_accuracy: 0.
5361 - past_key_values_1_accuracy: 0.0025 - past_key_values_2_accuracy: 0.0023 - past_key_values_3_accuracy: 0.002
3 - past_key_values_4_accuracy: 0.0025 - past_key_values_5_accuracy: 0.0025 - past_key_values_6_accuracy: 0.0025 -
past_key_values_7_accuracy: 0.0024 - past_key_values_8_accuracy: 0.0024 - past_key_values_9_accuracy: 0.0027 - pas
t_key_values_10_accuracy: 0.0027 - past_key_values_11_accuracy: 0.0025 - past_key_values_12_accuracy: 0.0025
Epoch 3/10
 42/166 [======>.......................] - ETA: 5:07 - loss: 1.4982 - logits_loss: 1.4982 - logits_accuracy: 0.760
7 - past_key_values_1_accuracy: 0.0027 - past_key_values_2_accuracy: 0.0023 - past_key_values_3_accuracy: 0.0022 -
past_key_values_4_accuracy: 0.0026 - past_key_values_5_accuracy: 0.0025 - past_key_values_6_accuracy: 0.0023 - pas
t_key_values_7_accuracy: 0.0024 - past_key_values_8_accuracy: 0.0023 - past_key_values_9_accuracy: 0.0027 - past_k
ey_values_10_accuracy: 0.0027 - past_key_values_11_accuracy: 0.0025 - past_key_values_12_accuracy: 0.0023
```

图 4-5　使用 TensorFlow/Keras 训练 GPT-2

4.5　使用自回归模型的自然语言生成

在上一节中,学习了如何在自己的语料库上训练自回归模型。因此,用户已经训练了自己的 GPT-2 版本。但是,还缺少以下问题的答案:应该如何使用训练好的模型呢? 为了回答这个问题,可以按照以下步骤进行实践。

(1) 从刚刚训练的模型开始生成句子。代码如下所示。

```
def generate(start, model):
    input_token_ids = tokenizer_gpt.encode(start, return_tensors ='tf')
    output = model.generate(
        input_token_ids,
        max_length = 500,
        num_beams = 5,
        temperature = 0.7,
        no_repeat_ngram_size =2,
        num_return_sequences =1
    )
    return tokenizer_gpt.decode(output[0])
```

上述代码片段中定义的 generate() 函数接收一个字符串 start,并在该字符串之后生成序列。可以更改参数。例如,将 max_length 设置为较小的序列大小,或者将 num_return_sequences 设置为具有不同的代。

(2) 可以使用一个空字符串进行测试。代码如下所示。

```
generate(" ", model)
```

输出结果如图 4-6 所示。

```
it was a nervous; and emma could not but it, and made it necessary to be cheerful. his spirits required with th
em; hating change of every kind. he was by no means yet reconciled to his own daughter\'s marrying, was always di
sagreeable; but with compassion, as the origin of affection, though it had been entirely a mile from his habits of
being never able to part with miss taylor been a great must be accepted in herself as for herself; fond of gentle
selfishness, nor could ever speak of her own, only half a long october and from isabella\'s being now obliged to s
uppose that great deal happier if she was very much beyond her father and he could feel differently from such a go
od was now long ago for him from himself to have had done as sad a thing for her life at hartfield. emma was much
older man in their little too long evening, when and would not have been living together as her friend and a very
early from them, they had spent all the house of having been supplied by any means rank as cheerfully as friend wa
s her but emma smiled and bear the rest of emma had ceased to say her sister\'s marriage, "how she had died too mu
ch disposed to keep him not to think a little children of authority being settled in london was some satisfaction
in great danger of great comfort and chatted as large and with what a house from five years had said at any time.
weston was more than an excellent woman as he had many a man, the want of the with her temper had her advantages,
but little way and her daily but particularly was no companion for even half so unperceived, who had taught and wi
sh she dearly loved her through the actual disparity in mr. woodhouse had such an affection; you have never any re
straint as governess than any odd humours, highly her!" "i cannot that other-and you know fro
m a large.--and how was used to see her in affection for having great house; these were first with all his heart a
nd had hardly allowed her pleasant society again. how nursed her many now in consequence of a much have recommende
d him at this is the friendliness of sixteen years old and friend very mutually attached, being left to impose any
disagreeable consciousness were here to sit and november evening must go in the next visit from intellectual such
as few a match of both daughters, very good-people have more the advantage of his life in ways than a melancholy c
hange than her as great with you would be felt every body that her place had miss'
```

图 4-6 GPT-2 文本生成示例

从图 4-6 所示的输出结果可以看到生成了一个长文本,即使文本的语义不是很令人满意,但在许多情况下语法基本上是正确的。

(3) 尝试不同的开始字符串,将 max_length 设置为较低的值(如 30)。代码如下所示。

```
generate("wetson was very good")
>> 'wetson was very good; but it, that he was a great
must be a mile from them, and a miss taylor in the house;'
```

这里的 wetson 是小说中的人物之一。

(4) 可以使用以下代码保存模型,使该模型可以用于发布或者用于不同的应用程序。

```
model.save_pretrained("my_gpt-2/")
```

(5) 为了验证模型是否已经正确保存,接着可以尝试加载模型。代码如下所示。

```
model_reloaded = TFGPT2LMHeadModel.from_pretrained("my_gpt-2/")
```

保存了两个文件——config.json 和 tf-model.h5,它们是 TensorFlow 版本的文件,如图 4-7 所示。

图 4-7 语言模型的 save_pretrained() 方法的输出结果

(6) Hugging Face 还包含一个必须遵守的文件命名标准。通过以下导入语句,可以使用这些标准文件名。

```
from transformers import WEIGHTS_NAME, CONFIG_NAME, TF2_WEIGHTS_NAME
```

然而,当使用 save_pretrained( )方法时,不需要指定文件名,只需指定目录。

(7)如前面章节所述,Hugging Face 还包含 AutoModel 和 AutoTokenizer 类。也可以使用该功能保存模型,但在此之前,仍然需要手动完成一些配置。第一件事是将分词器保存为 AutoTokenizer 所使用的正确格式。可以使用 save_pretrained( )方法执行此操作。代码如下所示。

```
tokenizer_gpt.save_pretrained("tokenizer_gpt_auto/")
```

输出结果如图 4-8 所示。

```
('tokenizer_gpt_auto/tokenizer_config.json',
 'tokenizer_gpt_auto/special_tokens_map.json',
 'tokenizer_gpt_auto/vocab.json',
 'tokenizer_gpt_auto/merges.txt',
 'tokenizer_gpt_auto/added_tokens.json')
```

图 4-8 分词器对象的 save_pretrained( )方法的输出结果

(8)文件列表显示在指定的目录中,但必须手动更改 tokenizer_config 才能使用。首先,应该将其重命名为"config.json";其次,应该添加一个 JavaScript 对象表示法(JavaScript Object Notation,JSON)格式的属性,指示 model_type 属性为 gpt2。代码如下所示。

```
{"model_type":"gpt2",
...
}
```

(9)现在,一切都准备就绪,只需使用以下两行代码就可以加载模型和分词器。

```
model = AutoModel.from_pretrained("my_gpt-2/", from_tf = True)
tokenizer = AutoTokenizer.from_pretrained("tokenizer_gpt_auto")
```

但是,不要忘记将 from_tf 设置为 True,因为此处的模型是以 TensorFlow 格式保存的。

到目前为止,读者学习了如何使用 TensorFlow、Transformers 预训练和保存自己的文本生成模型,还学习了如何保存预训练的模型,并将其准备用作自动模型。在下一节中,读者将学习使用其他模型的基础知识。

4.6 使用 simpletransformers 进行总结和机器翻译微调

到目前为止,读者学习了训练语言模型的基础知识和高级方法,但是从零开始训练自己的语言模型并不总是可行的,因为有时会遇到诸如计算能力不足之类的障碍。在本节中，读者将了解如何针对机器翻译和文档摘要的特定任务，在自己的数据集上微调语言模型。请按照以下步骤依次执行。

（1）安装 simpletransformers 库。代码如下所示。

```
pip install simpletransformers
```

（2）下载包含平行语料库的数据集。这个平行语料库可以是任何类型的 Seq2Seq 任务。对于本例，使用机器翻译示例，但用户还可以使用任何其他数据集执行其他任务，如释义、文档摘要等，甚至可以将文本转换为结构化查询语言（Structured Query Language，SQL）。

（3）下载并解压缩数据后，有必要为列标题添加 EN 和 TR，以方便使用。可以使用 pandas 加载数据集。代码如下所示。

```
import pandas as pd
df = pd.read_csv("TR2EN.txt",sep = "\t").astype(str)
```

（4）需要向数据集添加特定于 T5 的命令，以使其了解正在处理的命令。可以使用以下代码执行这个操作。

```
data = []
for item in digitrons():
    data.append(["translate english to turkish", item[1].EN, item[1].TR])
```

（5）调整 DataFrame。代码如下所示。

```
df = pd.DataFrame(data, columns =["prefix", "input_text", "target_text"])
```

输出结果如图 4-9 所示。

（6）运行以下代码以导入所需的类。

```
from simpletransformers.t5 import T5Model, T5Args
```

（7）使用以下代码定义所训练的参数。

```
model_args = T5Args()
model_args.max_seq_length = 96
model_args.train_batch_size = 20
model_args.eval_batch_size = 20
model_args.num_train_epochs = 1
model_args.evaluate_during_training = True
model_args.evaluate_during_training_steps = 30000
model_args.use_multiprocessing = False
model_args.fp16 = False
model_args.save_steps = -1
```

	prefix	input_text	target_text
0	translate english to turkish	Hi.	Merhaba.
1	translate english to turkish	Hi.	Selam.
2	translate english to turkish	Run!	Kaç!
3	translate english to turkish	Run!	Koş!
4	translate english to turkish	Run.	Kaç!
5	translate english to turkish	Run.	Koş!
6	translate english to turkish	Who?	Kim?
7	translate english to turkish	Fire!	Ateş!
8	translate english to turkish	Fire!	Yangın!
9	translate english to turkish	Help!	Yardım et!
10	translate english to turkish	Jump.	Defol.
11	translate english to turkish	Stop!	Dur!
12	translate english to turkish	Stop!	Bırak!
13	translate english to turkish	Wait.	Bekle.

图 4-9　英语–土耳其语机器翻译平行语料库

```
model_args.save_eval_checkpoints = False
model_args.no_cache = True
model_args.reprocess_input_data = True
model_args.overwrite_output_dir = True
model_args.preprocess_inputs = False
model_args.num_return_sequences = 1
model_args.wandb_project = "MT5 English-TurkishTranslation"
```

（8）可以加载需要微调的模型。这是本文所选择的一个模型。

```
model = T5Model("mt5", "google/mt5-small", args = model_args, use_cuda = False)
```

如果没有足够的计算统一设备体系结构（Compute Unified Device Architecture，CUDA）内存用于 mT5，请不要忘记将 use_cuda 设置为 False。

（9）可以使用以下代码拆分训练和评估 DataFrames。

```
train_df = df[:470000]
eval_df = df[470000:]
```

（10）使用以下代码开始训练。

```
model.train_model(train_df, eval_data = eval_df)
```

mT5 模型评估结果如图 4-10 所示。

```
(3,
 {'global_step': [3],
  'eval_loss': [28.536166508992512],
  'train_loss': [33.57326889038086]})
```

图 4-10　mT5 模型评估结果

该结果表示评估损失和训练损失。

（11）用户只需通过以下代码，就可以加载并使用模型。

```
model_args = T5Args()
model_args.max_length = 512
model_args.length_penalty = 1
model_args.num_beams = 10
model = T5Model("mt5", "outputs", args=model_args, use_cuda=False)
```

现在可以使用 model_predict() 函数将英语翻译成土耳其语。

simpletransformers 库可以使训练许多模型（从序列标签到 Seq2Seq 模型）变得非常容易并且实用。

至此，读者学习了如何训练自己的自回归模型，本章到此结束。

4.7　本章小结

在本章中，读者学习了自回归语言模型各个方面的内容——从预训练到微调；通过训练生成式语言模型和类似机器翻译任务微调，来观察这些模型的最佳特性；了解了更复杂模型（如 T5）的基础知识，并使用这种模型执行机器翻译；使用了 simpletransformers 库；在自己的语料库上训练 GPT-2 模型，并使用该模型生成文本；学习了如何保存训练好的模型，并将其与 AutoModel 一起使用；深入了解了如何使用 tokenizers 库训练和使用字节对编码。

下一章将讨论如何微调文本分类语言模型。

第 5 章

微调文本分类语言模型

在本章中，读者将学习如何为文本分类配置预训练的模型，以及如何对其进行微调，以适应文本分类下游任务（如情感分析或多类别分类）。本章还将讨论如何通过一个具体的实现来处理句子对和回归问题。读者将使用著名的数据集，如 GLUE，以及本文的自定义数据集，然后利用 Trainer 类对训练和微调过程的复杂性进行处理。

首先，学习如何通过 Trainer 类微调单句二元情感分类；然后，在不使用 Trainer 类的情况下，使用原生 PyTorch 进行情绪分类训练，在多类别分类中，考虑两个以上的类别，执行对 7 个类进行分类的微调任务；最后，训练一个文本回归模型，使用句子对来预测数值。

本章将介绍以下主题。
（1）文本分类导论。
（2）微调 BERT 模型以适用于单句二元分类。
（3）使用原生 PyTorch 训练分类模型。
（4）使用自定义数据集对多类别分类 BERT 模型进行微调。
（5）微调 BERT 模型以适用于句子对回归。
（6）使用 run_glue.py 对模型进行微调。

5.1　技术需求

本章将使用 Jupyter Notebook 进行编码练习。为此，要求安装 Python 3.6 或以上的版本，还必须确保安装以下软件包。
（1）sklearn；
（2）Transformer（不低于 4.0.0 版本）；
（3）Datasets。
可以通过以下 GitHub 链接获得本章中所有编码练习的 Jupyter Notebook：
https://github.com/PacktPublishing/Mastering-Transformers/tree/main/CH05。

5.2　文本分类导论

文本分类（也称为文本归类）是一种将文档（句子、Twitter 帖子、图书章节、电子邮件内容等）映射到预定义列表（类）中类别的方法。对于两个有正负标签的类别，本文称之为二元分类（binary classification），更具体地说，称之为情感分析（sentiment analysis）。对于两个以上的类，本文称之为多类别分类（multi-class classification），其中各个类别之间是互斥的；或者称之为多标签分类（multi-label classification），其中各个类别之间不是互斥的，这意味着一个文档可以接收多个标签。例如，一篇新闻文章的内容可能同时与体育和政治有关。除了这些分类方法外，可能希望对文档进行［-1，1］范围内的评分，或者对文档进行［1，5］范围内的排名。可以使用回归模型来解决这类问题，其中输出的类型是数值，而不是类别。

幸运的是，用户可以使用 Transformer 体系结构有效地解决这些问题。对于句子对任务（如文档相似性或文本蕴含），输入不是一个句子，而是两个句子，如图5-1所示。可以对两个句子的语义相似程度进行评分，也可以预测这两个句子是否在语义上相似。另一个句子对任务是文本蕴含（textual entailment），其中问题被定义为多类别分类。在这里，GLUE 基准测试（entail/contradict/neutral）中使用了图5-1所示的两个序列。

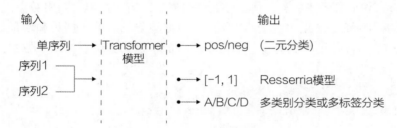

图5-1 文本分类方案

本章通过微调一个预训练的 BERT 模型来开始训练过程，该模型针对一个常见问题：情感分析。

5.3 微调 BERT 模型以适用于单句二元分类

本节讨论如何使用流行的 IMDb 情感数据集对预训练好的 BERT 模型进行微调，以适用于情感分析。使用图形处理器 GPU 将加快学习过程，但如果用户没有 GPU 资源，也可以使用中央处理器 CPU 进行微调。具体操作步骤如下所示。

（1）为了了解并保存当前设备，可以执行以下代码。

```
from torch import cuda
device = 'cuda' if cuda.is_available() else 'cpu'
```

（2）此处使用 DistilBertForSequenceClassification 类，该类继承自 DistilBert 类，其头部有一个特殊的序列分类头。可以利用这个分类头（classification head）来训练分类模型，其中默认的分类数为2。

```
from transformers import DistilBertTokenizerFast,
DistilBertForSequenceClassification
model_path = 'distilbert-base-uncased'
tokenizer = DistilBertTokenizerFast.from_pretrained①(model_path)
model = \
DistilBertForSequenceClassification.from_pretrained②(model_path,
id2label={0:"NEG", 1:"POS"},
label2id={"NEG":0, "POS":1})
```

（3）请注意，参数 id2label 和 label2id 被传递给模型，以在推理过程中使用。或者，可以实例化一个特定的 config（配置）对象并将其传递给模型。代码如下所示。

```
config = AutoConfig.from_pretrained③(...)
SequenceClassification.from_pretrained④(...
config=config)
```

（4）选择 IMDb 数据集的流行情感分类数据集。原始数据集由两组数据组成：25 000 个用于训练的样例和 25 个用于测试的样例。将数据集分成测试数据集和验证数据集。请注意，数据集前半部分的样例为正，而后半部分的样例均为负。按以下方式拆分样例。

```
from datasets import load_dataset
imdb_train = load_dataset('imdb', split="train")
imdb_test = load_dataset('imdb', split="test[:6250]+test[-6250:]")
imdb_val = \
load_dataset('imdb', split="test[6250:12500]+test[-12500:-6250]")
```

（5）使用以下代码检查数据集的形状。

```
>>> imdb_train.shape, imdb_test.shape, imdb_val.shape
((25000, 2), (12500, 2), (12500, 2))
```

（6）根据计算资源获取数据集的一小部分。对于较小的部分，应该运行以下代码来选择 4 000 个样例进行训练。其中，1 000 个样例用于测试；1 000 个样例用于验证。代码如下所示。

```
imdb_train = load_dataset('imdb', split="train[:2000]+train[-2000:]")
imdb_test = load_dataset('imdb',
split="test[:500]+test[-500:]")
imdb_val = load_dataset('imdb', split="test[500:1000]+test[-1000:-500]")
```

---

① 原著此处有误,译者通过查看源码,做了修正,应该是 from_pretrained。——译者注
② 原著此处有误,译者通过查看源码,做了修正,应该是 from_pretrained。——译者注
③ 原著此处有误,译者通过查看源码,做了修正,应该是 from_pretrained。——译者注
④ 原著此处有误,译者通过查看源码,做了修正,应该是 from_pretrained。——译者注

（7）通过 tokenizer（分词器）模型处理这些数据集，以便为训练做好准备。

```
enc_train = imdb_train.map(lambda e: tokenizer(
e['text'], padding = True, truncation = True), batched = True,
batch_size = 1000)
enc_test = imdb_test.map(lambda e: tokenizer( e['text'],
padding = True, truncation = True), batched = True, batch_
size = 1000)
enc_val = imdb_val.map(lambda e: tokenizer( e['text'],
padding = True, truncation = True), batched = True, batch_
size = 1000)
```

（8）以下代码尝试查看训练数据集是什么样子。分词器将注意力掩码和输入 ID 添加到数据集中，以便 BERT 模型可以处理。

```
import pandas as pd
pd.DataFrame(enc_train)
```

输出结果如图 5-2 所示。

	attention_mask	input_ids	label	text
0	[1, 1, 1, 1, 1, 1, 1, 1, 1, 1, 1, 1, 1, 1, 1,...	[101, 22953, 2213, 4381, 2152, 2003, 1037, 947...	1	Bromwell High is a cartoon comedy. It ran at t...
1	[1, 1, 1, 1, 1, 1, 1, 1, 1, 1, 1, 1, 1, 1, 1,...	[101, 11573, 2791, 1006, 2030, 2160, 24913, 20...	1	Homelessness (or Houselessness as George Carli...
2	[1, 1, 1, 1, 1, 1, 1, 1, 1, 1, 1, 1, 1, 1, 1,...	[101, 8235, 2058, 1011, 3772, 2011, 23920, 575...	1	Brilliant over-acting by Lesley Ann Warren. Be...
3	[1, 1, 1, 1, 1, 1, 1, 1, 1, 1, 1, 1, 1, 1, 1,...	[101, 2023, 2003, 4089, 1996, 2087, 2104, 9250...	1	This is easily the most underrated film inn th...
4	[1, 1, 1, 1, 1, 1, 1, 1, 1, 1, 1, 1, 1, 1, 1,...	[101, 2023, 2003, 2025, 1996, 5171, 11463, 837...	1	This is not the typical Mel Brooks film. It wa...
...				
24995	[1, 1, 1, 1, 1, 1, 1, 1, 1, 1, 1, 1, 1, 1, 1,...	[101, 2875, 1996, 2203, 1997, 1996, 3185, 1010...	0	Towards the end of the movie, I felt it was to...
24996	[1, 1, 1, 1, 1, 1, 1, 1, 1, 1, 1, 1, 1, 1, 1,...	[101, 2023, 2003, 1996, 2785, 1997, 3185, 2008...	0	This is the kind of movie that my enemies cont...
24997	[1, 1, 1, 1, 1, 1, 1, 1, 1, 1, 1, 1, 1, 1, 1,...	[101, 1045, 2387, 1005, 6934, 1005, 2197, 2305...	0	I saw 'Descent' last night at the Stockholm Fi...
24998	[1, 1, 1, 1, 1, 1, 1, 1, 1, 1, 1, 1, 1, 1, 1,...	[101, 2070, 3152, 2008, 2017, 4060, 2039, 2005...	0	Some films that you pick up for a pound turn o...
24999	[1, 1, 1, 1, 1, 1, 1, 1, 1, 1, 1, 1, 1, 1, 1,...	[101, 2023, 2003, 2028, 1997, 1996, 12873, 435...	0	This is one of the dumbest films, I've ever se...

25000 rows × 4 columns

图 5-2　编码后的训练数据集

此时，数据集已准备好进行训练和测试。Trainer 类（TensorFlow 的 TFTrainer）和 TrainingArguments 类（TensorFlow 的 TFTrainingArguments）将帮助用户完成大部分训练复杂性。在 TrainingArguments 类中定义参数集，然后将其传递给 Trainer 对象。

不同训练参数的定义如表 5-1 所示。

表 5-1　不同训练参数的定义

参数	定义
output_dir	输出目录，保存模型检查点以及训练结束后的预测
do_train 和 do_eval	用于监测训练期间模型性能的选项
logging_strategy	日志策略，可用选项为 no，epoch 和 steps（默认值）

续表

参数	定义
logging_steps（默认值 500）	两个日志之间的步骤数（日志将保存到 logging_dir 目录中）
save_strategy	用于保存模型检查点的保存策略。可用选项为 no，epoch 和 steps（默认值）
save_steps（默认值 500）	两个检查点之间的步骤数
fp16	用于混合精度，可以混合使用 16 位和 32 位浮点数类型，以提高模型训练速度，同时减少使用的内存数量
load_best_model_at_end	在训练结束后，根据验证损失，载入最佳模型检查点
logging_dir	TensorBoard 日志目录

（9）有关更多信息，请查看 TrainingArguments 的 API 文档，或者在 Python 笔记本中执行以下代码。

```
TrainingArguments?
```

（10）尽管深度学习体系结构（如长短期记忆网络）需要许多学习迭代次数，有时甚至超过 50 个学习迭代次数，但基于 Transformer 的微调，由于迁移学习，通常经历 3 个学习迭代次数就会满足要求。在大多数情况下，3 个学习迭代次数足以进行微调，因为经过预训练的模型在预训练阶段（平均需要 50 个学习迭代次数）学习了大量有关语言的知识。为了确定正确的学习迭代次数，需要监控训练损失和验证损失。读者将在第 11 章中学习如何跟踪训练过程。

（11）这种方式足以解决许多下游任务问题，此处展开讨论。在训练过程中，每经过 200 个步骤，相应的模型检查点就被保存在 "./MyIMDBModel" 文件夹下。

```
from transformers import TrainingArguments, Trainer
training_args = TrainingArguments(
    output_dir='./MyIMDBModel',
    do_train=True,
    do_eval=True,
    num_train_epochs=3,
    per_device_train_batch_size=32,
    per_device_eval_batch_size=64,
    warmup_steps=100,
    weight_decay=0.01,
    logging_strategy='steps',
    logging_dir='./logs',
    logging_steps=200,
    evaluation_strategy='steps',
```

```
    fp16 = cuda.is_available(),
    load_best_model_at_end = True
)
```

(12) 在实例化 Trainer 对象之前，定义 compute_metrics( ) 方法。该方法帮助用户根据所需的特定指标［如精度、均方根误差、皮尔逊相关性、BLEU（BiLingual Evaluation Understudy，双语互译质量评估辅助工具）等］检测训练进度。文本分类问题（如情感分类或多类分类）大多采用微平均（micro – averaging）或宏平均（macro – averaging）F1 进行评估。宏平均方法为每个类别赋予相等的权重，而微平均方法为每个文本或每个标记分类决策赋予相等的权重。微平均值等于模型正确决策次数与已做出决策总数的比率。另外，宏平均方法计算每个类别的精度、召回率和 F1 的平均分数。对于用户的分类问题，宏平均值更便于评估，因为希望给每个标签赋予相等的权重。代码如下所示。

```
from sklearn.metrics import accuracy_score, Precision_Recall_fscore_support
def compute_metrics(pred):
    labels = pred.label_ids
    preds = pred.predictions.argmax( -1)
    Precision, Recall, f1, _ = \
    Precision_Recall_fscore_support(labels, preds, average ='macro')
    acc = accuracy_score(labels, preds)
    return {
      'Accuracy': acc,
      'F1': f1,
      'Precision': Precision,
      'Recall': Recall
    }
```

(13) 至此，几乎准备好可以开始训练过程了。现在，可以实例化 Trainer 对象并启动该对象。Trainer 类是一个非常强大和优化的工具，用于组织 PyTorch 和 TensorFlow（TensorFlow 的 TFTrainer）的复杂训练和评估过程，当然，这得益于 Transformer 库。

```
trainer = Trainer(
    model = model,
    args = training_args,
    train_dataset = enc_train,
    eval_dataset = enc_val,
    compute_metrics = compute_metrics
)
```

(14) 开始训练过程。

```
results = trainer.train()
```

调用上述函数后即开始记录度量指标（第 11 章将详细讨论度量指标）。整个 IMDb 数据集包括 25 000 个训练样例。当批次大小为 32 时，有 25 000/32 ≈ 782 个步骤，3 个学习迭代次数共 2 346（782×3）个步骤。Trainer 对象输出的结果如图 5-3 所示。

Step	Training Loss	Validation Loss	Accuracy	F1	Precision	Recall	Runtime	Samples Per Second
200	0.417800	0.239647	0.900160	0.899943	0.903660	0.900160	58.657100	213.103000
400	0.251100	0.207064	0.918960	0.918960	0.918960	0.918960	58.724400	212.859000
600	0.237300	0.188785	0.926560	0.926554	0.926560	0.926560	58.727300	212.848000
800	0.209200	0.234559	0.923680	0.923621	0.924982	0.923680	58.750400	212.764000
1000	0.128500	0.248400	0.927280	0.927280	0.927286	0.927280	58.717100	212.885000
1200	0.137400	0.251818	0.920000	0.919869	0.922771	0.920000	58.713500	212.898000
1400	0.125900	0.186671	0.930720	0.930707	0.931054	0.930720	58.724900	212.857000
1600	0.111800	0.230385	0.932960	0.932959	0.932980	0.932960	58.695400	212.964000
1800	0.051300	0.255035	0.933440	0.933440	0.933440	0.933440	58.840300	212.440000
2000	0.045200	0.269209	0.934800	0.934795	0.934927	0.934800	58.819400	212.515000
2200	0.053700	0.242861	0.934640	0.934639	0.934661	0.934640	58.836100	212.455000

图 5-3 Trainer 对象输出的结果

（15）在训练的最后，Trainer 对象保留验证损失最小的检查点。选择步骤 1 400 处的检查点，因为该步骤的验证损失最小。接下来，评估三个（训练、测试和验证）数据集上的最佳检查点。

```
>>> q = [trainer.evaluate(eval_dataset = data) for data in
[enc_train, enc_val, enc_test]]
>>> pd.DataFrame(q, index = ["train","val","test"]).
iloc[:,:5]
```

输出结果如图 5-4 所示。

	eval_loss	eval_accuracy	eval_f1	eval_precision	eval_recall
train	0.057059	0.98320	0.983199	0.983259	0.98320
val	0.186671	0.93072	0.930707	0.931054	0.93072
test	0.213239	0.92616	0.926128	0.926904	0.92616

图 5-4 分类模型在训练/验证/测试数据集上的性能

（16）至此，读者成功地完成了训练阶段和测试阶段，获得了 92.6% 的准确率和 92.6 F1 的宏平均值。为了更详细地监测训练过程，可以调用 TensorBoard 等高级工具。用户使用这些工具解析日志能够跟踪各种指标以进行全面分析。此处已经在 "./logs" 文件夹下记录了性能指标和其他指标。只需在 Python 笔记本中运行 TensorBoard 工具就足够了，如以下代码片段所示（第 11 章将详细讨论 TensorBoard 和其他监控工具）。

```
%reload_ext tensorboard
```

```
%tensorboard --logdir logs
```

(17)现在,使用该模型进行推理,以检查模型是否正常工作。首先定义一个预测函数来简化预测步骤。代码如下所示。

```
def get_prediction(text):
    inputs = tokenizer(text, padding = True, truncation = True,
            max_length = 250, return_tensors = "pt").to(device)
    outputs = model①(inputs["input_ids"]. \
            to(device),inputs["attention_mask"].to(device))
    probs = outputs[0].softmax(1)
    return probs, probs.argmax()
```

(18)运行模型以进行推断。

```
>>> text = "I didn't like the movie it bored me "
>>> get_prediction(text)[1].item()
0
```

(19)结果为0,表示一个负样例。之前已经定义了ID与标签的引用关系。此处可以使用此映射方案来获取标签。或者,可以简单地将所有步骤传递给一个专用的应用程序接口(即用户所熟悉的管道)。在实例化之前,首先保存最佳模型以供进一步推断。

```
model_save_path = "MyBestIMDBModel"
trainer.save_model(model_save_path)
tokenizer.save_pretrained②(model_save_path)
```

管道应用程序接口是使用预训练模型进行推理的一种简单方法。首先加载保存的模型,并将其传递给管道应用程序接口,由管道应用程序接口完成其余的工作。可以跳过保存模型的步骤,直接将内存中的模型和分词器对象传递给管道应用程序接口。两种方法的结果相同。

(20)如以下代码所示,在执行二元分类时,需要将管道的任务名称参数指定为sentiment - analysis(情感分析)。

```
>>> from transformers import pipeline, \
③DistilBertForSequenceClassification, \
DistilBertTokenizerFast
>>> model = ④DistilBertForSequenceClassification. \
```

---

① 原著此处有误,误用了换行符(\)。——译者注
② 原著此处有误,译者通过查看源码做了修正,应该是 save_pretrained。——译者注
③ 原著此处有误,误用了换行符(\)。——译者注
④ 原著此处有误,误用了换行符(\)。——译者注

```
                from_pretrained①("MyBestIMDBModel")
>>> tokenizer = ②DistilBertTokenizerFast. \
                from_pretrained③("MyBestIMDBModel")
>>> nlp = pipeline("sentiment-analysis", model=model,
tokenizer=tokenizer)
>>> nlp("the movie was very impressive")
Out: [{'label': 'POS', 'score': 0.9621992707252502}]
>>> nlp("the text of the picture was very poor")
Out: [{'label': 'NEG', 'score': 0.9938313961029053}]
```

管道知道如何处理输入,并以某种方式了解哪个 ID 引用哪个标签(POS 或 NEG)。管道还会产生类别概率。

至此,使用 Trainer 类对 IMDb 数据集的情感预测模型进行了微调。在下一节中,读者将使用原生 PyTorch 进行相同的二元分类训练,还将使用不同的数据集进行训练。

5.4 使用原生 PyTorch 训练分类模型

Trainer 类非常强大,特别感谢 Hugging Face 团队提供了如此有用的工具。然而,在本节中,读者将从零开始微调预训练的模型,以查看模型的内部原理。操作步骤如下所示。

(1)加载需要微调的模型。这里将选择 DistilBERT,因为它是一个小型、快速、简单的 BERT 版本。

```
from transformers import DistilBertForSequenceClassification
model = DistilBertForSequenceClassification.from_pretrained④('distilbert-base-uncased')
```

(2)为了微调模型,需要将模型置于训练模式。代码如下所示。

```
model.train()
```

(3)加载分词器。

```
from transformers import DistilBertTokenizerFast
tokenizer=DistilBertTokenizerFast.from_pretrained⑤('bert-base-uncased')
```

(4)由于 Trainer 类为用户组织了整个过程,因此在之前的 IMDb 情感分类练习中,

---

① 原著此处有误,译者通过查看源码做了修正,应该是 from_pretrained。——译者注
② 原著此处有误,误用了换行符(\)。——译者注
③ 原著此处有误,译者通过查看源码做了修正,应该是 from_pretrained。——译者注
④ 原著此处有误,译者通过查看源码做了修正,应该是 from_pretrained。——译者注
⑤ 原著此处有误,译者通过查看源码做了修正,应该是 from_pretrained。——译者注

并没有涉及优化和其他训练设置。现在,需要自己实例化优化器。此处必须选择 AdamW,它是 Adam 算法的一个实现,但具有权重衰减修正。最近的研究表明,使用 AdamW 训练的模型比使用 Adam 训练的模型会产生更好的训练损失和验证损失。因此,AdamW 是许多 Transformer 训练过程中广泛使用的优化器。

```
from transformers import AdamW
optimizer = AdamW(model.parameters(),lr=1e-3)
```

为了从零开始设计微调过程,必须了解如何实现单步前向传播和反向传播。可以通过 Transformer 层传递单个批次并获得输出,这被称为前向传播(forward propagation)。然后,必须使用输出和实际真值标签计算损失,并根据损失更新模型权重,这被称为反向传播(back propagation)。

以下代码片段在单个批次中接收与标签相关联的三句话,并执行前向传播。最后,模型自动计算损失。

```
import torch
texts = ["this is a good example","this is a bad example","this is a good one"]
labels = [1,0,1]
labels = torch.tensor(labels).unsqueeze(0)
encoding = tokenizer(texts, return_tensors='pt', padding=True,
truncation=True, max_length=512)
input_ids = encoding['input_ids']
attention_mask = encoding['attention_mask']
outputs = \
model(input_ids, attention_mask=attention_mask, labels=labels)
loss = outputs.loss
loss.backward()
optimizer.step()
Outputs
SequenceClassifierOutput(
[('loss', tensor(0.7178, grad_fn=<NllLossBackward>)),
('logits',tensor([[ 0.0664, -0.0161],[ 0.0738, 0.0665],[ 0.0690, -0.0010]], grad_fn=<AddmmBackward>))])
```

该模型接收参数 input_ids 和 attention_mask(这两个都是分词器的输出结果),并使用实际真值标签计算损失。正如读者所看到的,输出由张量 loss 和 logits 组成。现在,loss. backward()使用输入和标签来评估模型,以计算张量的梯度。optimizer. step()执行单个优化步骤,并使用计算的梯度(称为反向传播)更新权重。当稍后将所有这些代码行放入一个循环中时,还将添加一个 optimizer. zero_grad()函数,用于清除所有参数的梯度。必须在循环开始时调用该语句;否则,可能累计多个步骤的梯度。输出的第二个张量是 logits。在深度学习的背景下,术语 logits(logistic units 的缩写)是神经结构的最后一层,由实数的预测值组成。在分类的情况下,需要调用 softmax() 函数将 logits 转换为概率。否则,这些值将被简单地标准化以进行回归。

(5) 如果想手动计算 loss,那么不能将标签传递给模型。因此,该模型只生成 logits,不计算 loss。在以下示例中,手动计算交叉熵损失。

```
from torch.nn import functional
labels = torch.tensor([1,0,1])
outputs = model(input_ids, attention_mask = attention_mask)
loss = functional.cross_entropy(outputs.logits, labels)
loss.backward()
optimizer.step()
loss
Output: tensor(0.6101, grad_fn = <NllLossBackward>)
```

(6) 通过上述步骤,了解了在一个单一的步骤中如何将批次输入沿前向馈送到网络中。现在,需要设计一个循环,该循环按批次迭代整个数据集,以训练具有多个学习迭代次数的模型。为此,将从设计自定义的 Dataset 类开始。该类是 torch.Dataset 的子类,继承父类的成员变量和函数,并实现__init__()和__getitem__()[1]抽象函数。

```
from torch.utils.data import Dataset
class MyDataset(Dataset):
    def __init__(self, encodings, labels):
        self.encodings = encodings
        self.labels = labels
    def __getitem__(self, idx):
        item = {key: torch.tensor(val[idx]) for key,
                    val in self.encodings.items()}
        item['labels'] = torch.tensor(self.labels[idx])
        return item
    def __len__(self):
        return len(self.labels)
```

(7) 使用另一个称为 SST-2(即 Stanford Sentiment Treebank v2,斯坦福情感树库版本 2)的情感分析数据集来微调情感分析模型;还将加载 SST-2 的相应指标进行评估。代码如下所示。

```
import datasets
from datasets import load_dataset
sst2 = load_dataset("glue","sst2")
from datasets import load_metric
metric = load_metric("glue", "sst2")
```

(8) 使用以下代码提取对应的句子和标签。

---

[1] 此处原著有误,应该是__getitem__()。——译者注

```
texts = sst2['train']['sentence']
labels = sst2['train']['label']
val_texts = sst2['validation']['sentence']
val_labels = sst2['validation']['label']
```

（9）将数据集通过分词器 tokenizer 传递给 MyDataset( ) 构造函数，并实例化 MyDataset 对象，以使 BERT 模型与数据集一起工作。

```
train_dataset = MyDataset(tokenizer(texts,
truncation = True, padding = True), labels)
val_dataset = MyDataset(tokenizer(val_texts,
truncation = True, padding = True), val_labels)
```

（10）通过如下代码实例化一个 Dataloader 类的对象，该类提供了一个接口，可以通过加载的顺序来遍历数据样本。这个类还有助于批次和锁页内存（memory pinning）的相关执行。

```
from torch.utils.data import DataLoader
train_loader = DataLoader(train_dataset, batch_size = 16, shuffle = True)
val_loader = DataLoader(val_dataset, batch_size = 16, shuffle = True)
```

（11）使用以下代码检测设备，并按合适的方式定义 AdamW 优化器。

```
from transformers import AdamW
device = \
torch.device('cuda') if torch.cuda.is_available() else torch.device('cpu')
model.to(device)
optimizer = AdamW(model.parameters(), lr = 1e - 3)
```

到目前为止，读者了解了如何实现前向传播，这属于处理一个批次样例的方式。在本例中，批次数据按前向馈入通过神经网络。在单个步骤中，从第一层到最后一层的每一层都由批次数据按照激活函数进行处理，并传递到后续层。为了在若干训练周期内遍历整个数据集，本节设计了两个嵌套循环：外部循环用于当前训练周期；内部循环用于每个批次的执行步骤。内部循环由两个语句块组成：一个语句块用于训练；另一个语句块用于评估每个训练周期。读者可能已经注意到，在第一个训练循环中调用了函数 model.train()，然后当运行到第二个评估语句块时，调用了函数 model.eval()。这一点很重要，因为本节将模型置于训练和推理模式。

（12）目前为止已经讨论了内部块。注意，可以通过相应的 metric 度量对象来跟踪模型的性能。代码如下所示。

```
for epoch in range(3):
    model.train()
    for batch in train_loader:
```

```
            optimizer.zero_grad()
            input_ids = batch['input_ids'].to(device)
            attention_mask = batch['attention_mask'].to(device)
            labels = batch['labels'].to(device)
            outputs = \
            model(input_ids, attention_mask=attention_mask,
            labels=labels)
            loss = outputs[0]
            loss.backward()
            optimizer.step()
    model.eval()
    for batch in val_loader:
            input_ids = batch['input_ids'].to(device)
            attention_mask = batch['attention_mask'].to(device)
            labels = batch['labels'].to(device)
            outputs = \
                model(input_ids, attention_mask=attention_mask,
                    labels=labels)
            predictions=outputs.logits.argmax(dim=-1)
            metric.add_batch(
                predictions=predictions,
                references=batch["labels"],
            )
    eval_metric = metric.compute()
    print(f"epoch {epoch}: {eval_metric}")
OUTPUT:
epoch 0: {'accuracy': 0.9048165137614679}
epoch 1: {'accuracy': 0.8944954128440367}
epoch 2: {'accuracy': 0.9094036697247706}
```

通过对模型进行微调，精度达到 90.94% 左右。剩下的过程，如保存、加载和推断，将与 Trainer 类的训练方法类似。

至此，读者完成了二元分类的学习。下一节将实现一个多类别分类模型，以用于英语以外的语言。

5.5 使用自定义数据集对多类别分类 BERT 模型进行微调

本节将微调 Turkish（土耳其语）版本的 BERT，即 BERTurk，使用自定义数据集执行 7 个类别分类下游任务。该数据集由土耳其语报纸汇编而成，分为 7 个类别。本节将从获取数据集开始。可以从以下网址下载该数据集：https://www.kaggle.com/savasy/ttc4900。

(1)在 Jupyter Notebook 中，运行以下代码以获取数据。

```
!wget https://raw.githubusercontent.com/savasy/TurkishTextClassification/master/TTC4900.csv
```

(2)开始加载数据。

```
import pandas as pd
data = pd.read_csv("TTC4900.csv")
data = data.sample(frac=1.0, random_state=42)
```

(3)使用字典数据 id2label 和 label2id 组织 ID 和标签，使模型了解 ID 与标签之间的引用关系。还将向模型传递标签数量（NUM_LABELS），以指定 BERT 模型顶部的薄分类头层（thin classification head layer）的大小。

```
labels=["teknoloji","ekonomi","saglik","siyaset",
"kultur","spor","dunya"]
NUM_LABELS = len(labels)
id2label={i:l for i,l in enumerate(labels)}
label2id={l:i for i,l in enumerate(labels)}
data["labels"]=data.category.map(lambda x: label2id[x.strip()])
data.head()
```

输出结果如图 5-5 所示。

	category	text	labels
4657	teknoloji	acıların kedisi sam çatık kaşlı kedi sam in i...	0
3539	spor	g saray a git santos van_persie den forma ala...	5
907	dunya	endonezya da çatışmalar 14 ölü endonezya da i...	6
4353	teknoloji	emniyetten polis logolu virüs uyarısı telefon...	0
3745	spor	beni türk yapın cristian_baroni yıldırım dan ...	5

图 5-5 文本分类数据集：TTC 4900

(4)以下代码使用 pandas 对象统计并绘制类别的数量。

```
data.category.value_counts().plot(kind='pie')
```

如图 5-6 所示，数据集的类别分布比较均匀。

(5)执行以下代码片段，将实例化一个序列分类模型，其中包含标签数（7个）、标签 ID 映射和一个土耳其语 BERT 模型（dbmdz/bert-base-turkish-uncased），即 BERTurk。为了检查所创建的模型，请执行以下语句。

```
>>> model
```

(6)输出结果为模型的摘要，内容太长无法全部显示。作为替代，可以使用以下代码将注意力转向最后一层。

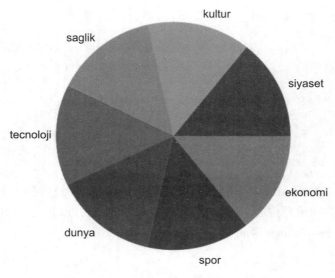

图 5-6 类别分布

```
(classifier): Linear(in_features = 768, out_features = 7, bias = True)
```

（7）读者可能已经注意到，以下代码中并没有选择 DistilBert，因为土耳其语中没有经过预先训练的 uncased（不区分大、小写）的 DistilBert。

```
from transformers import BertTokenizerFast
tokenizer = BertTokenizerFast.from_pretrained①("dbmdz/
bert-base-turkish-uncased",max_length = 512)
from transformers import BertForSequenceClassification
model = BertForSequenceClassification.from_
pretrained②("dbmdz/bert-base-turkish-uncased", num_
labels = NUM_LABELS, id2label = id2label, label2id = label2id)
model.to(device)
```

（8）现在，可以使用如下代码来准备训练数据集、验证数据集和测试数据集。

```
SIZE = data.shape[0]
## 句子
train_texts = list(data.text[:SIZE//2])
val_texts = list(data.text[SIZE//2:(3 * SIZE)//4])
test_texts = list(data.text[(3 * SIZE)//4:])
## 标签
train_labels = list(data.labels[:SIZE//2])
val_labels = list(data.labels[SIZE//2:(3 * SIZE)//4])
```

---

① 原著此处有误，译者通过查看源码做了修正，应该是 from_pretrained。——译者注
② 原著此处有误，译者通过查看源码做了修正，应该是 pretrained。——译者注

```
test_labels = list(data.labels[(3 * SIZE)//4:])
## 检测数据集的大小
len(train_texts), len(val_texts), len(test_texts)
(2450, 1225, 1225)
```

（9）以下代码对三个数据集中出现的语句及其标记进行分词，并将其转换为整数输入（input_ids），然后将其馈入 BERT 模型。

```
train_encodings = tokenizer(train_texts, truncation = True, padding = True)
val_encodings = tokenizer(val_texts, truncation = True, padding = True)
test_encodings = tokenizer(test_texts, truncation = True, padding = True)
```

（10）在前面的章节中已经实现了 MyDataset 类（具体请参见 5.4 节[①]）。MyDataset 类重写了从抽象 Dataset 类中继承的__getitem__()方法和__len__()方法，这两个方法分别使用数据加载器返回数据项和数据集的大小。

```
train_dataset = MyDataset(train_encodings, train_labels)
val_dataset = MyDataset(val_encodings, val_labels)
test_dataset = MyDataset(test_encodings, test_labels)
```

（11）此处仍将保持批次大小为 16，因为数据集相对较小。请注意，TrainingArguments 的其他参数设置与之前的情感分析实验几乎相同。

```
from transformers import TrainingArguments, Trainer
training_args = TrainingArguments(
    output_dir ='./TTC4900Model',
    do_train = True,
    do_eval = True,
    num_train_epochs = 3,
    per_device_train_batch_size =16,
    per_device_eval_batch_size =32,
    warmup_steps =100,
    weight_decay =0.01,
    logging_strategy ='steps',
    logging_dir ='./multi-class-logs',
    logging_steps =50,
    evaluation_strategy = "steps",
    eval_steps =50,
    save_strategy = "epoch",
```

[①] 原著此处关于页数的引用有误，建议改为"第5.4节"。——译者注

```
    fp16 = True,
    load_best_model_at_end = True
)
```

(12)情感分析和文本分类是同一评价指标的对象。也就是说,统一采用宏平均值 F1、精度和召回率这些评价指标。因此,此处不再定义 compute_metric() 函数。以下是用于实例化 Trainer 对象的代码。

```
trainer = Trainer(
    model = model,
    args = training_args,
    train_dataset = train_dataset,
    eval_dataset = val_dataset,
    compute_metrics = compute_metrics
)
```

(13)开始训练过程。

```
trainer.train()
```

输出结果如图 5-7 所示。

Step	Training Loss	Validation Loss	Accuracy	F1	Precision	Recall	Runtime	Samples Per Second
50	1.874100	1.706715	0.377143	0.379416	0.553955	0.383715	20.982000	58.383000
100	0.842900	0.327575	0.915102	0.913738	0.914565	0.915279	20.981700	58.384000
150	0.358200	0.281808	0.911020	0.910288	0.912012	0.911213	20.997000	58.342000
200	0.233500	0.366845	0.905306	0.905313	0.916948	0.903440	20.980800	58.387000
250	0.222700	0.292270	0.922449	0.921374	0.921567	0.923131	20.981300	58.385000
300	0.257700	0.280120 最小损失	0.924898	0.923810	0.924427	0.924510	20.979800	58.390000
350	0.115200	0.292410	0.925714	0.924946	0.924752	0.925454	20.982700	58.381000
400	0.064900	0.322697	0.925714	0.924944	0.925674	0.925265	20.988300	58.366000
450	0.080400	0.297606	0.929796	0.929267	0.929170	0.929497	20.985100	58.375000

图 5-7 用于文本分类的 Trainer 类的输出结果

(14)为了检查经过训练的模型,必须在三个数据集分割上评估经过微调的模型,代码片段如下所示。最佳模型在步骤 300 进行了微调,损失值为 0.280 120。

```
q = [trainer.evaluate(eval_dataset = data) for data in
[train_dataset, val_dataset, test_dataset]]
pd.DataFrame(q, index = ["train","val","test"]).iloc[:,:5]
```

输出结果如图 5-8 所示。

	eval_loss	eval_Accuracy	eval_F1	eval_Precision	eval_Recall
train	0.091844	0.975510	0.97546	0.975942	0.975535
val	0.280120	0.924898	0.92381	0.924427	0.924510
test	0.280038	0.926531	0.92542	0.927410	0.925425

图 5-8 文本分类模型在训练/验证/测试数据集上的性能

分类精度约为 92.6%,而宏平均值 F1 约为 92.5。在文献中,许多方法已经在这个土耳其基准数据集上进行了测试。它们大多遵循词频-逆向文档频率和线性分类器、Word2vec 嵌入,或者基于长短期记忆网络的分类器,最多得到 90.0 F1 左右的分值。与这些方法相比,除了 Transformer,微调的 BERT 模型的性能也优于这些方法。

(15) 与任何其他实验一样,可以通过 TensorBoard 跟踪实验。

```
%load_ext tensorboard
%tensorboard --logdir multi-class-logs/
```

(16) 设计一个函数来运行模型进行推理。如果希望看到真实的标签而不是 ID,可以使用模型的 config 对象。predict( ) 函数的实现代码如下所示。

```
def predict(text):
    inputs = tokenizer(text, padding = True, truncation = True,
            max_length = 512, return_tensors = "pt").to("cuda")
    outputs = model(**inputs)
    probs = outputs[0].softmax(1)
    return probs, probs.argmax(), model.config.id2label[probs.argmax().item()]
```

(17) 调用 predict( ) 函数进行文本分类推断。以下代码对有关足球队的句子进行了分类。

```
text = "Fenerbahçeli futbolcular kısa paslarla hazırlık çalışması yaptılar"
predict(text)
(tensor([[5.6183e-04, 4.9046e-04, 5.1385e-04, 9.9414e-04,
3.4417e-04, 9.9669e-01, 4.0617e-04]], device = 'cuda:0',
grad_fn = <SoftmaxBackward>), tensor(5, device = 'cuda:0'),
'spor')
```

(18) 正如所见,该模型正确地预测了句子为 sports(spor)。现在,需要保存模型并使用 from_pretrained( )[①]函数重新加载模型。代码如下所示。

---

① 原著此处有误,译者通过查看源码做了修正,应该是 from_pretrained。——译者注

```
model_path = "turkish-text-classification-model"
trainer.save_model(model_path)
tokenizer.save_pretrained①(model_path)
```

（19）现在，可以使用 pipeline 类重新加载所保存的模型并运行推断。

```
model_path = "turkish-text-classification-model"
from transformers import pipeline, BertForSequenceClassification, BertToke-
nizerFast
model = BertForSequenceClassification.from_pretrained②(model_path)
tokenizer = BertTokenizerFast.from_pretrained③(model_path)
nlp = pipeline("sentiment-analysis", model=model,
tokenizer=tokenizer)
```

（20）读者可能已经注意到任务的名称是 sentiment–analysis（情感分析）。这个术语可能会让人困惑，但这个参数实际上会在末尾返回 TextClassificationPipeline。请使用以下代码运行管道。

```
>>> nlp("Sinemada hangi filmler oynuyor bugün")
[{'label': 'kultur', 'score': 0.9930670261383057}]
>>> nlp("Dolar ve Euro bugün yurtiçi piyasalarda
yükseldi")
[{'label': 'ekonomi', 'score': 0.9927696585655212}]
>>> nlp("Bayern Münih ile Barcelona bugün karsı karsıya
geliyor. Maçı Ingiliz hakem James Watts yönetecek!")
[{'label': 'spor', 'score': 0.9975664019584656}]
```

结果正是本文所期望的模型！预测成功！

到目前为止，本节实现了针对单个句子的两项任务，即情感分析和多类别分类。在下一节中，读者将学习如何处理句子对的输入，以及如何使用 BERT 设计回归模型。

5.6　微调 BERT 模型以适用于句子对回归

回归模型可以用于分类，但最后一层仅包含一个单元，因为结果并不是通过 softmax 逻辑回归进行处理，而是通过标准化进行处理。为了确定最终的模型并在顶部放置单个单元头层，可以直接将 num_labels = 1 参数传递给 BERT.from_pretrained( )④方法，或者通过 config 对象传递此信息。最初，这需要从预训练模型的 config 对象复制。代码如下所示。

---

① 原著此处有误，译者通过查看源码做了修正，应该是 save_pretrained。——译者注
② 原著此处有误，译者通过查看源码做了修正，应该是 from_pretrained。——译者注
③ 原著此处有误，译者通过查看源码做了修正，应该是 from_pretrained。——译者注
④ 原著此处有误，译者通过查看源码做了修正，应该是 from_pretrained。——译者注

```
from transformers import DistilBertConfig, DistilBertTokenizerFast, Distil-
BertForSequenceClassification
model_path = 'distilbert-base-uncased'
config = DistilBertConfig.from_pretrained①(model_path, num_labels = 1)
tokenizer = DistilBertTokenizerFast.from_pretrained②(model_path)
model = \
DistilBertForSequenceClassification.from_pretrained③(model_path, config =
config)
```

由于指定了参数 num_labels = 1,因此预训练的模型有单个单元头层。现在,准备使用数据集对模型进行微调。此处,使用语义-文本相似性基准(Semantic Textual Similarity - Benchmark,STS-B),该基准是从各种内容(如新闻标题)中提取的若干句子对的集合。每一个句子对都标注了从 1 到 5 的相似性分数。本节的任务是对 BERT 模型进行微调以预测这些分数。在参考相关文献的同时,本节使用皮尔逊/斯皮尔曼(Pearson/Spearman)相关系数对模型进行评估。操作步骤如下。

(1)使用以下代码加载数据。原始数据被分成 3 个部分。但是,测试拆分没有标签,因此可以将验证数据分为两部分。代码如下所示。

```
import datasets
from datasets import load_dataset
stsb_train = load_dataset('glue','stsb', split = "train")
stsb_validation = load_dataset('glue','stsb', split = "validation")
stsb_validation = stsb_validation.shuffle(seed = 42)
stsb_val = datasets.Dataset.from_dict(stsb_validation[:750])
stsb_test = datasets.Dataset.from_dict(stsb_validation[750:])
```

(2)使用 pandas 封装 stsb_train 训练数据,使其更加整洁。

```
pd.DataFrame(stsb_train)
```

STS-B 训练数据集如图 5-9 所示。

(3)运行以下代码,检查 3 个数据集的形状。

```
stsb_train.shape, stsb_val.shape, stsb_test.shape
((5749, 4), (750, 4), (750, 4))
```

(4)运行以下代码,对数据集进行分词。

```
enc_train = stsb_train.map(lambda e: tokenizer(
e['sentence1'],e['sentence2'], padding = True,
```

---

① 原著此处有误,译者通过查看源码做了修正,应该是 from_pretrained。——译者注
② 原著此处有误,译者通过查看源码做了修正,应该是 from_pretrained。——译者注
③ 原著此处有误,译者通过查看源码做了修正,应该是 from_pretrained。——译者注

	idx	label	sentence1	sentence2
0	0	5.00	A plane is taking off.	An air plane is taking off.
1	1	3.80	A man is playing a large flute.	A man is playing a flute.
2	2	3.80	A man is spreading shreded cheese on a pizza.	A man is spreading shredded cheese on an uncoo...
3	3	2.60	Three men are playing chess.	Two men are playing chess.
4	4	4.25	A man is playing the cello.	A man seated is playing the cello.
...	...	...	...	...
5744	5744	0.00	Severe Gales As Storm Clodagh Hits Britain	Merkel pledges NATO solidarity with Latvia
5745	5745	0.00	Dozens of Egyptians hostages taken by Libyan t...	Egyptian boat crash death toll rises as more b...
5746	5746	0.00	President heading to Bahrain	President Xi: China to continue help to fight ...
5747	5747	0.00	China, India vow to further bilateral ties	China Scrambles to Reassure Jittery Stock Traders
5748	5748	0.00	Putin spokesman: Doping charges appear unfounded	The Latest on Severe Weather: 1 Dead in Texas ...

5749 rows × 4 columns

图 5－9　STS－B 训练数据集

```
truncation=True), batched=True, batch_size=1000)
enc_val = stsb_val.map(lambda e: tokenizer(
e['sentence1'],e['sentence2'], padding=True,
truncation=True), batched=True, batch_size=1000)
enc_test = stsb_test.map(lambda e: tokenizer(
e['sentence1'],e['sentence2'], padding=True,
truncation=True), batched=True, batch_size=1000)
```

（5）分词器将两个句子与［SEP］分隔符合并，并为一个句子对生成单个 input_ids 和一个 attention_mask。代码如下所示。

```
pd.DataFrame(enc_train)
```

输出结果如图 5－10 所示。

	attention_mask	idx	input_ids	label	sentence1	sentence2
0	[1, 1, 1, 1, 1, 1, 1, 1, 1, 1, 1, 1, 1, 1, 1, ...	0	[101, 1037, 4946, 2003, 2635, 2125, 1012, 102,...	5.00	A plane is taking off.	An air plane is taking off.
1	[1, 1, 1, 1, 1, 1, 1, 1, 1, 1, 1, 1, 1, 1, 1, ...	1	[101, 1037, 2158, 2003, 2652, 1037, 2312, 8928...	3.80	A man is playing a large flute.	A man is playing a flute.
2	[1, 1, 1, 1, 1, 1, 1, 1, 1, 1, 1, 1, 1, 1, 1, ...	2	[101, 1037, 2158, 2003, 9359, 14021, 5596, 209...	3.80	A man is spreading shreded cheese on a pizza.	A man is spreading shredded cheese on an uncoo...
3	[1, 1, 1, 1, 1, 1, 1, 1, 1, 1, 1, 1, 1, 1, 1, ...	3	[101, 2093, 2273, 2024, 2652, 7433, 1012, 102,...	2.60	Three men are playing chess.	Two men are playing chess.
4	[1, 1, 1, 1, 1, 1, 1, 1, 1, 1, 1, 1, 1, 1, 1, ...	4	[101, 1037, 2158, 2003, 2652, 1996, 10145, 101...	4.25	A man is playing the cello.	A man seated is playing the cello.
...	...	...	...	...	...	...
5744	[1, 1, 1, 1, 1, 1, 1, 1, 1, 1, 1, 1, 1, 1, 1, ...	5744	[101, 5729, 14554, 2015, 2004, 4040, 18856, 13...	0.00	Severe Gales As Storm Clodagh Hits Britain	Merkel pledges NATO solidarity with Latvia
5745	[1, 1, 1, 1, 1, 1, 1, 1, 1, 1, 1, 1, 1, 1, 1, ...	5745	[101, 9877, 1997, 23437, 19323, 2579, 2011, 19...	0.00	Dozens of Egyptians hostages taken by Libyan t...	Egyptian boat crash death toll rises as more b...
5746	[1, 1, 1, 1, 1, 1, 1, 1, 1, 1, 1, 1, 1, 1, 1, ...	5746	[101, 2343, 5825, 2000, 15195, 102, 2343, 8418...	0.00	President heading to Bahrain	President Xi: China to continue help to fight ...
5747	[1, 1, 1, 1, 1, 1, 1, 1, 1, 1, 1, 1, 1, 1, 1, ...	5747	[101, 2859, 1010, 2634, 19076, 2000, 2582, 177...	0.00	China, India vow to further bilateral ties	China Scrambles to Reassure Jittery Stock Traders
5748	[1, 1, 1, 1, 1, 1, 1, 1, 1, 1, 1, 1, 1, 1, 1, ...	5748	[101, 22072, 14056, 1024, 23799, 5571, 3711, 4...	0.00	Putin spokesman: Doping charges appear unfounded	The Latest on Severe Weather: 1 Dead in Texas ...

5749 rows × 6 columns

图 5－10　编码后的训练数据集

与其他实验类似，本节在 TrainingArguments 类和 Trainer 类中遵循几乎相同的方案。实现代码如下所示。

```
from transformers import TrainingArguments, Trainer
```

```
training_args = TrainingArguments(
    output_dir='./stsb-model',
    do_train=True,
    do_eval=True,
    num_train_epochs=3,
    per_device_train_batch_size=32,
    per_device_eval_batch_size=64,
    warmup_steps=100,
    weight_decay=0.01,
    logging_strategy='steps',
    logging_dir='./logs',
    logging_steps=50,
    evaluation_strategy="steps",
    save_strategy="epoch",
    fp16=True,
    load_best_model_at_end=True
)
```

（6）当前回归任务和以前分类任务之间的另一个重要区别是对 compute_metrics( ) 函数的设计。此处所使用的评估指标将基于皮尔逊相关系数（Pearson Correlation Coefficient）和斯皮尔曼等级相关性（Spearman's Rank Correlation），遵循相关文献中提供的常见做法。本节还提供了常用的（尤其是针对回归模型）均方误差（Mean Squared Error, MSE）、均方根误差（Root Mean Square Error, RMSE）和平均绝对误差（Mean Absolute Error, MAE）度量指标。

```
import numpy as np
from scipy.stats import pearsonr
from scipy.stats import spearmanr
def compute_metrics(pred):
    preds = np.squeeze(pred.predictions)
    return {"MSE": ((preds - pred.label_ids) ** 2).mean().item(),
            "RMSE": (np.sqrt (( (preds - pred.label_ids) ** 2).mean())).item(),
            "MAE": (np.abs(preds - pred.label_ids)).mean().item(),
            "Pearson" : pearsonr(preds,pred.label_ids)[0],
            "Spearman's Rank":spearmanr(preds,pred.label_ids)[0]
            }
```

（7）使用以下代码实例化 Trainer 对象。

```
trainer = Trainer(
        model=model,
        args=training_args,
        train_dataset=enc_train,
        eval_dataset=enc_val,
```

```
            compute_metrics = compute_metrics,
            tokenizer = tokenizer
)
```

执行训练，代码如下所示。

```
train_result = trainer.train()
```

训练结果如图 5-11 所示。

Step	Training Loss	Validation Loss	Mse	Rmse	Mae	Pearson	Spearman's rank	Runtime	Samples Per Second
50	4.973200	2.242550	2.242550	1.497515	1.261815	0.140489	0.138228	0.943900	794.538000
100	1.447300	0.801587	0.801587	0.895314	0.735321	0.808588	0.809430	0.933300	803.602000
150	0.940400	0.693730	0.693730	0.832904	0.675787	0.843234	0.842421	0.930700	805.838000
200	0.736300	0.679696	0.679696	0.824437	0.662136	0.846722	0.843393	0.934700	802.407000
250	0.585400	0.590002	0.590002	0.768116	0.618677	0.859470	0.854824	0.931600	805.067000
300	0.513800	0.584674	0.584674	0.764640	0.610141	0.861033	0.856779	0.942900	795.438000
350	0.488000	0.604512	0.604512	0.777504	0.611338	0.865844	0.861726	0.939600	798.174000
400	0.362900	0.555219	0.555219	0.745130	0.582900	0.868366	0.863372	0.938200	799.379000
450	0.298500	0.544973	0.544973	0.738223	0.576751	0.868145	0.864209	0.938200	799.407000
500	0.270100	0.546966	0.546966	0.739571	0.575326	0.867538	0.864035	0.941900	796.240000

图 5-11 文本回归的训练结果

（8）在步骤 450 计算的最佳验证损失为 0.544 973。接下来，在该步骤中评估最佳检查点模型。代码如下所示。

```
q =[trainer.evaluate(eval_dataset = data) for data in [enc_train, enc_val, enc_test]]
    pd.DataFrame(q, index =["train","val","test"]).iloc[:,:5]
```

输出结果如图 5-12 所示。

	eval_loss	eval_MSE	eval_RMSE	eval_MAE	eval_Pearson	eval_Spearman's Rank
train	0.232471	0.232471	0.482152	0.372915	0.944844	0.935578
val	0.544973	0.544973	0.738223	0.576751	0.868145	0.864209
test	0.537752	0.537752	0.733316	0.567489	0.875409	0.872858

图 5-12 训练/验证/测试数据集上的回归性能

在测试数据集上，皮尔逊相关分数和斯皮尔曼相关分数的值分别约为 87.54 和 87.28。虽然没有得到 SoTA 结果，但确实得到了基于通用语言理解评估（GLUE）基准排行榜的语义文本相似性基准测试（STS-B）任务的可比结果。

（9）现在已经准备好，可以运行模型进行推断。通过以下代码将两个意思相同的句子传递给模型。

```
s1,s2 = "A plane is taking off.","An air plane is taking off."
encoding = tokenizer(s1,s2, return_tensors='pt',
padding = True, truncation = True, max_length = 512)
input_ids = encoding['input_ids'].to(device)
attention_mask = encoding['attention_mask'].to(device)
outputs = model(input_ids, attention_mask = attention_mask)
outputs.logits.item()
OUTPUT: 4.033723831176758
```

（10）以下代码使用否定句子对，这意味着这些句子在语义上是不同的。

```
s1,s2 = "The men are playing soccer.","A man is riding a motorcycle."
encoding = tokenizer("hey how are you there","hey how are you",
return_tensors ='pt', padding = True, truncation = True, max_length = 512)
input_ids = encoding['input_ids'].to(device)
attention_mask = encoding['attention_mask'].to(device)
outputs = model(input_ids, attention_mask = attention_mask)
outputs.logits.item()
OUTPUT: 2.3579328060150146
```

（11）运行以下代码保存模型。

```
model_path = "sentence-pair-regression-model"
trainer.save_model(model_path)
tokenizer.save_pretrained①(model_path)
```

非常棒，读者可以祝贺一下自己，因为读者已经成功地完成了3项任务：情感分析、多类别分类和句子对回归。

5.7 使用 run_glue.py 对模型进行微调

到目前为止，本章使用原生 PyTorch 和 Trainer 类从零开始设计了一个微调架构。Hugging Face 社区还提供了另一个名为"run_glue.py"的强大脚本，用于语义文本相似性基准测试 GLUE 和类似 GLUE 的分类下游任务。该脚本可以为用户处理和组织整个训练过程和验证过程。如果用户想快速构建原型，那么应该使用这个脚本。该脚本可以对 Hugging Face hub 上任何预训练的模型进行微调。用户也可以把自己的数据以任何格式提供给这个脚本。

读者可以访问以下链接以获取该脚本并了解其更多的信息：
https://github.com/huggingface/transformers/tree/master/examples。
该脚本可以执行9种不同的语义文本相似性基准测试任务。有了这个脚本，就可以

---

① 原著此处有误,译者通过查看源码做了修正,应该是 save_pretrained。——译者注

完成迄今为止在 Trainer 类中所做的一切。任务名称可以是以下语义文本相似性基准测试任务之一：cola、sst2、mrpc、stsb、qqp、mnli、qnli、rte 或 wnli。

以下是用于对模型进行微调的脚本方案。

```
export TASK_NAME = "My-Task-Name"
python run_glue.py \
  --model_name_or_path bert-base-cased \
  --task_name $TASK_NAME \
  --do_train \ --do_eval \
  --max_seq_length 128 \
  --per_device_train_batch_size 32 \
  --learning_rate 2e-5 \
  --num_train_epochs 3 \
  --output_dir /tmp/$TASK_NAME/
```

社区提供了另一个名为"run_glue_no_trainer.py"的脚本。原始脚本与此脚本之间的主要区别在于，此 no-trainer 脚本为用户提供了更多机会来更改优化器的选项，或者添加用户想要执行的任何定制。

5.8　本章小结

本章讨论了如何为文本分类下游任务微调预训练的模型，使用情感分析、多类别分类和句子对分类（更具体地说，是句子对回归）对模型进行了微调，使用了一个著名的 IMDb 数据集和自己的定制数据集来训练这些模型。虽然使用了 Trainer 类应对训练过程和微调过程的复杂性，但读者也学习了如何使用原生库从零开始训练，以理解 Transformers 库的前向传播和反向传播。综上所述，本章讨论并执行了以下几种微调：使用 Trainer 的单句分类微调、没有使用 Trainer 的原生 PyTorch 情感分类微调、单句多类别分类微调和句子对回归微调。

在下一章中，读者将学习如何对一个预训练好的模型进行微调，以用于标记分类下游任务，如 POS 或 NER。

第 6 章
微调标记分类语言模型

在本章中，读者将学习如何对标记分类（token classification）语言模型进行微调。本章探讨命名实体识别、词性标注和问题回答系统等任务。读者将学习如何在这些任务中对特定的语言模型进行微调。与其他语言模型相比，本章更多地关注 BERT。读者将学习如何使用 BERT 实现词性标注、命名实体识别和问题回答系统；熟悉这些任务的理论细节，例如，这些任务各自的数据集以及如何处理数据集。完成本章的学习之后，读者将能够使用 Transformers 执行所有的标记分类任务。

本章将为以下任务对 BERT 进行微调：为标记分类问题（如命名实体识别和词性标注）微调 BERT，为命名实体识别问题微调语言模型，并将问题回答系统这一问题视为开始/停止标记分类任务。

本章将介绍以下主题。

（1）标记分类概述。
（2）微调语言模型以适用于命名实体识别任务。
（3）基于标记分类的问题回答系统。

6.1 技术需求

本章使用 Jupyter Notebook 运行编码练习，要求安装 Python 3.6 或以上的版本，还必须确保安装以下软件包。

（1）sklearn；
（2）Transformer（不低于 4.0.0 版本）；
（3）Datasets；
（4）seqeval。

可以通过以下 GitHub 链接获得本章中所有编码练习的 Jupyter Notebook：
https://github.com/PacktPublishing/Mastering-Transformers/tree/main/CH06。

6.2 标记分类概述

对标记序列中的每个标记进行分类的任务称为标记分类。此任务要求特定模型必须能够将每个标记分类为一个类。词性标注和命名实体识别是这个标准下最著名的两个任务。然而，问题回答系统也是另一个适合这一类别的主要自然语言处理任务。本章讨论这 3 项任务的基础知识。

6.2.1　理解命名实体识别

标记分类类别中的一个众所周知的任务是命名实体识别，即识别每个标记是否为实体，并识别每个检测到的实体所属的类型。例如，文本可以同时包含多个实体，包括人名、位置、组织以及其他类型的实体。以下文本是命名实体识别的一个明确示例。

George Washington is one the presidents of the United States of America.

George Washington（乔治·华盛顿）是人名，而 the United States of America（美利坚合众国）是地名。序列标记模型期望以标签的形式标记每个单词，每个标签包含关于标记的信息。BIO 标签［B – begin（开始）、I – inside（内部）、O – outside（外部）］是标准命名实体识别任务中普遍使用的标签。

表 6 – 1 列出了 BIO 标签及其说明。

表 6 – 1　BIO 标签及其说明

标签	说明
O	实体的外部
B – PER	开始人名实体
I – PER	人名实体的内部
B – LOC	开始地名实体
I – LOC	地名实体的内部
B – ORG	开始组织实体
I – ORG	组织实体的内部
B – MISC	开始其他实体
I – MISC	其他实体的内部

从表 6 – 1 中可以看出，B 表示标签的开始；I 表示标签的内部；O 表示实体的外部。这就是这种类型的标注被称为 BIO 的原因。例如，可以使用 BIO 对前面显示的句子进行标注。

[B – PER |George] [I – PER |Washington] [O |is] [O |one] [O |the]
[O |presidents] [O |of] [B – LOC |United] [I – LOC |States] [I – LOC |of]
[I – LOC |America] [O |.]

因此，序列必须以 BIO 格式标记。CONLL2003 数据集的格式如图 6 – 1 所示。

```
SOCCER NN B-NP O
- : O O
JAPAN NNP B-NP B-LOC
GET VB B-VP O
LUCKY NNP B-NP O
WIN NNP I-NP O
, , O O
CHINA NNP B-NP B-PER
IN IN B-PP O
SURPRISE DT B-NP O
DEFEAT NN I-NP O
. . O O

Nadim NNP B-NP B-PER
Ladki NNP I-NP I-PER

AL-AIN NNP B-NP B-LOC
, , O O
United NNP B-NP B-LOC
Arab NNP I-NP I-LOC
Emirates NNPS I-NP I-LOC
1996-12-06 CD I-NP O
```

图6-1　CONLL2003 数据集的格式

除了看到的命名实体识别标签外，此数据集中还包含词性标注标签。

6.2.2　理解词性标注

词性标注（或者称为语法标注），是指在给定的文本中，根据词性来标注单词。举个简单的例子，在一个给定的文本中，识别每个单词的角色属于名词、形容词、副词和动词中的哪个类别，这被认为是识别单词的词性。然而，从语言学的角度来看，除了这四种词性之外，还有许多其他的角色。

在有词性标注标签的情况下，存在一些变化，但宾州树库（Penn Treebank）词性标注标签集是最著名的标签集之一。

图6-2 所示为宾州树库词性标注的标签及其说明。

词性标注标签的标注（见图6-1）在特定自然语言处理应用程序中非常有用，并且是许多其他方法的构建块之一。Transformer 和许多先进的模型可以在某种程度上理解其复杂架构中单词之间的关系。

6.2.3　理解问题回答系统

问题回答（或者称为阅读理解）任务包括一组阅读理解文本，其中包含相应的问题。此范围内的示例性数据集是斯坦福问题回答数据集（Stanford Question Answering Dataset，SQuAD）。该数据集由维基百科文本和相关问题组成。与问题相关的答案以原始维基百科文本的片段形式给出。

图6-3 所示是该数据集的一个样例。

1.	CC	Coordinating conjunction	25.	TO	to
2.	CD	Cardinal number	26.	UH	Interjection
3.	DT	Determiner	27.	VB	Verb, base form
4.	EX	Existential *there*	28.	VBD	Verb, past tense
5.	FW	Foreign word	29.	VBG	Verb, gerund/present participle
6.	IN	Preposition/subordinating conjunction	30.	VBN	Verb, past participle
7.	JJ	Adjective	31.	VBP	Verb, non-3rd ps. sing. present
8.	JJR	Adjective, comparative	32.	VBZ	Verb, 3rd ps. sing. present
9.	JJS	Adjective, superlative	33.	WDT	*wh*-determiner
10.	LS	List item marker	34.	WP	*wh*-pronoun
11.	MD	Modal	35.	WP$	Possessive *wh*-pronoun
12.	NN	Noun, singular or mass	36.	WRB	*wh*-adverb
13.	NNS	Noun, plural	37.	#	Pound sign
14.	NNP	Proper noun, singular	38.	$	Dollar sign
15.	NNPS	Proper noun, plural	39.	.	Sentence-final punctuation
16.	PDT	Predeterminer	40.	,	Comma
17.	POS	Possessive ending	41.	:	Colon, semi-colon
18.	PRP	Personal pronoun	42.	(	Left bracket character
19.	PP$	Possessive pronoun	43.	)	Right bracket character
20.	RB	Adverb	44.	"	Straight double quote
21.	RBR	Adverb, comparative	45.	'	Left open single quote
22.	RBS	Adverb, superlative	46.	"	Left open double quote
23.	RP	Particle	47.	'	Right close single quote
24.	SYM	Symbol (mathematical or scientific)	48.	"	Right close double quote

图 6-2 宾州树库词性标注的标签及其说明

Article: Endangered Species Act
Paragraph: "...Other legislation followed, including the Migratory Bird Conservation Act of 1929, a 1937 treaty prohibiting the hunting of right and gray whales, and the Bald Eagle Protection Act of 1940. These later laws had a low cost to society—the species were relatively rare—and little opposition was raised."

Question 1: "Which laws faced significant opposition?"
Plausible Answer: later laws

Question 2: "What was the name of the 1937 treaty?"
Plausible Answer: Bald Eagle Protection Act

图 6-3 SQuAD 数据集样例

突出显示的部分是答案,每个问题的重要部分也进行了突出显示。一个好的自然语言处理模型需要根据问题对文本进行划分,这种划分可以通过序列标签的形式完成。模型将划分的起点和终点标记为答案的起点和终点部分。

到目前为止,读者学习了有关现代自然语言处理序列标记任务(如问题回答系统、命名实体识别和词性标注)的基础知识。在下一节中,读者将学习如何对 BERT 模型进行微调以适用于这些特定任务,并使用 datasets 库中的相关数据集。

6.3 微调语言模型以适用于命名实体识别任务

在本节中,读者将学习如何对 BERT 模型进行微调以适用于命名实体识别任务。首先从 datasets 库开始,加载 CONLL2003 数据集。

可以通过以下网址访问数据集卡片：https://huggingface.co/datasets/conll2003。图 6-4 所示的屏幕截图显示了 Hugging Face 网站上的 CONLL2003 数据集。

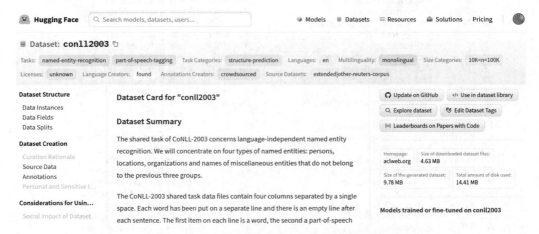

图 6-4　Hugging Face 网站上的 CONLL2003 数据集

从图 6-4 所示的屏幕截图可以看出，在这个数据集上训练的且当前可用的模型列举在右侧的面板中。网页上还包含数据集的描述，如数据集的大小和特征。

（1）为了加载数据集，请使用以下命令。

```
import datasets
conll2003 = datasets.load_dataset("conll2003")
```

在执行命令后，将出现下载进度条，当完成下载和缓存后，数据集就准备就绪。图 6-5 所示的屏幕截图显示了进度条。

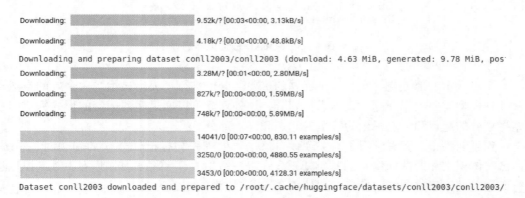

图 6-5　下载和准备数据集

（2）使用以下命令访问训练样本，以快速检查数据集。

```
>>> conll2003["train"][0]
```

输出结果如图 6-6 所示。

```
{'chunk_tags': [11, 21, 11, 12, 21, 22, 11, 12, 0],
 'id': '0',
 'ner_tags': [3, 0, 7, 0, 0, 0, 7, 0, 0],
 'pos_tags': [22, 42, 16, 21, 35, 37, 16, 21, 7],
 'tokens': ['EU',
  'rejects',
  'German',
  'call',
  'to',
  'boycott',
  'British',
  'lamb',
  '.']}
```

图 6-6　datasets 库中的 CONLL2003 训练样本

（3）词性标注和命名实体识别的相应标签显示在前面的屏幕截图中。此处仅使用命名实体识别标记。可以使用以下命令获取此数据集中可用的命名实体识别标记。

```
>>> conll2003["train"].features["ner_tags"]
```

（4）结果如图 6-7 所示。其中显示了所有的 BIO 标签，共有 9 个标签。

```
>>> Sequence(feature=ClassLabel(num_classes=9,
names=['O','B-PER','I-PER','B-ORG','I-ORG','B-LOC',
'I-LOC','B-MISC','I-MISC'], names_file=None, id=None),
length=-1, id=None)
```

（5）加载 BERT 分词器。

```
from transformers import BertTokenizerFast
tokenizer = BertTokenizerFast.from_pretrained("bert-base-uncased")
```

（6）分词器类也可以处理空白标记化句子。需要启用分词器来处理空白标记化句子，因为命名实体识别任务对每个标记都有一个基于标记的标签。此任务中的标记通常是空白标记字，而不是字节对编码或任何其他分词器标记。根据上面的阐述，接下来看一看如何将分词器与空白标记化句子一起使用。

```
>>> tokenizer(["Oh","this","sentence","is","tokenized","and",
"splitted","by","spaces"], is_split_into_words=True)
```

正如所见，只需将 is_split_into_words 设置为 True，问题就解决了。

（7）在使用数据进行训练之前，需要对数据进行预处理。为此，必须使用以下函数并映射到整个数据集。

```
def tokenize_and_align_labels(examples):
    tokenized_inputs = tokenizer(examples["tokens"],
              truncation=True, is_split_into_words=True)
```

```
        labels = []
        for i, label in enumerate(examples["ner_tags"]):
            word_ids = tokenized_inputs.word_ids(batch_index = i)
            previous_word_idx = None
            label_ids = []
            for word_idx in word_ids:
                if word_idx is None:
                    label_ids.append(-100)
                elif word_idx != previous_word_idx:
                    label_ids.append(label[word_idx])
                else:
                    label_ids.append(label[word_idx] if label_all_tokens
                        else -100)
                previous_word_idx = word_idx
    labels.append(label_ids)
tokenized_inputs["labels"] = labels
return tokenized_inputs
```

（8）以上函数将确保标记和标签正确对齐。这种对齐是必需的，因为标记是分若干块进行标记的，但是单词必须位于一个块中。为了测试并查看此函数的工作方式，可以向该函数提供单个示例来运行函数。

```
q = tokenize_and_align_labels(conll2003['train'][4:5])
print(q)
```

结果如下所示。

```
>>> {'input_ids': [[101, 2762, 1005, 1055, 4387, 2000,
1996, 2647, 2586, 1005, 1055, 15651, 2837, 14121, 1062,
9328, 5804, 2056, 2006, 9317, 10390, 2323, 4965, 8351,
4168, 4017, 2013, 3032, 2060, 2084, 3725, 2127, 1996,
4045, 6040, 2001, 24509, 1012, 102]], 'token_type_ids':
[[0, 0, 0, 0, 0, 0, 0, 0, 0, 0, 0, 0, 0, 0, 0, 0, 0, 0,
0, 0, 0, 0, 0, 0, 0, 0, 0, 0, 0, 0, 0, 0, 0, 0, 0, 0,
0, 0]], 'attention_mask': [[1, 1, 1, 1, 1, 1, 1, 1, 1, 1,
1, 1, 1, 1, 1, 1, 1, 1, 1, 1, 1, 1, 1, 1, 1, 1, 1, 1,
1, 1, 1, 1, 1, 1, 1, 1, 1, 1, 1]], 'labels': [[-100, 5, 0,
-100, 0, 0, 0, 3, 4, 0, -100, 0, 0, 1, 2, -100, -100, 0,
0, 0, 0, 0, 0, 0, -100, -100, 0, 0, 0, 0, 5, 0, 0, 0, 0,
0, 0, 0, -100]]}
```

（9）但是结果的可读性很差，因此可以运行以下代码以获得可读性较好的版本。

```
for token, label in zip(tokenizer.convert_ids_to_tokens(q["input_ids"])
[0]),q["labels"][0]):
    print(f"{token:_<40} {label}")
```

结果如图6-7所示。

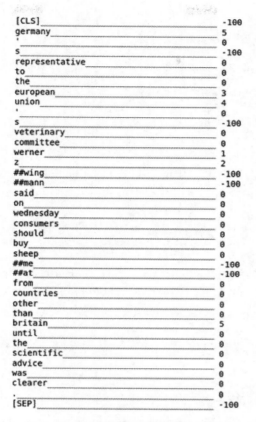

图 6-7 分词和对齐函数的运行结果

(10) 使用 datasets 库的 map() 函数将此函数映射到数据集。

```
>>> tokenized_datasets = conll2003.map( \①
            tokenize_and_align_labels, batched = True)
```

(11) 使用相应数量的标签加载 BERT 模型。

```
from transformers import ②AutoModelForTokenClassification
model = AutoModelForTokenClassification.from_
pretrained("bert - base - uncased", num_labels = 9)
```

(12) 模型已经被加载,并准备好接受训练。首先必须准备 Trainer 和 TrainingArguments。

```
from transformers import TrainingArguments, Trainer
args = TrainingArguments(
```

---

① 原著此处误用换行符,译者做了适当的调整。——译者注
② 原著此处误用换行符,译者做了适当的调整。——译者注

```
    "test-ner",
    evaluation_strategy = "epoch",
    learning_rate = 2e-5,
    per_device_train_batch_size = 16,
    per_device_eval_batch_size = 16,
    num_train_epochs = 3,
    weight_decay = 0.01,
)
```

(13) 需要准备数据校对器(data collator)。在训练数据集上应用批处理操作,以使用更少的内存并更快地执行。可以按以下方式进行操作。

```
from transformers import DataCollatorForTokenClassification
data_collator = DataCollatorForTokenClassification(tokenizer)
```

(14) 为了能够评估模型性能,Hugging Face 的 datasets 库中为许多任务提供了可用的度量指标。此处使用命名实体识别的序列评估度量指标。seqeval 是一个很好的 Python 框架,用于评估序列标记算法和模型。首先必须安装 seqeval 库。

```
pip install seqeval
```

(15) 加载度量指标。

```
>>> metric = datasets.load_metric("seqeval")
```

(16) 使用以下代码,可以很容易地了解度量指标的工作原理。

```
example = conll2003['train'][0]
label_list = conll2003["train"]①.features["ner_tags"].feature.names
labels = [label_list[i] for i in example["ner_tags"]]
metric.compute(predictions = [labels], references = [labels])
```

输出结果如图 6-8 所示。

```
{'MISC': {'f1': 1.0, 'number': 2, 'precision': 1.0, 'recall': 1.0},
 'ORG': {'f1': 1.0, 'number': 1, 'precision': 1.0, 'recall': 1.0},
 'overall_accuracy': 1.0,
 'overall_f1': 1.0,
 'overall_precision': 1.0,
 'overall_recall': 1.0}
```

图 6-8 seqeval 度量指标的输出结果

可以为样本输入计算各种度量指标,如准确率、F1、精度和召回率。

(17) 以下函数用于计算度量指标。

---

① 原著此处误用换行符,译者做了适当的调整。——译者注

```
import numpy as np
def ①compute_metrics(p):
    predictions, labels = p
    predictions = np.argmax(predictions, axis=2)
    true_predictions = [[label_list[p] for (p, l) in zip(prediction, label) if l!=-100]
    for prediction, label in zip(predictions, labels)]
    true_labels = [[label_list[l] for (p, l) in zip(prediction, label) if l!=-100]
    for prediction, label in zip(predictions, labels)]
    results = metric.compute(predictions=true_predictions, references=true_labels)
    return {
        "precision": results["overall_precision"],
        "recall": results["overall_recall"],
        "f1": results["overall_f1"],
        "accuracy": results["overall_accuracy"],
    }
```

(18) 创建 Trainer 对象，并对其进行相应的训练。

```
trainer = Trainer(
    model,
    args,
    train_dataset=tokenized_datasets["train"],
    eval_dataset=tokenized_datasets["validation"],
    data_collator=data_collator,
    tokenizer=tokenizer,
    compute_metrics=compute_metrics
)
trainer.train()
```

(19) 运行 Trainer 对象的 train() 方法之后，结果如图 6-9 所示。

Epoch	Training Loss	Validation Loss	Precision	Recall	F1	Accuracy	Runtime	Samples Per Second
1	0.035800	0.043440	0.937072	0.944800	0.940920	0.988454	17.061700	190.486000
2	0.019100	0.043591	0.939359	0.951531	0.945406	0.989311	16.797100	193.486000
3	0.014500	0.043591	0.939359	0.951531	0.945406	0.989311	16.790100	193.567000

图 6-9　运行 train() 方法之后的 Trainer 结果

(20) 训练之后需要保存模型和分词器。

```
model.save_pretrained("ner_model")
```

---

① 原著此处有误，def() 函数定义必须换行。——译者注

```
tokenizer.save_pretrained("tokenizer")
```

（21）如果希望将模型与管道一起使用，则必须读取配置文件，并根据在 label_list 对象中使用的标签正确分配 label2id 和 id2label。

```
id2label = {
    str(i): label for i,label in enumerate(label_list)
}
label2id = {
    label: str(i) for i,label in enumerate(label_list)
}
import json
config = json.load(open("ner_model/config.json"))
config["id2label"] = id2label
config["label2id"] = label2id
json.dump(config, open("ner_model/config.json","w"))
```

（22）使用模型，示例代码如下所示。

```
from transformers import pipeline
model = AutoModelForTokenClassification.from_pretrained("ner_model")①
nlp = pipeline("ner", model=mmodel, tokenizer=tokenizer)
example = "I live in Istanbul"
ner_results = nlp(example)
print(ner_results)
```

结果如下所示。

```
[{'entity':'B-LOC','score':0.9983942,'index': 4,
'word':'istanbul','start': 10,'end': 18}]
```

到目前为止，本节介绍了如何使用 BERT 实现词性标注，阐述了如何使用 Transformer 训练自己的词性标记模型，并且测试了该模型。下一节将重点讨论问题回答系统。

6.4 基于标记分类的问题回答系统

问题回答系统问题通常被定义为自然语言处理问题，为人工智能提供给定的文本和问题，并得到与问题相关的回复。通常，这个答案可以在原文中找到，解决这个问题有不同的方法。在视觉问题回答（Visual Question Answering，VQA）系统中，问题是关于视觉实体或视觉概念，而不是文本，但问题本身是文本形式。

---

① 原著此处误用换行符,译者做了适当的调整。——译者注

视觉问题回答系统示例如图 6-10 所示。

图 6-10 视觉问题回答系统示例

视觉问题回答系统中使用的大多数模型都是多模态模型,可以理解问题的视觉背景并正确生成答案。然而,单模态完全文本问题回答系统或问题回答系统仅基于文本上下文和文本问题,并有各自的文本答案。

(1) SQuAD 是问题回答领域最著名的数据集之一。为了查看 SQuAD 数据集的样例并检查这些样例,可以使用以下代码。

```
from pprint import pprint
from datasets import load_dataset
squad = load_dataset("squad")
for item in squad["train"][1].items():
    print(item[0])
    pprint(item[1])
    print(" = "*20)
```

结果如下所示。

```
answers
{'answer_start': [188],'text': ['a copper statue of
Christ']}
====================
Context
('Architecturally, the school has a Catholic character.
Atop the Main' "Building's gold dome is a golden statue
of the Virgin Mary. Immediately in "'front of the Main
Building and facing it, is a copper statue of Christ with
''arms upraised with the legend "Venite Ad Me Omnes".
Next to the Main ''Building is the Basilica of the
Sacred Heart. Immediately behind the''basilica is the
Grotto, a Marian place of prayer and reflection. It is
a''replica of the grotto at Lourdes, France where the
```

```
Virgin Mary reputedly ''appeared to Saint Bernadette
Soubirous in 1858. At the end of the main drive ''(and
in a direct line that connects through 3 statues and
the Gold Dome), is ''a simple, modern stone statue of
Mary.')
====================
Id
'5733be284776f4190066117f'
====================
Question
'What is in front of the Notre Dame Main Building?'
====================
Title
'University_of_Notre_Dame'
====================
```

然而，存在第二版的 SQuAD 数据集，其中包含更多的训练样本，强烈建议使用第二版的 SQuAD 数据集。为了全面了解如何为问题回答系统问题训练模型，本节重点关注此问题的当前部分。

（2）导入第二版的 SQuAD 数据集，代码如下所示。

```
from datasets import load_dataset
squad = load_dataset("squad_v2")
```

（3）加载 SQuAD 数据集后，可以使用以下代码查看此数据集的详细信息。

```
>>> squad
```

结果如图 6-11 所示。

```
DatasetDict({
    train: Dataset({
        features: ['id', 'title', 'context', 'question', 'answers'],
        num_rows: 130319
    })
    validation: Dataset({
        features: ['id', 'title', 'context', 'question', 'answers'],
        num_rows: 11873
    })
})
```

图 6-11 SQuAD 数据集（第二版）的详细信息

在图 6-11 中，SQuAD 数据集包含 130 000 多个训练样本和 11 000 多个验证样本。

（4）与命名实体识别的训练过程相同，必须对数据进行预处理，以获得模型使用的正确形式。为此，必须首先加载分词器，这是一个预训练的分词器，并且使用的是预训练模型，同时希望针对问题回答系统问题对其进行微调。

```
from transformers import AutoTokenizer
model = "distilbert-base-uncased"
```

```
tokenizer = AutoTokenizer.from_pretrained(model)
```

如上面的代码所示,此处使用DistilBERT模型。

根据SQuAD样例,需要为模型提供多个文本,一个用于问题,一个用于上下文。因此,需要分词器将这两个标记并排放置,并使用特殊的[SEP]标记将这两个标记分开,因为DistilBERT是基于BERT的模型。

问题回答系统范围中还存在另一个问题,即上下文的大小。上下文的大小可以超过模型输入的大小,但不能将其减小到模型所能接收的大小。对于其他问题,用户可以这样做,但是在问题回答系统中,答案可能位于截断部分。本节将展示一个使用文档步幅(document stride)解决此问题的示例。

(5)下面是一个演示如何使用分词器的示例。

```
max_length = 384
doc_stride = 128
example = squad["train"][173]
tokenized_example = tokenizer(
    example["question"],
    example["context"],
    max_length=max_length,
    truncation="only_second",
    return_overflowing_tokens=True,
    stride=doc_stride
)
```

(6)stride是用于返回第二部分步幅的文档步幅,类似窗口,而return_overflowing_tokens指示模型是否应返回额外标记。tokenized_example的结果不仅是一个标记化的输出,还有两个输入ID。在以下内容中,可以看到如下结果。

```
>>> len(tokenized_example['input_ids'])
>>> 2
```

(7)运行以下for循环代码,可以看到完整的结果。

```
for input_ids in tokenized_example["input_ids"][:2]:
    print(tokenizer.decode(input_ids))
    print("-"*50)
```

结果如下所示。

```
[CLS] beyonce got married in 2008 to whom? [SEP] on april
4, 2008, beyonce married jay z. she publicly revealed
their marriage in a video montage at the listening party
for her third studio album, i am... sasha fierce, in
```

manhattan's sony club on october 22, 2008. i am... sasha fierce was released on november 18, 2008 in the united states. the album formally introduces beyonce's alter ego sasha fierce, conceived during the making of her 2003 single " crazy in love ", selling 482, 000 copies in its first week, debuting atop the billboard 200, and giving beyonce her third consecutive number - one album in the us. the album featured the number - one song " single ladies (put a ring on it) " and the top - five songs " if i were a boy " and " halo ". achieving the accomplishment of becoming her longest - running hot 100 single in her career, " halo " 's success in the us helped beyonce attain more top - ten singles on the list than any other woman during the 2000s. it also included the successful " sweet dreams ", and singles " diva ", " ego ", " broken - hearted girl " and " video phone ". the music video for " single ladies " has been parodied and imitated around the world, spawning the " first major dance craze " of the internet age according to the toronto star. the video has won several awards, including best video at the 2009 mtv europe music awards, the 2009 scottish mobo awards, and the 2009 bet awards. at the 2009 mtv video music awards, the video was nominated for nine awards, ultimately winning three including video of the year. its failure to win the best female video category, which went to american country pop singer taylor swift's " you belong with me ", led to kanye west interrupting the ceremony and beyonce [SEP]

[CLS] beyonce got married in 2008 to whom? [SEP] single ladies " has been parodied and imitated around the world, spawning the " first major dance craze " of the internet age according to the toronto star. the video has won several awards, including best video at the 2009 mtv europe music awards, the 2009 scottish mobo awards, and the 2009 bet awards. at the 2009 mtv video music awards, the video was nominated for nine awards, ultimately winning three including video of the year. its failure to win the best female video category, which went to american country pop singer taylor swift's " you belong with me ", led to kanye west interrupting the ceremony and beyonce improvising a re - presentation of swift's award during her own acceptance speech. in march 2009, beyonce embarked on the i am... world tour, her second headlining worldwide concert tour, consisting of 108 shows, grossing $ 119. 5 million. [SEP]

从上面的输出中可以看出，在 128 个标记窗口中，上下文的其余部分将在输入 ID 的第二个输出中再次被复制。

另一个问题是结束跨度的值，该值在数据集中不存在，但给出了答案的开始跨度或开始字符。很容易找到答案的长度并将其添加到开始跨度，这将自动生成结束跨度。

（8）现在已经了解了数据集的所有细节以及如何处理数据集，因此可以很容易地将以上内容组合在一起，形成一个预处理函数。

```
def prepare_train_features(examples):
    # 分词器示例
    tokenized_examples = tokenizer(
        examples["question" if pad_on_right else "context"],
        examples["context" if pad_on_right else "question"],
        truncation = "only_second" if pad_on_right else "only_first",
        max_length = max_length,
        stride = doc_stride,
        return_overflowing_tokens = True,
        return_offsets_mapping = True,
        padding = "max_length",
    )
    # 从特征到其样本的映射
    sample_mapping = \①
        tokenized_examples.pop("overflow_to_sample_mapping")
    offset_mapping = tokenized_examples.pop("offset_ mapping")②
    tokenized_examples["start_positions"] = []
    tokenized_examples["end_positions"] = []
    # 将不可能的答案标记为 CLS
    # 开始标记和结束标记之间的内容是每个问题的答案
    for i, offsets in enumerate(offset_mapping):
        input_ids = tokenized_examples["input_ids"][i]
        input_ids = tokenized_examples["input_ids"][i]
        cls_index = ③input_ids.index(tokenizer.cls_token_id)
        sequence_ids = ④tokenized_examples.sequence_ids(i)
        sample_index = sample_mapping[i]
        answers = examples["answers"][sample_index]
        if len(answers["answer_start"]) = = 0:
            tokenized_examples["start_positions"].append(cls_index)
            tokenized_examples["end_positions"].append(cls_index)
        else:
            start_char = answers["answer_start"][0]
            end_char = start_char + len(answers["text"][0])
```

---

① 原著此处误用换行符,译者做了适当的调整。——译者注
② 原著此处误用换行符,译者做了适当的调整。——译者注
③ 原著此处误用换行符,译者做了适当的调整。——译者注
④ 原著此处误用换行符,译者做了适当的调整。——译者注

```
                    token_start_index = 0
                    while sequence_ids[token_start_index]! = (①1 if pad_on_right
                    else 0):
                        token_start_index + = 1
                    token_end_index = len(input_ids) - 1
                    while sequence_ids[token_end_index]! = (1 if pad_on_right
                    else 0):
                        token_end_index - = 1
                    if not (offsets[token_start_index][0] < =
                    start_char and offsets[token_end_index][1] > = end_
                    char):
                        tokenized_examples["start_positions"].append(cls_index)
                        tokenized_examples["end_positions"].append(cls_index)
                    else:
                        while token_start_index < len(offsets) and \②
                            offsets[token_start_index][0] <= start_char:
                            token_start_index + = 1
                        tokenized_examples["start_positions"].append(token_
                        start_index -1)
                        while offsets[token_end_index][1] >= end_char:
                            token_end_index - = 1
                        tokenized_examples["end_positions"].append(token_end_
                        index +1)
            return tokenized_examples③
```

（9）将此函数映射到数据集，以应用所有必需的更改。

```
>>> tokenized_datasets = squad.map(prepare_train_features,
        batched = True, remove_columns = squad["train"].column_names)
```

（10）与其他示例一样，现在可以加载需要进行微调的预训练模型。

```
from transformers import AutoModelForQuestionAnswering, TrainingArguments, Trainer
model = AutoModelForQuestionAnswering.from_pretrained(model)
```

（11）创建训练参数。

```
args = TrainingArguments(
    "test-squad",
    evaluation_strategy = "epoch",
```

---

① 原著此处代码有误，译者查阅了源代码后做了修正——译者注

② 此处需要增加换行符。建议读者参阅源代码，这样比较清楚明了。——译者注

③ 原著此处代码缩进有误，译者参阅源代码做了修正。这段代码比较长，因此存在较多的排版错误。对于比较长的代码，建议读者参阅源代码，这样比较清楚明了。——译者注

```
    learning_rate=2e-5,
    per_device_train_batch_size=16,
    per_device_eval_batch_size=16,
    num_train_epochs=3,
    weight_decay=0.01,
)
```

（12）如果不打算使用数据校对器，则将一个默认的数据校对器提供给模型 trainer。

```
from transformers import default_data_collator
data_collator = default_data_collator
```

（13）创建 trainer 对象。

```
trainer = Trainer(
    model,
    args,
    train_dataset=tokenized_datasets["train"],
    eval_dataset=tokenized_datasets["validation"],
    data_collator=data_collator,
    tokenizer=tokenizer,
)
```

（14）可以使用以下代码调用 trainer 对象的 train( )方法。

```
trainer.train()
```

训练结果如图 6-12 所示。

[16599/16599 58:06, Epoch 3/3]

Epoch	Training Loss	Validation Loss	Runtime	Samples Per Second
1	1.220600	1.160322	39.574900	272.496000
2	0.945200	1.121690	39.706000	271.596000
3	0.773000	1.157358	39.734000	271.405000

图 6-12　训练结果

正如所见，模型使用 3 个学习迭代次数进行训练，并输出有关验证损失和训练损失的报告。

（15）与所有其他模型一样，可以使用以下函数保存此模型。

```
>>> trainer.save_model("distillBERT_SQUAD")
```

如果想使用保存的模型或任何其他经过问题回答系统训练的模型，Transformer 库提供了一个易于使用和实施的管道，无须额外的帮助。

（16）通过此管道功能，可以使用任何模型。以下是使用问题回答系统管道模型的示例。

```
from transformers import pipeline
qa_model = pipeline('question-answering',
model ='distilbert-base-cased-distilled-squad',
tokenizer ='distilbert-base-cased')
```

为了使用管道，只需提供以下两个输入：模型和分词器。尽管如此，还需要给管道提供一个管道类型，在给定的示例中，此管道类型是QA。

（17）为管道提供所需的两个输入：context（上下文）和question（问题）。

```
>>> question = squad["validation"][0]["question"]
>>> context = squad["validation"][0]["context"]
The question and the context can be seen by using following code:
>>> print("Question:")
>>> print(question)
>>> print("Context:")
>>> print(context)
Question:
In what country is Normandy located?
Context:
('The Normans (Norman: Nourmands; French: Normands;
Latin: Normanni) were the''people who in the 10th and
11th centuries gave their name to Normandy, a''region
in France. They were descended from Norse ("Norman"
comes from''"Norseman") raiders and pirates from
Denmark, Iceland and Norway who, under''their leader
Rollo, agreed to swear fealty to King Charles III of
West''Francia. Through generations of assimilation
and mixing with the native''Frankish and Roman-Gaulish
populations, their descendants would gradually''merge
with the Carolingian-based cultures of West Francia. The
distinct''cultural and ethnic identity of the Normans
emerged initially in the first''half of the 10th
century, and it continued to evolve over the succeeding'
'centuries.')
```

（18）该模型可以由以下示例使用。

```
>>> qa_model(question=question, context=context)
```

输出结果如下所示。

```
{'answer':'France','score': 0.9889379143714905,
'start': 159,'end': 165,}
```

到目前为止，本节介绍了如何在所需的数据集上进行训练，还阐述了如何通过管道使用经过训练的模型。

6.5 本章小结

本章讨论了如何对一个预训练模型进行微调以适用于任何标记分类任务，探讨了如何对命名实体识别模型和问题回答系统模型进行微调，详细说明了如何将预训练和微调过的模型及管道技术应用到特定的任务上，并给出了相应的示例，还介绍了这两项任务的各种预处理步骤。如何保存针对特定任务进行微调的预训练模型是本章的另一个主要学习要点。读者了解了如何在诸如问题回答系统的任务上使用有限的输入大小来训练模型，这些任务的序列大小超过了模型输入的序列大小。有效地使用分词器以文档步幅的形式进行文档拆分也是本章的另一个重要学习内容。

下一章将讨论如何使用 Transformer 的文本表示方法。通过下一章的学习，读者将了解如何执行零样本/少量样本学习和语义文本聚类。

第 7 章

文本表示

到目前为止，前面章节使用 Transformer 库解决了分类问题和生成问题。文本表示是现代自然语言处理中的另一项重要任务，特别适用于聚类、语义搜索和主题建模等无监督任务。本章将阐述如何使用各种模型，如通用句子编码器（Universal Sentence Encoder，USE）、孪生 BERT（Siamese BERT）和句子 BERT（Sentence - BERT），以及其他库，如 Sentence - Transformers。本章还将阐述使用 BART 的零样本学习，学习如何使用 BART 模型；描述少量样本学习方法和无监督用例（如语义文本聚类和主题建模）；最后，介绍语义搜索等单样本学习用例。

在本章中，将介绍以下主题。

（1）句子嵌入概述。

（2）使用 FLAIR 进行语义相似性实验。

（3）基于 Sentence - BERT 的文本聚类。

（4）基于 Sentence - BERT 的语义搜索。

7.1 技术需求

本章使用 Jupyter Notebook 运行编码练习，要求安装 Python 3.6 式以上的版本，还必须确保安装以下软件包。

（1）sklearn；

（2）Transformer（不低于 4.0.0 版本）；

（3）datasets；

（4）sentence - transformers；

（5）tensorflow - hub；

（6）flair；

（7）umap - learn；

（8）bertopic。

可以通过以下 GitHub 链接获得本章中所有编码练习的 Jupyter Notebook：

https://github.com/PacktPublishing/Mastering - Transformers/tree/main/CH07。

7.2 句子嵌入概述

预训练的 BERT 模型不能产生有效和独立的句子嵌入,因为模型总是需要在端到端的监督环境中进行微调。这是因为用户可以将预训练好的 BERT 模型视为一个不可分割的整体,语义分布在所有层,而不仅在最后一层。如果不进行微调,独立使用其内部表示可能是无效的。此外,模型还很难处理无监督的任务,如聚类、主题建模、信息检索或语义搜索。在聚类任务期间,必须评估许多句子对,这会导致巨大的计算开销。

幸运的是,存在许多针对原始 BERT 模型实现的修改版本,如 Sentence – BERT (SBERT),用于导出语义上有意义的独立句子嵌入。稍后将讨论这些方法。在自然语言处理文献中,提出了许多神经句子嵌入方法(neural sentence embedding),用于将单个句子映射到公共特征空间(向量空间模型),其中通常使用余弦函数(或点积)来度量相似性,并使用欧几里得距离来度量相异性。

以下的应用程序可以通过句子嵌入的方法有效解决相应的问题。
(1) 句子对任务;
(2) 信息检索;
(3) 回答问题;
(4) 重复问题检测;
(5) 释义检测;
(6) 文档聚类;
(7) 主题建模。

最简单但最有效的神经句子嵌入是平均池运算,这是一种针对句子中单词的嵌入进行的运算。为了更好地表达这一点,一些早期的神经方法以无监督的方式学习句子嵌入,如 Doc2vec、SkipThough、FastSent 和 Sent2Vec 等。Doc2vec 使用标记级分布理论和目标函数来预测相邻单词,类似 Word2vec。该方法在每个句子中注入一个额外的内存标记[称为 Paragraph – ID(段落 ID)],这与 Transformer 库中的 CLS 或 SEP 标记类似。附加的标记作为一段存储器,用以表示上下文或文档嵌入。SkipThought 和 FastSent 被认为是句子级方法,其中目标函数用于预测相邻的句子。这些模型提取句子的含义,从相邻的句子及其上下文中获取必要的信息。

其他一些方法,如 InferSent、杠杆式监督学习(leveraged supervised learning)和多任务迁移学习用于学习泛型句子嵌入。InferSent 训练各种监督式任务以获得更有效的嵌入。基于循环神经网络的监督模型(如门控循环单元或长短期记忆网络)利用最后一个隐藏状态(或者堆叠的整个隐藏状态)在监督设置中获得句子嵌入。在第 1 章中曾经讨论过循环神经网络方法。

7.2.1 交叉编码器与双向编码器

到目前为止,本书讨论了如何训练基于 Transformer 的语言模型,并分别在半监督和监督设置下对其进行微调。正如在前几章中学习到的，归因于 Transformer 提供的体系结构，用户获得了不错的结果。一旦将特定于任务的瘦线性层（thin linear layer）置于预训练的模型之上，网络的所有权重（不仅是最后一个特定于任务的瘦线性层）都将使用特定于任务的标记数据进行微调。读者还体验了如何为两组不同的任务（单个句子或句子对）微调 BERT 体系结构，而不需要任何体系结构的修改。唯一不同的是，对于句子对任务，句子被连接起来并使用 SEP 标记。因此，自注意力被应用于连接句子的所有标记。这是 BERT 模型的一大优势，在这个模型中，两个输入句子可以在每一层从对方那里获得必要的信息。最后，这两个输入句子被同时编码。这被称为交叉编码。

然而，SBERT 作者和 Humeau 等在 2019 年提出的交叉编码器存在以下两个缺点。

（1）交叉编码器的设置对于许多句子对任务来说并不方便，因为需要处理的可能组合太多。例如，为了从包含 1 000 个句子的列表中获得最接近的两个句子，交叉编码模型（BERT）需要大约 500 000 [$n \times (n-1)/2$] 个推理计算。因此，与替代解决方案（如 SBERT 或通用句子编码器 USE）相比，其速度非常慢。这是因为这些替代方案产生独立的句子嵌入，其中可以很容易地应用相似性函数（余弦相似性）或相异性函数（欧几里得距离或曼哈顿距离）。请注意，在现代体系结构上，可以高效地执行这些相似性函数和相异性函数。此外，通过优化索引结构，可以在比较或聚类多个文档时将计算复杂度从数小时降低到数分钟。

（2）由于其监督学习特性，BERT 模型不能导出独立的、有意义的句子嵌入。很难像在聚类、语义搜索或主题建模等无监督任务中那样利用预训练好的 BERT 模型。BERT 模型为文档中的每个标记生成一个固定大小的向量。在无监督设置中，可以通过平均或合并标记向量，加上 SEP 和 CLS 标记来获得文档级表示。稍后读者将看到，这种表示形式的 BERT 产生低于平均水平的句子嵌入，其性能得分通常比 Word2vec、FastText 或 GloVe 等单词嵌入池技术低。

然而，双向编码器（如 SBERT）独立地将句子对映射到语义向量空间，如图 7 - 1 所示。由于表示是独立的，所以双向编码器可以缓存每个输入的编码输入表示，从而加快推理时间。SBERT 是 BERT 的双向编码器的成功改进版本。基于 Siamese 孪生网络和 Triplet 三元组（三胞胎）网络结构，SBERT 模型对 BERT 模型进行了微调，以产生语义上有意义且独立的句子嵌入。

读者可以找到数百个为不同目标进行预训练的 SBERT 模型，这些模型位于 https://public.ukp.informatik.tu - darmstadt.de/reimers/sentence - transformers/v0.2/。

下一小节将使用其中的一些预训练 SBERT 模型。

7.2.2 句子相似性模型的基准测试

有许多可用的语义文本相似性模型，但强烈建议用户使用度量指标对其进行基准测试并了解其功能和差异。读者可以参阅 https://paperswithcode.com/task/semantic - textual - similarity 上的相关论文，这些论文不仅提供了数据集的列表，还提供了相应的实现代码。

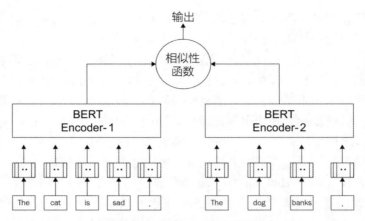

图7-1 双向编码器的体系结构

此外,每个数据集中都有许多模型输出,这些数据集根据结果进行排序。这些结果取自上述论文。

GLUE 提供了大部分数据集和测试,但它不仅用于语义文本相似性。GLUE 代表通用语言理解评估(General Language Understanding Evaluation),是评估具有不同自然语言处理特征的模型的通用基准测试。关于 GLUE 数据集及其使用的更多详细信息,请参见第 2 章。首先查看以下通用语言理解评估。

(1)为了从 GLUE 基准测试中加载度量指标和微软研究释义语料库 MRPC 数据集,可以使用以下代码。

```
from datasets import load_metric, load_dataset
metric = load_metric('glue','mrpc')
mrpc = load_dataset('glue','mrpc')
```

该数据集中的样本分别标记为 1 和 0,这表明这些样本之间是否相似。用户可以使用任何模型(无论何种架构)为两个给定的句子生成值。换句话说,模型应该将这两个句子分类为 0 或 1。

(2)假设模型会生成值,并且这些值存储在一个名为 predictions 的数组中。用户可以轻松地将此度量指标与预测一起使用,以查看 F1 和正确率值。

```
labels = [i['label'] for i in dataset['test']]
metric.compute(predictions=predictions,
references=labels)
```

(3)一些语义文本相似性数据集,如语义文本相似性基准(Semantic Textual Similarity Benchmark,STSB)具有不同的度量指标。例如,该基准使用斯皮尔曼相关性和皮尔逊相关性,因为输出和预测介于 0 和 5 之间,输出是浮点数而不是 0 和 1,这是一个回归问题。以下代码显示了此基准测试的示例。

```
metric = load_metric('glue','stsb')
metric.compute(predictions =[1,2,3],references =[5,2,2])
```

预测和引用与微软研究释义语料库（Microsoft Research Paraphrase Corpus，MRPC）中的预测和引用相同；预测是模型输出，而引用是数据集标签。

（4）为了获得两个模型之间的比较结果，此处使用 Roberta 的提炼版本，并在 STSB 上测试这两个模型。首先，必须加载两个模型。在加载和使用模型之前需要安装所需要的库。代码如下所示。

```
pip install tensorflow-hub
pip install sentence-transformers
```

（5）加载数据集和度量指标。

```
from datasets import load_metric, load_dataset
stsb_metric = load_metric('glue','stsb')
stsb = load_dataset('glue','stsb')
```

（6）加载两个模型。

```
import tensorflow_hub as hub
use_model = hub.load("https://tfhub.dev/google/universal-sentenceen-coder/4")
from sentence_transformers import SentenceTransformer
distilroberta = SentenceTransformer('stsb-distilroberta-base-v2')
```

（7）这两种模型都为给定的句子提供了嵌入。为了比较两个句子之间的相似性，此处使用余弦相似性。以下函数将句子作为一个批次，并使用通用句子编码器为每对句子提供余弦相似性。

```
import tensorflow as tf
import math
def use_sts_benchmark(batch):
    sts_encode1 = \
    tf.nn.l2_normalize(use_model(tf.constant(batch['sentence1'])),axis =1)
    sts_encode2 = \
    tf.nn.l2_normalize(use_model(tf.constant(batch['sentence2'])),axis =1)
    cosine_similarities = \
    tf.reduce_sum(tf.multiply(sts_encode1,sts_encode2),axis =1)
    clip_cosine_similarities = tf.clip_by_value(cosine_similarities,-1.0,1.0)
    scores = 1.0 - tf.acos(clip_cosine_similarities) /math.pi
```

```
    return scores
```

（8）只要稍加修改，RoBERTa 也可以使用相同的函数。需要做出的小修改仅用于替换嵌入函数，这与 TensorFlow Hub 模型和 Transformer 不同。以下是修改后的函数。

```
def roberta_sts_benchmark(batch):
    sts_encode1 = \
    tf.nn.l2_normalize(distilroberta.encode(batch['sentence1']), axis=1)
    sts_encode2 = \
    tf.nn.l2_normalize(distilroberta.encode(batch['sentence2']), axis=1)
    cosine_similarities = \
    tf.reduce_sum(tf.multiply(sts_encode1, sts_encode2), axis=1)
    clip_cosine_similarities = tf.clip_by_value(cosine_similarities, -1.0, 1.0)
    scores = 1.0 - tf.acos(clip_cosine_similarities) /math.pi
    return scores
```

（9）将这些函数应用于数据集，将得到每个模型的相似性分数。

```
use_results = use_sts_benchmark(stsb['validation'])
distilroberta_results = roberta_sts_benchmark(stsb['validation'])
```

（10）对这两个结果使用度量指标，可以产生斯皮尔曼相关系数值和皮尔逊相关系数值。

```
results = {
    "USE":stsb_metric.compute(
            predictions=use_results,
            references=references),
    "DistilRoberta":stsb_metric.compute(
            predictions=distilroberta_results,
    references=references)
}
```

（11）可以简单地使用 pandas，以表格方式比较并查看结果。

```
import pandas as pd
pd.DataFrame(results)
```

验证结果如图 7-2 所示。

在本小节中，读者了解了语义文本相似性的重要基准测试。不管具体的模型是什么，读者学习了如何使用这些度量指标来量化模型性能。在下一小节中，读者将了解一些零样本学习模型。

	USE	DistilRoberta
pearson	0.810302	0.888461
spearmanr	0.808917	0.889246

图 7-2　DistilRoberta 和 USE 上的 STSB 验证结果

7.2.3　使用 BART 模型进行零样本学习

在机器学习领域，零样本学习被称为可以执行一项任务而无须基于它进行明确训练的模型。在自然语言处理的案例中，假设有一个模型可以预测某些文本属于模型中给定类别的概率。然而，这类学习的有趣之处在于，该模型没有在这些类别上进行训练。

随着许多能够进行迁移学习的高级语言模型的兴起，零样本学习开始活跃起来。在自然语言处理的情况下，这种学习是由自然语言处理模型在测试时执行的，其中模型看到的样本属于新类别，以前并没有看到过这些样本。

这类学习通常用于分类任务，其中类别和文本都将被表示，并且会比较类别和文本的语义相似性。类别和文本的表示形式是嵌入向量，而相似性度量（如余弦相似性或预训练分类器，如密集层）将输出句子/文本被分类为该类的概率。

可以使用许多方法和方案来训练这样的模型，但最早使用的方法之一是在元数据部分包含关键字标记的互联网中爬取网页。更多有关信息，请阅读以下论文和博客文章 https://amitness.com/2020/05/zero-shot-text-classification/。

除了使用如此庞大的数据，还有一些语言模型（如 BART）使用多体裁自然语言推理（Multi-Genre Natural Language Inference，MNLI）数据集来微调和检测两个不同句子之间的关系。此外，Hugging Face 包含许多为零样本学习而实现的模型。它们还提供了一个零样本学习管道，以便于使用。

例如，Facebook 人工智能研究（Facebook AI Research，FAIR）的 BART 被用于以下代码中，以执行零样本文本分类。

```
from transformers import pipeline
import pandas as pd
classifier = pipeline("zero-shot-classification",
                     model="facebook/bart-large-mnli")
sequence_to_classify = "one day I will see the world"
candidate_labels = ['travel',
                    'cooking',
                    'dancing',
                    'exploration']
result = classifier(sequence_to_classify, candidate_labels)
pd.DataFrame(result)
```

学习结果如图 7-3 所示。

正如所见，travel（旅行）和 exploration（探险）标签的概率最高，但最有可能的是 travel。

	sequence	labels	scores
0	one day I will see the world	travel	0.795756
1	one day I will see the world	exploration	0.199332
2	one day I will see the world	dancing	0.002621
3	one day I will see the world	cooking	0.002291

图 7-3　使用 BART 模型的零样本学习结果

但是，有时一个样本可以属于多个类别（多标签）。Hugging Face 为此提供了一个名为 multi_label 的参数。以下示例代码使用了此参数。

```
result = classifier(sequence_to_classify,
                    candidate_labels,
                    multi_label=True)
Pd.DataFrame(result)
```

基于此设置，学习结果如图 7-4 所示。

	sequence	labels	scores
0	one day I will see the world	travel	0.994511
1	one day I will see the world	exploration	0.938389
2	one day I will see the world	dancing	0.005706
3	one day I will see the world	cooking	0.001819

图 7-4　使用 BART 模型的零样本学习结果（multi_label = True）

如果使用与 travel 非常相似的标签，则可以进一步测试结果，并查看模型的性能。例如，如果将 moving 和 going 添加到标签列表中，则可以查看其执行情况。

还有其他一些模型也使用标签和上下文之间的语义相似性来执行零样本分类。在少量样本学习的情况下，为模型提供了一些样本，但这些样本不足以单独训练模型。模型可以使用这些样本来执行诸如语义文本聚类之类的任务，稍后将对此进行解释。

学会了如何使用 BART 模型进行零样本学习后，接下来就应该了解其工作原理。BART 在自然语言推理（Natural Language Inference，NLI）数据集（如多体裁自然语言推理）上进行了微调。这些数据集包含句子对，每对句子属于如下 3 个类别：Neutral（中立）、Entailment（蕴含）和 Contradiction（矛盾）。在这些数据集上训练的模型可以捕获两个句子的语义，并通过以一种独热编码的格式分配标签对句子进行分类。如果去掉 Neutral 的标签，只使用 Entailment 和 Contradiction 作为输出标签，如果两个句子前后相关，那么这意味着这两个句子是密切相关的。换句话说，可以将第一个句子改为标签（如 travel），将第二个句子改为内容（如 one day I will see the world）。根据这一点，如果这两个句子前后相关，就意味着标签和内容在语义上是相关的。下面的示例代码显示了如何根据前面的描述直接使用 BART 模型，而不使用零样本分类管道。

```
from transformers \
    import AutoModelForSequenceClassification, AutoTokenizer
nli_model = AutoModelForSequenceClassification.from_pretrained(
               "facebook/bart-large-mnli")
tokenizer = AutoTokenizer.from_pretrained(
               "facebook/bart-large-mnli")
premise = "one day I will see the world"
label = "travel"
hypothesis = f'This example is {label}.'
x = tokenizer.encode(
        premise,
        hypothesis,
        return_tensors='pt',
        truncation_strategy='only_first')
logits = nli_model(x)[0]
entail_contradiction_logits = logits[:,[0,2]]
probs = entail_contradiction_logits.softmax(dim=1)
prob_label_is_true = probs[:,1]
print(prob_label_is_true)
```

结果如下所示。

```
tensor([0.9945], grad_fn=<SelectBackward>)
```

也可以把第一个句子称作假设，把包含标签的句子称作前提。根据结果，前提可以包含假设，这意味着假设被标记为前提。

到目前为止，本书介绍了如何使用自然语言推理来微调模型，以使用零样本进行学习。接下来，阐述如何使用语义文本聚类和语义搜索执行少量样本及单样本学习。

7.3 使用 FLAIR 进行语义相似性实验

在本实验中，使用 FLAIR 库对句子表示模型进行定性评估。使用 FLAIR 库可以大大简化获取文档嵌入的过程。

本节将采用以下方法进行实验。

（1）文档平均池嵌入；
（2）基于循环神经网络的嵌入；
（3）BERT 嵌入；
（4）SBERT 嵌入。

在开始实验之前，需要安装以下库。

---

① 原著此处误用换行符，译者做了适当的调整。——译者注

```
!pip install sentence-transformers
!pip install dataset
!pip install flair
```

对于定性评估，定义了一个相似的句子对列表和一个不相似的句子对列表（每个列表包含 5 个句子）。对于嵌入模型中的期望是，模型应该分别能够测量出高分和低分。

句子对是从 SBS 基准数据集中提取的。通过第 6 章的学习，读者应该已经了解了其中的句子对回归知识。对于相似的一对句子，两个句子是完全相等的，它们具有相同的意思。

随机抽取语义文本相似性基准测试（STSB）数据集中相似性得分约为 5 的句子对。代码如下所示。

```
import pandas as pd
similar = [
("A black dog walking beside a pool.",
"A black dog is walking along the side of a pool."),
("A blonde woman looks for medical supplies for work in a suitcase. ",
" The blond woman is searching for medical supplies in a suitcase."),
("A doubly decker red bus driving down the road.",
"A red double decker bus driving down a street."),
("There is a black dog jumping into a swimming pool.",
"A black dog is leaping into a swimming pool."),
("The man used a sword to slice a plastic bottle.",
"A man sliced a plastic bottle with a sword.")]
pd.DataFrame(similar, columns = ["sen1", "sen2"])
```

输出结果如图 7-5 所示。

	sen1	sen2
0	A black dog walking beside a pool.	A black dog is walking along the side of a pool.
1	A blonde woman looks for medical supplies for ...	The blond woman is searching for medical supp...
2	A doubly decker red bus driving down the road.	A red double decker bus driving down a street.
3	There is a black dog jumping into a swimming p...	A black dog is leaping into a swimming pool.
4	The man used a sword to slice a plastic bottle.\t	A man sliced a plastic bottle with a sword.

图 7-5 相似句子对列表

以下是从语义文本相似性基准测试（STS-B）数据集中获得的相似性得分约为 0 的不相似句子对列表。

```
import pandas as pd
dissimilar = [
("A little girl and boy are reading books. ",
"An older child is playing with a doll while gazing out the window."),
("Two horses standing in a field with trees in the background.",
```

```
"A black and white bird on a body of water with grass in the background."),
("Two people are walking by the ocean.",
"Two men in fleeces and hats looking at the camera."),
("A cat is pouncing on a trampoline.",
"A man is slicing a tomato."),
("A woman is riding on a horse.",
"A man is turning over tables in anger.")]
pd.DataFrame(dissimilar, columns = ["sen1", "sen2"])
```

输出结果如图 7-6 所示。

	sen1	sen2
0	A little girl and boy are reading books.	An older child is playing with a doll while ga...
1	Two horses standing in a field with trees in t...	A black and white bird on a body of water with...
2	Two people are walking by the ocean.	Two men in fleeces and hats looking at the cam...
3	A cat is pouncing on a trampoline.	A man is slicing a tomato.
4	A woman is riding on a horse.	A man is turning over tables in anger.

图 7-6 不相似句子对列表

现在，可以准备必要的函数来评估嵌入模型。下面的 sim() 函数计算两个句子（即 s1 和 s2）之间的余弦相似性。

```
import torch, numpy as np
def sim(s1,s2):
    s1 = s1.embedding.unsqueeze(0)
    s2 = s2.embedding.unsqueeze(0)
    sim = torch.cosine_similarity(s1,s2).item()
    return np.round(sim,2)
```

本实验中使用的文档嵌入模型都是经过预训练的模型。把文档嵌入模型对象和句子对列表（相似或不相似）传递给下面的 evaluate() 函数，其中，一旦模型对句子嵌入进行了编码，该模型就将计算列表中每对句子的相似性得分及列表平均值。评估函数的定义如下。

```
from flair.data import Sentence
def evaluate(embeddings, myPairList):
    scores = []
    for s1, s2 in myPairList:
        s1,s2 = Sentence(s1), Sentence(s2)
        embeddings.embed(s1)
        embeddings.embed(s2)
        score = sim(s1,s2)
        scores.append(score)
    return scores, np.round(np.mean(scores),2)
```

接下来评估句子嵌入模型（从平均池方法开始）。

7.3.1 平均词嵌入

平均词嵌入 [或者称为文档池 (document pooling)] 将平均池操作应用于句子中的所有单词,其中所有单词嵌入的平均值被视为句子嵌入。以下执行基于 GloVe 向量实例化文档池嵌入。注意,尽管此处只使用 GloVe 向量,flair 应用程序接口允许使用多个单词嵌入。以下是代码定义。

```
from flair.data import Sentence
from flair.embeddings \
        import WordEmbeddings, DocumentPoolEmbeddings
glove_embedding = WordEmbeddings('glove')
glove_pool_embeddings = DocumentPoolEmbeddings(
                                    [glove_embedding]
                                    )
```

接下来,对类似的 GloVe 池模型进行评估。代码如下所示。

```
>>> evaluate(glove_pool_embeddings, similar)
([0.97, 0.99, 0.97, 0.99, 0.98], 0.98)
```

结果似乎很好,因为这些结果值都非常大,这正是本节所期望的数据。然而,对于不同的列表,该模型的平均得分也很高,如 0.94。期望值将低于 0.4。本章后面将讨论为什么会出现这种结果。执行过程如下所示。

```
>>> evaluate(glove_pool_embeddings, dissimilar)
([0.94, 0.97, 0.94, 0.92, 0.93], 0.94)
```

接下来,基于同一个问题对一些循环神经网络进行评估。

7.3.2 基于循环神经网络的文档嵌入

首先实例化一个基于 GloVe 嵌入的门控循环单元模型,其中 Document - RNNEmbeddings 的默认模型是门控循环单元。

```
from flair.embeddings \
     import WordEmbeddings, DocumentRNNEmbeddings
gru_embeddings = DocumentRNNEmbeddings([glove_embedding])
```

运行如下代码所示的评估方法。

```
>>> evaluate(gru_embeddings, similar)
([0.99, 1.0, 0.94, 1.0, 0.92], 0.97)
>>> evaluate(gru_embeddings, dissimilar)
([0.86, 1.0, 0.91, 0.85, 0.9], 0.9)
```

同样，得到了不相似句子对列表的高分。这并不是从句子嵌入中预期得到的结果。

7.3.3 基于 Transformer 的 BERT 嵌入

下面的代码对一个 bert – base – uncased 模型进行实例化，该模型对最后一层进行池化。

```
from flair.embeddings import TransformerDocumentEmbeddings
from flair.data import Sentence
bert_embeddings = TransformerDocumentEmbeddings(
                                  'bert – base – uncased')
```

运行评估，代码如下所示。

```
>>> evaluate(bert_embeddings, similar)
([0.85, 0.9, 0.96, 0.91, 0.89], 0.9)
>>> evaluate(bert_embeddings, dissimilar)
([0.93, 0.94, 0.86, 0.93, 0.92], 0.92)
```

结果更糟！不相似句子对列表的得分高于相似句子对列表的得分。

7.3.4 Sentence – BERT 嵌入

现在，将 Sentence – BERT 应用于区分相似句子对和不相似句子对的问题，执行过程如下所示。

（1）需要确保已经安装了 sentence – transformers 包。

```
!pip install sentence – transformers
```

（2）正如前面所提到的，Sentence – BERT 提供了各种预训练的模型。此处选择 bert – base – nli – mean – tokens 模型进行评估。代码如下所示。

```
from flair.data import Sentence
from flair.embeddings \
        import SentenceTransformerDocumentEmbeddings
sbert_embeddings = SentenceTransformerDocumentEmbeddings(
                               'bert – base – nli – mean – tokens')
```

（3）评估模型。代码如下所示。

```
>>> evaluate(sbert_embeddings, similar)
([0.98, 0.95, 0.96, 0.99, 0.98], 0.97)
>>> evaluate(sbert_embeddings, dissimilar)
([0.48, 0.41, 0.19, -0.05, 0.0], 0.21)
```

结果非常好！SBERT 模型产生了更好的结果。该模型为不相似句子对列表生成了较低的相似性得分，这正是所期望的结果。

(4) 现在做一个更难的测试，将相互矛盾的句子传递给模型。首先将定义一些复杂的句子对。代码如下所示。

```
>>> tricky_pairs =[
("An elephant is bigger than a lion",
"A lion is bigger than an elephant"),
("the cat sat on the mat",
"the mat sat on the cat")]
>>> evaluate(glove_pool_embeddings, tricky_pairs)
([1.0,1.0], 1.0)
>>> evaluate(gru_embeddings, tricky_pairs)
([0.87, 0.65], 0.76)
>>> evaluate(bert_embeddings, tricky_pairs)
([1.0, 0.98], 0.99)
>>> evaluate(sbert_embeddings, tricky_pairs)
([0.93, 0.97], 0.95)
```

结果非常有趣！得分非常高，因为句子相似性模型的工作原理类似主题检测，并测量内容相似性。当查看这些句子时，句子的内容是相同的，尽管句子之间相互矛盾。句子的内容是关于 lion（狮子）和 elephant（大象）或者 cat（猫）和 mat（垫子）的信息。因此，模型产生了较高的相似性得分。由于 GloVe 嵌入方法汇集了单词的平均值，而不考虑词序，所以该方法将两个句子视为相同。另外，门控循环单元模型产生的值较小，因为该模型关心词序。值得注意的是，即使 SBERT 模型也不能产生有效的得分。这可能是由于在应用程序中使用了基于 SBERT 模型的内容相似性监督。

(5) 为了正确地检测两个句子对的 3 类语义，即 Neutral、Contradiction 和 Entailment，必须使用一个微调的多体裁自然语言推理模型。下面的代码块显示了使用 XLM – Roberta 的示例，该示例在 XNLI 上进行微调，但是使用了相同的样例。

```
from transformers \
    import ①AutoModelForSequenceClassification, AutoTokenizer
nli_model = AutoModelForSequenceClassification\
                .from_pretrained(
                    'joeddav/xlm-roberta-large-xnli')
tokenizer = AutoTokenizer.from_pretrained(
                'joeddav/xlm-roberta-large-xnli')
import numpy as np
for permise, hypothesis in tricky_pairs:
    x = tokenizer.encode(premise,
                    hypothesis,
                    return_tensors='pt',
```

---

① 原著此处有误，import 应该为小写。——译者注

```
                    truncation_strategy ='only_first')
    logits = nli_model(x)[0]
    print(f"Permise: {permise}")
    print(f"Hypothesis: {hypothesis}")
    print("Top Class:")
    print(nli_model.config.id2label[np.argmax(
                     logits[0].detach().numpy()). ])
    print("Full softmax scores:")
    for i in range(3):
        print(nli_model.config.id2label[i],
               logits.softmax(dim=1)[0][i].detach().numpy())
    print("="*20)
```

（6）输出将显示以下各项的正确标签。

```
Permise: An elephant is bigger than a lion
Hypothesis: A lion is bigger than an elephant
Top Class:
contradiction
Full softmax scores:
contradiction 0.7731286
neutral 0.2203285
entailment 0.0065428796
====================
Permise: the cat sat on the mat
Hypothesis: the mat sat on the cat
Top Class:
entailment
Full softmax scores:
contradiction 0.49365467
neutral 0.007260764
entailment 0.49908453
====================
```

在一些问题中，自然语言推理比语义文本的优先级更高，因为自然语言推理旨在发现 Contradiction 或 Entailment，而不是原始的相似性得分。对于下一个示例，使用两个句子同时表示 Entailment 和 Contradiction。这有点主观，但对于模型来说，第二个句子对似乎是 Entailment 和 Contradiction 之间的一个非常接近的联系。

7.4 基于 Sentence – BERT 的文本聚类

7.4.1 基于 paraphrase – distilroberta – base – v1 的主题建模

对于聚类算法，需要一个适合文本相似性的模型。这里使用 paraphrase – distilroberta – base – v1 模型进行更改。首先将加载亚马逊极性（Amazon Polarity）数据集进行聚类实验。该数据集包括截至2013年3月的跨度18年的亚马逊网页评论。原始数据集包含超过3 500万条评论。这些评论包括产品信息、用户信息、用户评级和用户评论。操作步骤如下所示。

（1）通过混排随机选择1万条评论。代码如下所示。

```
import pandas as pd, numpy as np
import torch, os, scipy
from datasets import load_dataset
dataset = load_dataset("amazon_polarity",split = "train")
corpus = dataset.shuffle(seed = 42)[:10000]['content']
```

（2）该语料库现在可以进行聚类了。下面的代码使用预训练过的paraphrase – distilroberta – base – v1模型实例化一个sentence – transformer对象。

```
from sentence_transformers import SentenceTransformer
model_path = "paraphrase-distilroberta-base-v1"
model = SentenceTransformer(model_path)
```

（3）整个语料库通过以下代码进行编码，其中模型将句子列表映射到嵌入向量列表。

```
>>> corpus_embeddings = model.encode(corpus)
>>> corpus_embeddings.shape
(10000, 768)
```

（4）此处，向量大小是768，这是BERT – base模型的默认嵌入大小。从现在起，继续使用传统的聚类方法。此处选择K – 均值聚类方法（K – means），因为它是一种快速并且广泛使用的聚类算法。只需将聚类数量（K）设置为5。实际上，这个数字可能不是最优的。有许多技术可以确定聚类的最佳数目，如Elbow或Silhouette方法。但是，暂时不会讨论这些问题。执行方法如下所示。

```
>>> from sklearn.cluster import KMeans
>>> K = 5
>>> kmeans = KMeans(
            n_clusters = 5,
            random_state = 0).fit(corpus_embeddings)
>>> cls_dist = pd.Series(kmeans.labels_).value_counts()
>>> cls_dist
3 2772
4 2089
0 1911
2 1883
1 1345
```

此处获得了 5 个评论聚类。从输出结果可以看出，聚类分布得相当均匀。聚类的另一个问题是如何理解这些聚类的含义。作为建议，可以对每个聚类应用主题分析，或者检查基于聚类的词频-逆向文档频率以了解内容。现在，可以了解一下另一种基于聚类中心的方法。使用 K-均值聚类算法计算聚类的中心（称之为质心），并保留在 kmeans.cluster_centers_ 属性中。质心是每个聚类中所有向量的平均值。因此，质心都是假想点，而不是现有的数据点。这里假设最接近质心的句子是对应于聚类中最具代表性的样例。

（5）现在尝试只找到一个真正的句子嵌入，该句子最接近每个质心点。当然，也可以根据需要捕获多个句子。代码如下所示。

```
distances = \
    scipy.spatial.distance.cdist(kmeans.cluster_centers_,
                                 corpus_embeddings)
centers = {}
print("Cluster", "Size", "Center-idx", "Center-Example", sep = "\t\t")
for i,d in enumerate(distances):
    ind = np.argsort(d, axis = 0)[0]
    centers[i] = ind
    print(i,cls_dist[i], ind, corpus[ind] ,sep = "\t\t")
```

输出结果如图 7-7 所示。

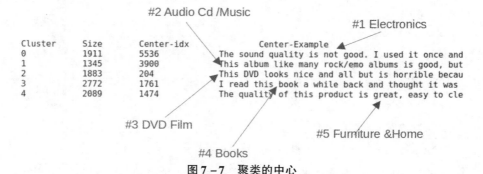

图 7-7　聚类的中心

从这些有代表性的句子中可以推断出聚类的内容。K-均值聚类算法似乎将评论分为如下 5 个不同的类别：Electronics（电子产品）、Audio Cd/Music（音频 CD/音乐）、DVD Film（DVD 电影）、Books（书籍）、Furniture & Home（家具和家用产品）。现在，在二维空间中可视化句子点和聚类中心。使用统一流形近似和投影（Uniform Manifold Approximation and Projection，UMAP）库来降维。自然语言处理中其他广泛使用的降维技术包括 t 分布随机近邻嵌入（t-distributed Stohastic Neighbor Embedding，t-SNE）和 PCA（具体请参见第 1 章）。

（6）需要安装 umap 库。代码如下所示。

```
! pip install umap-learn
```

(7) 以下代码缩减了所有嵌入，并将嵌入映射到二维空间。

```
import matplotlib.pyplot as plt
import umap
X = umap.UMAP(n_components = 2,
        min_dist = 0.0).fit_transform(corpus_embeddings)
labels = kmeans.labels_fig, ax = plt.subplots(figsize = (12, 8))
plt.scatter(X[:,0], X[:,1], c = labels, s = 1, cmap = 'Paired')
for c in centers:
    plt.text(X[centers[c],0], X[centers[c],1],"CLS - " + str(c), fontsize = 18)
    plt.colorbar()
```

输出结果如图7-8所示。

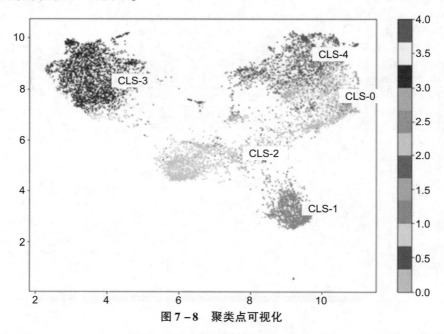

图7-8 聚类点可视化

在前面的输出中，已根据点的聚类成员资格和质心为点进行了着色。结果表明所选择的聚类数量是正确的。

为了捕捉主题并解释聚类，只需将句子（每个聚类一个句子）定位在靠近聚类中心的位置。接下来，学习如何通过主题建模来捕获主题，这是一种更准确的方法。

7.4.2 基于BERTopic的主题建模

读者可能熟悉许多用于从文档中提取主题的无监督式主题建模技术；潜在狄利克雷分配（Latent - Dirichlet Allocation，LDA）主题建模和非负矩阵分解（Non - Negative Matrix Factorization，NMF）是文献中应用最广泛的传统技术。BERTopic和Top2Vec是两个重要的基于Transformer的主题建模项目。在本小节中，把BERTopic模型应用到Amazon语料库中。该模型利用BERT嵌入和基于类的词频-逆向文档频率方法来获得易于解释的主题。

首先，BERTopic 模型使用 Sentence–Transformer 或任何句子嵌入模型对句子进行编码，然后进行聚类。聚类步骤分为两个阶段：第一个阶段是通过统一流形近似和投影（UMAP）降低嵌入的维数；第二个阶段是通过 HDBSCAN（Hierarchical Density–Based Spatial Clustering of Applications with Noise，基于密度带噪应用的空间分层聚类）对降维的向量进行聚类，从而生成多组相似的文档。在第二个阶段，主题由聚类式词频–逆向文档频率捕获，其中模型从每个聚类而不是每个文档中提取最重要的单词，并获得每个聚类的主题描述。操作步骤如下。

（1）安装必要的库。代码如下所示。

```
!pip install bertopic
```

> **重要提示**
> 因为此安装将更新一些已加载的包，所以可能需要重新启动运行时。因此，从 Jupyter Notebook 中，可以执行命令：Runtime | Restart Runtime。

（2）如果用户想使用自己的嵌入模型，则需要实例化并通过 BERTopic 模型传递自己的嵌入模型。实例化一个 Sentence Transformer 模型，并将其传递给 BERTopic 的构造函数。代码如下所示。

```
from bertopic import BERTopic
sentence_model = SentenceTransformer(
                "paraphrase-distilroberta-base-v1")
topic_model = BERTopic(embedding_model=sentence_model)
topics, _ = topic_model.fit_transform(corpus)
topic_model.get_topic_info()[:6]
```

BERTopic 的结果如图 7-9 所示。

	Topic	Count	Name
0	4	3086	4_book_read_books_who
1	-1	1818	-1_product_my_use_have
2	7	1499	7_movie_film_dvd_watch
3	5	1327	5_album_cd_songs_music
4	24	274	24_toy_daughter_we_loves
5	2	235	2_game_games_play_graphics

图 7-9 BERTopic 的结果

请注意，具有相同参数的不同 BERTopic 运行后可能产生不同的结果，因为统一流形近似和投影（UMAP）模型是随机的。现在，可以查看一下第 5 个主题词的分布。代码如下所示。

```
topic_model.get_topic(5)
```

输出结果如图 7-10 所示。

```
[('album', 0.021777776441862785),
 ('cd', 0.0216003728561258),
 ('songs', 0.015716979809362878),
 ('music', 0.015336261401310738),
 ('song', 0.012883049138010031),
 ('band', 0.008790916825825062),
 ('great', 0.006907063839145953),
 ('good', 0.006594220889305517),
 ('he', 0.006428544176459775),
 ('albums', 0.006402900278216675)]
```

图 7-10 主题模型的第 5 个主题词

主题词是指在语义空间中向量接近主题向量的词。在本实验中，并没有对语料库进行聚类；相反，将该技术应用于整个语料库。在前面的示例中，使用最接近的句子分析聚类。现在，可以通过对每个聚类分别应用主题模型来找到主题。这很容易实现，请读者可以自己尝试操作。

7.5 基于 Sentence-BERT 的语义搜索

读者可能已经熟悉基于关键字的搜索（布尔模型），对于给定的关键字或模式，可以检索与模式匹配的结果。或者，可以使用正则表达式定义高级模式（如词汇语法模式）。这些传统方法无法处理同义词（例如，car 与 automobile 是同义词）或词义问题（例如，bank 可以是河岸，也可以是金融机构）。在同义词情况下，漏掉了不应该漏掉的文档，导致召回率低；而在第一种词义情况下，捕捉不到文档，导致精确率低。基于向量或语义的搜索方法，可以通过构建查询和文档的密集数字表示来克服这些缺点。

接下来，为网站上闲置的常见问题（Frequently Asked Questions，FAQ）建立一个案例研究。将利用语义搜索问题中的 FAQ 资源。FAQ 问题解答包含常见的问题。使用世界自然基金会（World Wide Fund for Nature，WWF）的 FAQ，WWF 是一个非政府的自然组织（https://www.wwf.org.uk/）。

根据这些描述，使用语义模型执行语义搜索与单样本学习问题非常相似，这一点很容易理解。在单样本学习问题中，只有类的一个快照（单个样本），希望根据这个样本对其余数据（句子）重新排序。可以将问题重新定义为搜索语义上接近给定样本的样本，或者根据样本进行二元分类。模型可以提供一个相似性度量，所有其他样本的结果将使用该度量重新排序。最终的有序列表是搜索结果，该结果根据语义表示和相似性度量进行重新排序。

WWF 的网页上包含 18 个问题和答案。在本实验中，将这些问题和答案定义为一个名为 "wf_faq 的 Python" 的列表对象。

（1）I haven't received my adoption pack. What should I do?

（2）How quickly will I receive my adoption pack?

（3）How can I renew my adoption?

（4） How do I change my address or other contact details?

（5） Can I adopt an animal if I don't live in the UK?

（6） If I adopt an animal, will I be the only person who adopts that animal?

（7） My pack doesn't contain a certificate?

（8） My adoption is a gif but won't arrive on time. What can I do?

（9） Can I pay for an adoption with a one-off payment?

（10） Can I change the delivery address for my adoption pack after I've placed my order?

（11） How long will my adoption last for?

（12） How often will I receive updates about my adopted animal?

（13） What animals do you have for adoption?

（14） How can I find out more information about my adopted animal?

（15） How is my adoption money spent?

（16） What is your refund policy?

（17） An error has been made with my Direct Debit payment; can I receive a refund?

（18） How do I change how you contact me?

用户可以自由地提出任何问题。需要评估FAQ中的哪个问题与用户的问题最相似，这是quora-distilbert-base模型的目标。SBERT中心有两个选项：一个用于英语；另一个用于多语种。具体如下所示。

（1） quora-distilbert-base：该模型对Quora Duplicate Questions（Quora重复问题）检测检索进行了微调。

（2） quora-distilbert-multilingual：该模型是quora-distilbert-base模型的多语种版本。

按照以下步骤可以构建一个语义搜索模型。

（1） 实例化一个SBERT模型。代码如下所示。

```
from sentence_transformers import SentenceTransformer
model = SentenceTransformer('quora-distilbert-base')
```

（2） 对FAQ进行编码。代码如下所示。

```
faq_embeddings = model.encode(wwf_faq)
```

（3） 需要准备5个问题，使这5个问题分别与FAQ中的前5个问题相似。也就是说，第1个测试问题应该与FAQ中的第1个问题相似；第2个问题应该与FAQ中的第2个问题相似，依此类推。这样就可以轻松地跟踪结果。首先定义test_questions列表对象中的问题并对其进行编码。代码如下所示。

```
test_questions = ["What should be done, if the adoption pack did not reach to me?",
" How fast is my adoption pack delivered to me?",
```

```
"What should I do to renew my adoption?",
"What should be done to change address and contact details ?",
"I live outside of the UK, Can I still adopt an animal?"]
test_q_emb = model.encode(test_questions)
```

(4) 度量每个测试问题和 FAQ 中每个问题的相似性，然后对结果进行排序。代码如下所示。

```
from scipy.spatial.distance import cdist
for q, qe in zip(test_questions, test_q_emb):
    distances = cdist([qe], faq_embeddings, "cosine")[0]
    ind = np.argsort(distances, axis = 0)[:3]
    print("\n Test Question: \n " + q)
    for i,(dis,text) in enumerate(zip(distances[ind],
                            [wwf_faq[i] for i in ind])):
        print(dis,ind[i],text, sep = "\t")
```

输出结果如图 7-11 所示。

```
Test Question:
  What should be done, if the adoption pack did not reach to me?
0.1494580342947357    0    I haven't received my adoption pack. What should I do?
0.24940214249978787   7    My adoption is a gift but won't arrive on time. What can I do?
0.3669761157176866    1    How quickly will I receive my adoption pack?
Test Question:
  How fast is my adoption pack delivered to me?
0.16582390267585112   1    How quickly will I receive my adoption pack?
0.3470478678903325    0    I haven't received my adoption pack. What should I do?
0.3511114386193057    7    My adoption is a gift but won't arrive on time. What can I do?
Test Question:
  What should I do to renew my adoption?
0.04168242777718267   2    How can I renew my adoption?
0.2993018812386016    12   What animals do you have for adoption?
0.3014071168242859    0    I haven't received my adoption pack. What should I do?
Test Question:
  What should be done to change adress and contact details ?
0.276601898726506     3    How do I change my address or other contact details?
0.352868128705782     17   How do I change how you contact me?
0.4393553216276348    2    How can I renew my adoption?
Test Question:
  I live outside of the UK, Can I still adopt an animal?
0.16945626472973518   4    Can I adopt an animal if I don't live in the UK?
0.200544029334076     12   What animals do you have for adoption?
0.28782233378715627   13   How can I nd out more information about my adopted animal?
```

图 7-11 测试问题和 FAQ 中问题的相似性

观察以上输出结果，可以依次看到索引 0，1，2，3 和 4，这意味着模型成功地找到了预期的类似问题。

(5) 为了部署模型，可以设计以下 get-best() 函数，该函数接收一个问题并返回 FAQ 中最相似的 K 个问题。

```
def get_best(query, K = 5):
    query_emb = model.encode([query])
    distances = cdist(query_emb,faq_embeddings,"cosine")[0]
```

```
        ind = np.argsort(distances, axis = 0)
        print("\n" + query)
        for c,i in list(zip(distances[ind], ind))[:K]:
            print(c,wwf_faq[i], sep = "\t")
```

(6) 提出一个如下所示的问题。

```
get_best("How do I change my contact info?",3)
```

输出结果如图 7-12 所示。

```
How do I change my contact info?
0.05676792449319612     How do I change my address or other contact details?
0.185665422885958       How do I change how you contact me?
0.324083272514343816    How can I renew my adoption?
```

图 7-12　类似的问题得到相似的结果

(7) 如果用作输入的问题与 FAQ 中的问题不相似，结果会如何呢？例如，提出如下问题。

```
get_best("How do I get my plane ticket if I bought it online?")
```

输出结果如图 7-13 所示。

```
How do I get my plane ticket if I bought it online?
0.35947505490536136     How do I change how you contact me?
0.3680785568009698      How do I change my address or other contact details?
0.4306634329555338      My adoption is a gift but won't arrive on time. What can I do?
```

图 7-13　不相似的问题得到相似的结果

最佳不相似性得分为 0.35。因此，需要定义一个阈值，如 0.3，这样模型就会忽略大于该阈值的问题，并且给出如下结果 "no similar answer found（没有找到类似的答案）"。

除了"问题-问题"对称搜索相似性之外，还可以利用 SBERT 的"问题-答案"不对称搜索模型（如 msmarco-distilbert-base-v3），该模型在大约 500K Bing 搜索查询的数据集上进行训练。这个模型称为 MSMARCO 段落排名。该模型有助于用户衡量问题和上下文的关联程度，并检查问题的答案是否位于文章中。

7.6　本章小结

在本章中，读者学习了文本表示方法，学习了如何使用不同的语义模型执行零样本、少量样本及单样本学习等任务，还了解了自然语言推理及其在捕获文本语义方面的重要性；此外，研究了一些有用的用例，如语义搜索、语义聚类，以及如何使用基于 Transformer 的语义模型进行主题建模；学习了如何可视化聚类结果，并了解到质心在此类问题中的重要性。

在下一章中，读者将学习高效的 Transformer 模型，了解基于 Transformer 模型的提炼、剪枝和量化，还将学习各种不同的高效 Transformer 体系结构，这些体系结构可以提高计算效率和内存效率。下一章还将讨论如何在自然语言处理问题中使用这些体系结构。

第 3 部分
高级主题

通过第 3 部分的学习，读者将获得针对挑战性问题（如计算能力有限的长程上下文自然语言处理任务）训练有效模型的经验，以及使用多语言和跨语言建模的经验。读者将了解监控模型内部部件的可解释性（interpretability）和可解读性（explainability），以及跟踪模型训练性能所需的工具。读者还可以在真实的生产环境中部署模型以提供服务。

第 3 部分包括以下章节内容。

- 第 8 章：使用高效的 Transformer。
- 第 9 章：跨语言和多语言建模。
- 第 10 章：部署 Transformer 模型。
- 第 11 章：注意力可视化与实验跟踪。

第 8 章

使用高效的 Transformer

到目前为止，前面章节介绍了如何设计自然语言处理体系结构，以使用Transformer实现良好的任务性能。在本章中，读者将继续学习如何使用提炼（distillation）、剪枝（pruning）和量化（quantization）方法，从经过训练的模型中生成有效的模型，学习有关高效稀疏Transformer（如Linformer、BigBird、Performer等）的知识，并讨论模型在各种基准测试上的表现，如内存与序列长度的关系，以及速度与序列长度的关系。本章还将讨论模型规模缩减的实际应用。

由于在有限的计算能力下运行大型神经模型变得越来越困难，本章的重要性逐渐开始呈现。拥有一个更轻量级的通用语言模型（如DistilBERT）十分重要。然后，可以像非精炼模型一样，以良好的性能对模型进行微调。由于Transformer中注意力点积的二次复杂性，基于Transformer的体系结构面临复杂性瓶颈，特别是对于长程上下文的自然语言处理任务。基于字符的语言模型、语音处理和长文档都属于长程上下文问题。近年来，可以看到提高自注意力的效率研究取得了长足的进展，如Reformer、Performer和BigBird，可以将这些模型作为解决复杂性的有效方法。

本章将介绍以下主题。

（1）高效、轻便、快速的Transformer概述。

（2）模型规模缩减的实现。

（3）使用高效的自注意力机制。

8.1 技术需求

本章使用Jupyter Notebook运行编码练习，要求安装Python 3.6或以上的版本，还必须确保安装以下软件包。

（1）TensorFlow；

（2）PyTorch；

（3）Transformer（不低于4.0.0版本）；

（4）datasets；

（5）sentence-transformers；

（6）py3nvml。

可以通过以下GitHub链接获得本章中所有编码练习的Jupyter Notebook：

https://github.com/PacktPublishing/Mastering-Transformers/tree/main/CH08。

8.2　高效、轻便、快速的 Transformer 概述

基于 Transformer 的模型在许多自然语言处理问题上取得了显著的成果，但代价是内存和计算上的二次复杂性。目前存在以下有关复杂性的问题。

（1）模型无法有效处理长序列，因为模型的自注意力机制是序列长度的平方。

（2）使用典型的 16GB 显存图形处理单元的实验装置可以处理 512 个标记的句子，以用于训练和推理。但是，较长的数据项可能导致问题。

（3）自然语言处理模型从 BERT-base 的 1.1 亿个参数持续增长到 Turing-NLG 的 170 亿个参数，再到 GPT-3 的 1 750 亿个参数。这种现象引起了研究人员对计算复杂性和内存复杂性的关注。

（4）需要关注成本、生产、再现性和可持续性。因此，需要更快、更轻量级的 Transformer，尤其是边缘设备。

目前已经提出了多种降低计算复杂性和内存占用的方法。其中一些方法侧重于更改体系结构；有些方法不更改原始的体系结构，而是对经过训练的模型或对模型的训练阶段进行改进。本节将这些方法分为两组：一组侧重于减小模型规模；另一组侧重于有效的自注意力机制。

可以使用以下三种不同的方法来减小模型规模。

（1）提炼；

（2）剪枝；

（3）量化。

这三种方法分别采用不同的方式来减小模型规模，将在 8.3 节中简要介绍。

在提炼方法中，一个较小的 Transformer（学生）可以传递一个大模型（教师）的知识。本节的方法通过训练学生模型，使其能够模仿教师的行为，即对相同的输入产生相同的输出。提炼出来的模型可能比教师模型表现差。压缩、速度和性能之间存在权衡。

剪枝方法是机器学习中的一种模型压缩技术，该方法通过删除模型中对生成结果几乎没有贡献的部分来减小模型的大小。最典型的例子是决策树剪枝，它有助于降低模型的复杂度，提高模型的泛化能力。

量化方法将模型权重类型从高分辨率更改为低分辨率。例如，常规的方法是使用一个典型的浮点数（float64），每个权重占用 64 位内存。取而代之的是，可以在量化中使用 int8，每个权重占用 8 位内存，很显然这种处理方式在表示数字时具有较低的精确度。

对于长序列，自注意力头并没有得到优化。为了解决这个问题，研究人员提出了许多不同的方法。最有效的方法是自注意力稀疏化（Self-Attention Sparsification），稍后将展开讨论。另一种最广泛使用的方法是内存有效的反向传播（Memory Efficient Back-propagation）。这种方法在中间结果缓存和重新计算之间进行权衡。在前向传播期间计算

的中间激活需要在反向传播期间计算梯度。梯度检查点可以减少大量内存占用和计算。还有一种方法是管道并行算法（Pipeline Parallelism Algorithms）。小批次（Mini-batches）被拆分为微批次（Micro-batches），并行流水线利用前向操作和反向操作期间的等待时间，同时将批次传输到图形处理单元或张量处理单元（Tensor Processing Unit，TPU）等深度学习加速器。

参数共享（Parameter Sharing）可以算作实现高效深度学习的首要方法之一。最典型的例子是循环神经网络（如第1章所述），其中未折叠表示的单元使用共享参数。因此，可训练参数的数量不受输入大小的影响。一些共享参数（也称为权重绑定或权重复制）扩展到网络，从而减少可训练参数的数量。例如，Linformer 在头和层之间共享投影矩阵。Reformer 共享查询和键，其代价是性能损失。

接下来，将通过相应的实例来理解这些问题。

8.3 模型规模缩减的实现

尽管基于 Transformer 的模型在自然语言处理的许多方面实现了最先进的结果，但这些模型通常都存在一个相同的问题：这些模型都是大模型，速度不够快从而导致无法使用。在需要将这些模型嵌入移动应用程序或 Web 界面的业务案例中，用户尝试使用原始模型，似乎是不可能实现的。

为了提高这些模型的速度，同时缩减模型的规模，研究人员提出了以下技术。

（1）提炼（也称为知识提炼）；

（2）剪枝；

（3）量化。

对于这些技术中的每一种，下面都提供了单独的一个小节来阐述技术和理论见解。

8.3.1 使用 DistilBERT 进行知识提炼

将知识从大模型迁移到小模型的过程称为知识提炼（knowledge distillation）。换句话说，假设有一个教师模型和一个学生模型，教师模型是一个更大、更强的模型，而学生模型则是一个更小、更弱的模型。

该技术可以用于各种问题：从视觉模型到声学模型，再到自然语言处理。该技术的典型实现如图 8-1 所示。

DistilBERT 是该领域最重要的模型之一，受到了研究人员乃至企业的关注。这个模型试图模仿 BERT-Base 的行为，参数减少了 50%，达到了教师模型性能的 95%。

有关详情如下所示。

（1）DistilBERT 的压缩率为 1.7 倍，速度为 1.6 倍，相对性能为 97%（与原始 BERT 模型相比）。

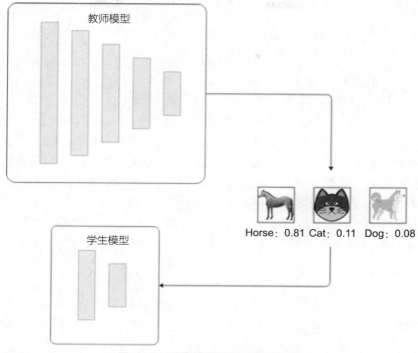

图 8-1 图像分类的知识提炼示意

（2）Mini-BERT 压缩率为 6 倍，速度为 3 倍，相对性能高达 98%。

（3）TinyBERT 的压缩率为 7.5 倍，速度为 9.4 倍，相对性能为 97%。

PyTorch（原始说明和实现代码位于以下网址 https://medium.com/huggingface/distilbert-8cf3380435b5）使用于训练模型的提炼训练步骤非常简单。

```
import torch
import torch.nn as nn
import torch.nn.functional as F
from torch.optim import Optimizer
KD_loss = nn.KLDivLoss(reduction='batchmean')
def kd_step(teacher: nn.Module,
            student: nn.Module,
            temperature: float,
            inputs: torch.tensor,
            optimizer: Optimizer):
    teacher.eval()
    student.train()
    with torch.no_grad():
        logits_t = teacher(inputs = inputs)
    logits_s = student(inputs = inputs)
    loss = KD_loss(input = F.log_softmax(
                    logits_s/temperature,
```

```
                        dim = -1),
                target = F.softmax(
                        logits_t/temperature,
                        dim = -1))
loss.backward()
optimizer.step()
optimizer.zero_grad()①
```

该模型监督式的训练为用户提供了一个较小的模型，该模型在行为上与基础模型非常相似。然而，这里使用的损失函数是 Kullback – Leibler 损失，以确保学生模型既模仿教师模型好的方面，又模仿教师模型坏的方面，但是不修改在最后 softmax logits 上的决策。损失函数显示了两种分布的差异：差异越大，损失值越大。使用此损失函数的原因是使学生模型尝试完全模仿教师的行为。BERT 和 DistilBERT 的通用语言理解评估（GLUE）宏得分只有 2.8% 的差异。

8.3.2 剪枝

剪枝包含根据预先指定的标准将每层的权重设置为 0 的过程。例如，一个简单的剪枝算法可以获取每个层的权重，并设置小于阈值的权重为 0。该方法消除了数值非常小的权重，并且不会对结果产生太大影响。

同样，可以剪枝 Transformer 网络的一些冗余部分。剪枝后的网络比原始网络更容易泛化。读者已经看到了一个成功的剪枝操作，因为剪枝过程可能保留了真实的底层解释因素，并丢弃了冗余子网络，但是仍然需要训练一个庞大的网络。合理的策略是训练一个尽可能大的神经网络，然后丢弃对模型性能影响较小的、不太显著的权重或单元。

有如下所示的两种剪枝方法。

（1）非结构化剪枝（Unstructured pruning）：具有较小显著性（或者最小权重大小）的单个权重被移除，无论这些权重位于神经网络的哪个部分。

（2）结构化剪枝（Structured pruning）：这种方法修剪头部或层。

但是，剪枝过程必须与现代图形处理单元兼容。

大多数库（如 Torch 或 TensorFlow）都具有此功能。本小节将描述如何使用 Torch 库修剪模型。可以使用许多不同的方法（基于数量或相互的信息）进行剪枝。最容易理解和实现的方法之一是 L1 剪枝方法。该方法获取每一层的权重，并将 L1 – 范数最小的层归 0。还可以指定剪枝后必须将权重转换为 0 的百分比。为了使这个例子更容易理解并显示这个例子对模型的影响，此处使用第 7 章中的文本表示示例，并修剪模型，然后查看修剪后的性能。

（1）使用 RoBERTa 模型。可以使用以下代码加载模型。

---

① 原著此处代码缩进有误，译者做了调整。——译者注

```
from sentence_transformers import SentenceTransformer
distilroberta = SentenceTransformer('stsb-distilrobertabase-v2')
```

(2）需要加载度量指标和数据集进行评估。代码如下所示。

```
from datasets import load_metric, load_dataset
stsb_metric = load_metric('glue','stsb')
stsb = load_dataset('glue','stsb')
mrpc_metric = load_metric('glue','mrpc')
mrpc = load_dataset('glue','mrpc')
```

(3）为了评估模型，与第7章中一样，可以使用以下代码所示的函数。

```
import math
import tensorflow as tf
def roberta_sts_benchmark(batch):
    sts_encode1 = tf.nn.l2_normalize(
                    distilroberta.encode(batch['sentence1']),
                    axis=1)
    sts_encode2 = tf.nn.l2_normalize(
                    distilroberta.encode(batch['sentence2']), axis=1)
    cosine_similarities = tf.reduce_sum(
                    tf.multiply(sts_encode1, sts_encode2), axis=1)
    clip_cosine_similarities = tf.clip_by_value(cosine_similarities, -1.0, 1.0)
    scores = 1.0 - \
             tf.acos(clip_cosine_similarities) /math.pi
    return scores
```

(4）设置标签。代码如下所示。

```
references = stsb['validation'][:]['label']
```

(5）为了运行基本模型而不进行任何更改，执行如下代码所示的操作。

```
distilroberta_results = roberta_sts_benchmark(stsb['validation'])
```

(6）完成上述所有工作后，以下是开始实际修剪模型的操作步骤。

```
from torch.nn.utils import prune
pruner = prune.L1Unstructured(amount=0.2)
```

(7）前面的代码使用L1-范数修剪了每个层中的20%权重，从而生成一个剪枝对象。为了将其应用于模型，可以使用以下代码。

```
state_dict = distilroberta.state_dict()
for key in state_dict.keys():
```

```
        if "weight" in key:
            state_dict[key] = pruner.prune(state_dict[key])
```

以上代码将迭代删减名称中包含 weight 的所有层。换句话说，将删减所有权重层，而不触及有偏差的层。当然，出于实验目的，建议读者亲自尝试一下。

（8）同样，最好将状态字典重新加载到模型中。

```
distilroberta.load_state_dict(state_dict)
```

（9）现在已经完成了所有工作，可以测试新模型。

```
distilroberta_results_p = roberta_sts_benchmark(stsb['validation'])
```

（10）为了获得结果的更好可视化表示，可以使用以下代码。

```
import pandas as pd
pd.DataFrame({
"DistilRoberta":stsb_metric.
compute(predictions=distilroberta_results,
references=references),
"DistilRobertaPruned":stsb_metric.
compute(predictions=distilroberta_results_p,
references=references)
})
```

结果如图 8-2 所示。

	DistilRoberta	DistilRobertaPruned
pearson	0.888461	0.849915
spearmanr	0.889246	0.849125

图 8-2　原始模型和剪枝后的模型的比较

本小节所做的工作是消除了模型所有权重的 20%，减小了模型的大小，降低了计算成本，并在性能上损失了 4%。然而，该步骤可以与量化等其他技术结合，这将在下一小节中探讨。

这种类型的剪枝应用于层中的某些权重。但是，也可以完全删除 Transformer 结构的某些部分或层。例如，可以删除一些注意力头并跟踪更改。

PyTorch 中还有其他类型的剪枝算法，如迭代剪枝和全局剪枝，都值得尝试。

8.3.3　量化

量化是一个信号处理和通信术语，通常用于强调所提供数据的准确率。就数据分辨率而言，位数越多，意味着准确率和精确度就更高。例如，如果有一个由 4 位表示的变量，并且希望将其量化为 2 位，则意味着必须降低分辨率的精度。使用 4 位可以指定 16 种不同的状态，而使用 2 位可以区分 4 种状态。换句话说，通过将数据分辨率从 4 位降低到 2 位，可以节省 50% 的空间和复杂性。

许多流行的库，如 TensorFlow、PyTorch 和 MXNET 等，都支持混合精度操作。回顾第 5 章中 TrainingArguments 类的 fp16 参数。fp16 参数的使用提高了计算效率，因为现代图形处理单元为降低精度的数学运算提供了更高的效率，但结果累加到 fp32 中。混合精度可以减少训练所需的内存使用，这允许增加批次或增大模型规模。

量化可以应用于模型权重，以降低其分辨率并节省计算时间、内存和存储。在本小节中，尝试量化上一小节中剪枝后的模型。

（1）为了做到这一点，可以使用以下代码用 8 位整数（注意不是浮点数）表示量化模型。

```
import torch
distilroberta = torch.quantization.quantize_dynamic(
                model = distilroberta,
                qconfig_spec = {
                        torch.nn.Linear :
                        torch.quantization.default_dynamic_qconfig,
                },
                dtype = torch.qint8)
```

（2）可以使用以下代码获得评估结果。

```
distilroberta_results_pq = roberta_sts_benchmark(stsb['validation'])
```

（3）与前面一样，可以查看结果。

```
pd.DataFrame({
"DistilRoberta":stsb_metric.
compute(predictions = distilroberta_results,
references = references),
"DistilRobertaPruned":stsb_metric.
compute(predictions = distilroberta_results_p,
references = references),
"DistilRobertaPrunedQINT8":stsb_metric.
compute(predictions = distilroberta_results_pq,
references = references)
})
```

结果如图 8-3 所示。

	DistilRoberta	DistilRobertaPruned	DistilRobertaPrunedQINT8
pearson	0.888461	0.849915	0.826784
spearmanr	0.889246	0.849125	0.824857

图 8-3　原始模型、剪枝后的模型和量化模型的比较

（4）到目前为止，只需使用一个经过提炼的模型，对其进行剪枝，然后对其进行量化，以减小该模型的规模和降低其复杂度。接下来，可以查看通过保存模型节省了多

少空间。保存模型的代码如下所示。

```
distilroberta.save("model_pq")
```

使用以下代码查看模型的大小。

```
ls model_pq/0_Transformer/ -l --block-size=M |grep pytorch_model.bin
-rw-r--r-- 1 root 191M May 23 14:53 pytorch_model.bin
```

正如所见，模型的大小是191MB。该模型的初始大小为313MB，这意味着成功地将模型的大小减小到其原始大小的61%，而性能仅损失了6%~6.5%。请注意，在Mac上可能不支持block-size参数，可能需要使用-lh参数。

到目前为止，本节介绍了为业界使用的实际模型准备方面的剪枝和量化，同时还获得了有关提炼过程及其作用的信息。还有许多其他方法可以执行剪枝和量化，在阅读本小节之后，读者可以进一步拓展所学知识。有关更多相关信息和指南，请参阅移动剪枝（movement pruning），相关网址为 https://github.com/huggingface/block_movement_pruning。这是一种简单而确定的一阶权重剪枝方法，它利用训练中的权重变化来找出哪些权重的使用概率更小，从而对训练结果的影响更小。

8.4 使用高效的自注意力机制

高效的方法限制了注意力机制获得有效的Transformer模型，因为Transformer的计算和记忆复杂性主要在于自注意力机制。注意力机制与输入序列长度的平方成正比。对于较短的输入系列，二次复杂度可能不成问题。然而，为了处理较长的文档，需要改进注意力机制，使注意力机制随序列长度线性增加。

可以将高效的注意力解决方案大致分为以下3种类别。

（1）固定模式下的稀疏注意力机制。

（2）可学习的模式。

（3）低秩因子分解/核函数。

接下来，从固定模式下的稀疏注意力机制开始学习。

8.4.1 固定模式下的稀疏注意力机制

回顾一下，注意力机制是由查询、键和值组成的，大致如下所示。

$$\text{Attention}(Q,K,V) = \text{Score}(Q,K) \cdot V$$

其中，Score()函数［主要是softmax()］执行QK^T乘法，这需要$O(n^2)$内存复杂度和计算复杂度，因为标记位置以完全自注意力模式关注所有其他标记的位置，以构建其位置嵌入。正因为对所有的标记位置重复了相同的过程以获得位置的嵌入，从而导致二次复杂度问题。这是一种非常昂贵的学习方式，特别是对于长程上下文自然语言处理问题。读者自然会提出这样的一个问题：是否需要如此密集的相互作用？也许存在更简单的计算方法？许多研究人员已经解决了这个问题，并采用了各种技术来减轻复杂性负担，降低自注意力机制的二次复杂度。这些技术主要在性能、计算和内存之间进行权衡，特别是对于长文档。

降低复杂性的最简单方法是稀疏完全自注意力矩阵，或者找到另一种更简单的方法来近似完全自注意力矩阵。稀疏注意力模式描述了如何连接/断开某些位置，而不干扰通过各层的信息流动，这有助于模型跟踪长期依赖性并构建句子级编码。

图8-4按顺序描述了完全自注意力和稀疏注意力，其中行对应于输出位置，列对应于输入位置。一个完全自注意力模型将直接在任意两个位置之间传递信息。另外，在局部滑动窗口注意力［即稀疏注意力，如图8-4（b）所示］中，空单元格表示相应的输入-输出位置之间没有交互作用。图8-4中的稀疏注意力模型基于固定模式，即某些手动设计的规则。更具体地说，局部滑动窗口注意力是最早提出的方法之一，也被称为基于局部的固定模式方法。其背后的假设是，有用的信息位于每个相邻位置。每个查询标记都会考虑该位置的左侧window/2键标记和该位置的右侧window/2键标记。在以下示例中，窗口大小选择为4。这条规则同样适用于Transformer的每一层。在一些研究中，当窗口沿着层向前移动时，窗口大小会增加。

图8-4简单描述了完全自注意力机制和稀疏注意力机制的区别。

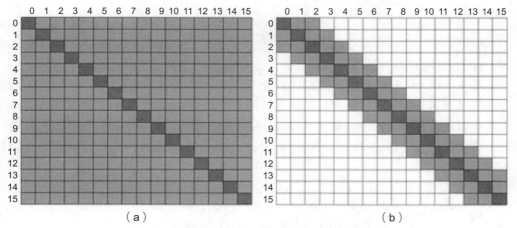

图8-4 完全自注意力机制与稀疏注意力机制的对比

在稀疏注意力机制模式下，信息通过模型中的连接节点（非空单元格）传输。例如，稀疏注意力矩阵的输出位置7不能直接关注输入位置3［请参见图8-4（b）中的稀疏注意力矩阵］，因为单元格（7，3）被视为空。然而，位置7通过标记位置5间接地关注位置3，即（7→5，5→3 =>7→3）。图8-4还说明，虽然完全自注意力会产生n^2个活动单元格（或者称为顶点），但稀疏注意力模型产生的活动单元格约为$5 \times n$。

另一种重要类型是全局注意力。一些选定的标记或一些注入的标记被用作全局注意力，可以关注其他所有位置，并被其他所有位置所关注。因此，任意两个标记位置之间的最大路径距离等于2。假设有一个句子［GLB，the，cat，is，very，sad］，其中GLB是一个注入的全局标记，窗口大小为2，这意味着标记只能处理其直接相邻的左、右标记，也可以处理 GLB。虽然 cat 和 sad 之间没有直接的交互，但是可以跟随 cat→GLB，GLB→sad 交互，也就是说，cat 和 sad 之间通过 GLB 标记创建一个超链接。全局标记可以从现有标记中选择，也可以像 CLS 标记一样添加。如图 8-5 所示，前两个标记位置被选为全局标记。

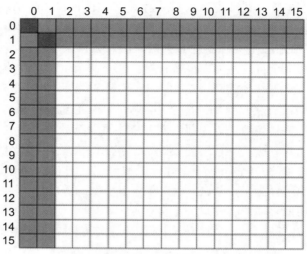

图 8-5 全局注意力

顺便说一下，这些全局标记也不必在句子的开头。例如，Longformer 模型随机选择前两个标记之外的全局标记。

还有 4 种更为常见的模式。随机注意力（Random Attention）[图 8-6（a）中的矩阵]用于从现有标记中随机选择标记来缓解信息流动。但大多数时候，将随机注意力作为由其他模型组合而成的组合模式（Combined Pattern）[图 8-6（c）中的矩阵]的一部分。扩张注意力（Dilated Attention）[图 8-6（b）中的矩阵]类似滑动窗口，但窗口中存在一些间隙。

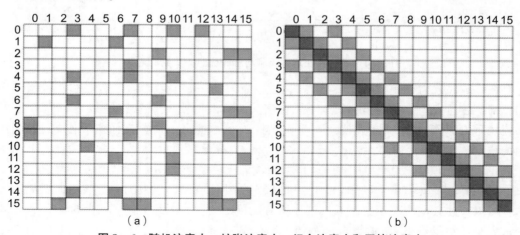

图 8-6 随机注意力、扩张注意力、组合注意力和区块注意力

区块注意力模式（Blockwise Pattern）[图 8-6（d）中的矩阵] 为其他模式提供了基础。它将标记分成固定数量的块，这对于长程上下文问题特别有用。例如，当使用大小为 512 的区块对 4 096×4 096 注意矩阵进行分块时，将形成 8 个（512×512）查询块和键块。许多有效的模型，如 BigBird 和 Reformer，大多将标记进行分块以降低复杂性。

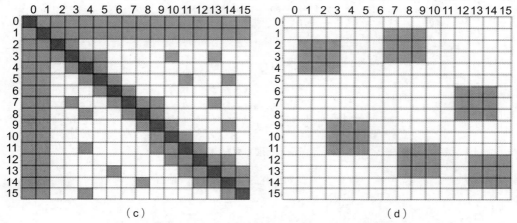

图 8-6 随机注意力、扩张注意力、组合注意力和区块注意力（续）

值得注意的是，所提议的模式必须得到加速器和库的支持。在编写本章时，一些注意力模式（如扩张模式）需要特殊的矩阵乘法，而当前的深度学习库（如 PyTorch 或 TensorFlow）并不直接支持这种乘法。

接下来，准备对高效的 Transformer 进行一些实验，并将继续使用 Transformer 库支持的模型，这些模型在 Hugging Face 平台上具有检查点。Longformer 是使用稀疏注意力的模型之一。它结合了滑动窗口和全局注意力，还支持扩张的滑动窗口注意力。

（1）在开始实验之前，需要安装用于基准测试的 py3nvml 包。请记住，本书已经在第 2 章中讨论过如何应用基准测试。

```
!pip install py3nvml
```

（2）还需要检查设备，以确保没有正在运行的进程。

```
!nvidia-smi
```

输出结果如图 8-7 所示。

（3）目前，Longformer 的作者分享了几个检查点。使用以下代码片段加载 Longformer 检查点 allenai/longformer-base-4096，并处理长文本。

```
from transformers import LongformerTokenizer, LongformerForSequenceClassification
import torch
tokenizer = LongformerTokenizer.from_pretrained('allenai/longformer-base-4096')
model=LongformerForSequenceClassification.from_pretrained(
```

```
Sat May 22 13:43:18 2021
+-----------------------------------------------------------------------------+
| NVIDIA-SMI 465.19.01    Driver Version: 460.32.03    CUDA Version: 11.2     |
|-------------------------------+----------------------+----------------------+
| GPU  Name        Persistence-M| Bus-Id        Disp.A | Volatile Uncorr. ECC |
| Fan  Temp  Perf  Pwr:Usage/Cap|         Memory-Usage | GPU-Util  Compute M. |
|                               |                      |               MIG M. |
|===============================+======================+======================|
|   0  Tesla P100-PCIE...  Off  | 00000000:00:04.0 Off |                    0 |
| N/A   36C    P0    26W / 250W |     0MiB / 16280MiB  |      0%      Default |
|                               |                      |                  N/A |
+-------------------------------+----------------------+----------------------+

+-----------------------------------------------------------------------------+
| Processes:                                                                  |
|  GPU   GI   CI        PID   Type   Process name                  GPU Memory |
|        ID   ID                                                   Usage      |
|=============================================================================|
|  No running processes found                                                 |
+-----------------------------------------------------------------------------+
```

图 8 – 7　图形处理单元的使用情况

```
'allenai/longformer-base-4096')
sequence = "hello " * 4093
inputs = tokenizer(sequence, return_tensors = "pt")
print("input shape: ",inputs.input_ids.shape)
outputs = model( ** inputs)
```

（4）输出结果如下所示。

```
input shape: torch.Size([1, 4096])
```

如上面的代码所示，Longformer 可以处理长度达 4 096 的序列。当传递长度超过 4 096（这是最长序列长度的上限）的序列时，将产生错误信息 "IndexError：index out of range in self（索引错误：索引超过了有效范围）"。

Longformer 的默认 attention_window（注意力窗口）的大小是 512，这是每个标记周围的注意力窗口的大小。在下面的代码中，实例化了两个 Longformer 配置对象。其中，第一个是默认的 Longformer；第二个是轻量级的 Longformer，此处将窗口大小设置为较小的值（如 4），以便模型变得更轻量级。

（1）请注意下面的例子。始终调用 XformerConfig.from_pretrained()。此调用不会下载模型检查点的实际权重，而只是从 Hugging Face Hub 下载配置。在本小节中，由于不会进行微调，因此只需配置信息。

```
from transformers import LongformerConfig, \
PyTorchBenchmark, PyTorchBenchmarkArguments
config_longformer = LongformerConfig.from_pretrained(
    "allenai/longformer-base-4096")
config_longformer_window4 = LongformerConfig.from_pretrained(
    "allenai/longformer-base-4096",
    attention_window = 4)
```

（2）通过这些配置实例，可以使用自己的数据集对 Longformer 语言模型进行训练，将配置对象传递给 Longformer 模型。代码如下所示。

```
from transformers import LongformerModel
model = LongformerModel(config_longformer)
```

除了训练 Longformer 模型之外，还可以将经过训练的检查点微调到下游任务。为此，可以继续应用代码，请参照第 3 章进行语言模型训练，参照第 5 章和第 6 章进行微调。

（3）现在，在不同输入长度 [128，256，512，1 024，2 048，4 096] 下的两种配置，将使用 PyTorchBenchmark 对两者的时间性能和内存性能进行比较。代码如下所示。

```
sequence_lengths =[128,256,512,1024,2048,4096]
models =["config_longformer","config_longformer_window4"]
configs =[eval(m) for m in models]
benchmark_args = PyTorchBenchmarkArguments(
    sequence_lengths = sequence_lengths,
    batch_sizes =[1],
    models = models)
benchmark = PyTorchBenchmark(
    configs = configs,
    args = benchmark_args)
results = benchmark.run()
```

（4）输出结果如图 8-8 所示。

有关 PyTorchBenchmarkArguments 的一些提示：如果用户希望同时看到训练的性能和推理的性能，那么应该将参数 training 设置为 True（默认值为 False）；如果用户希望查看当前的环境信息，那么可以将 no_env_print 设置为 False 来执行此操作（默认值为 True）。

接下来，将性能可视化，使其更易于解释。为此，定义了一个 plotMe() 函数，因为在进一步的实验中也需要该函数。该函数根据默认情况下运行时的复杂度或内存占用率来绘制推理性能。

（1）定义如下函数。

```
import matplotlib.pyplot as plt
def plotMe(results,title = "Time"):
    plt.figure(figsize =(8,8))
    fmts = ["rs--","go--","b+-","c-o"]
    q = results.memory_inference_result
    if title == "Time":
        q = results.time_inference_result
    models = list(q.keys())
    seq = list(q[models[0]]['result'][1].keys())
```

```
1 / 2
2 / 2
==================== INFERENCE - SPEED - RESULT ====================
--------------------------------------------------------------------
       Model Name              Batch Size    Seq Length    Time in s
--------------------------------------------------------------------
       config_longformer           1            128          0.036
       config_longformer           1            256          0.036
       config_longformer           1            512          0.036
       config_longformer           1           1024          0.064
       config_longformer           1           2048          0.117
       config_longformer           1           4096          0.226
   config_longformer_window4       1            128          0.019
   config_longformer_window4       1            256          0.022
   config_longformer_window4       1            512          0.028
   config_longformer_window4       1           1024          0.044
   config_longformer_window4       1           2048          0.074
   config_longformer_window4       1           4096          0.136

==================== INFERENCE - MEMORY - RESULT ====================
--------------------------------------------------------------------
       Model Name              Batch Size    Seq Length   Memory in MB
--------------------------------------------------------------------
       config_longformer           1            128          1595
       config_longformer           1            256          1595
       config_longformer           1            512          1595
       config_longformer           1           1024          1679
       config_longformer           1           2048          1793
       config_longformer           1           4096          2089
   config_longformer_window4       1            128          1525
   config_longformer_window4       1            256          1527
   config_longformer_window4       1            512          1541
   config_longformer_window4       1           1024          1561
   config_longformer_window4       1           2048          1643
   config_longformer_window4       1           4096          1763
```

图 8-8 基准测试的结果

```
models_perf = [list(q[m]['result'][1].values()) for m in models]
plt.xlabel('Sequence Length')
plt.ylabel(title)
plt.title('Inference Result')
for perf,fmt in zip(models_perf,fmts):
    plt.plot(seq, perf,fmt)
plt.legend(models)
plt.show()
```

（2）可以观察一下两个 Longformer 配置的计算性能。代码如下所示。

```
plotMe(results)
```

它将绘制图 8-9 所示的图形。

在本示例和下一个示例中，将看到从长度 512 开始的重量级模型和轻量级模型的主要区别。图 8-9 显示了轻量级的 Longformer 模型（以绿色显示、窗口长度为 4 的模型）在时间复杂度方面的性能比预期的更好。同时还看到两个 Longformer 模型以线性时间复杂度处理输入。

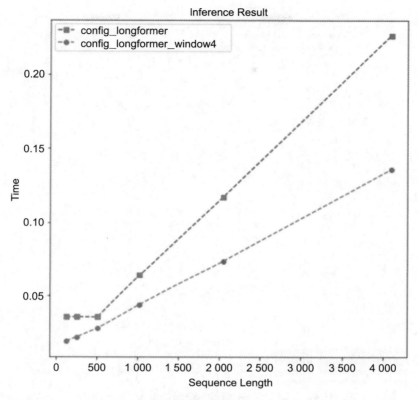

图 8-9 序列长度上的速度性能（Longformer）

（3）从内存性能的角度来评估这两种模型。代码如下所示。

```
plotMe(results,"Memory")
```

它将绘制图 8-10 所示的图形。

同样，在长度小于 512 时，没有实质性的差异。对于其余部分，观察到了与时间性能类似的内存性能。显然，Longformer 自注意力的记忆复杂性是线性的。另外，值得注意的是，这里还没有讨论任何关于模型任务性能方面的内容。

借助 PyTorchBenchmark 脚本，用户已经成功地交叉检测了这些模型。当选择语言模型应该使用的配置信息时，这个脚本非常有用。在开始真正的语言模型训练和微调之前，了解这一点至关重要。

另一个利用稀疏注意力并且表现最佳的模型是 BigBird（Zohen 等提出，2020 年）。作者声称他们的稀疏注意力机制（作者称之为广义注意力机制）在线性时间内保留了一般 Transformer 的完全自注意力机制的所有功能。作者将注意力矩阵视为有向图，以便利用图论算法。他们从图稀疏化算法中得到了灵感，该算法通过图 G' 近似给定的图 G，而图 G' 具有较少的边或顶点。

BigBird 是一种分块注意力模型，可以处理长度达 4 096 的序列。该模型首先将查询

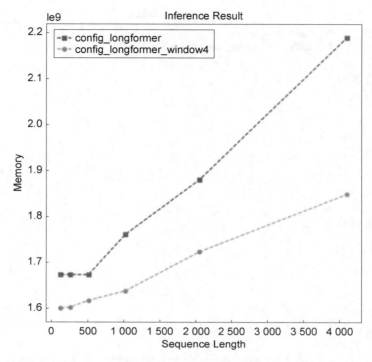

图 8-10 序列长度上的内存性能（Longformer）

和键打包在一起以阻塞注意力模式，然后在这些区块上定义注意力。该模型利用随机、滑动窗口和全局注意力。

（4）与 Longformer transformer 模型一样，首先加载并使用 BigBird 模型检查点的配置。在 Hugging Face Hub 中，有开发人员共享的几个 BigBird 检查点。选择原始的 BigBird 模型 google/bigbird-roberta-base，该模型从 roberta 检查点开始训练。再次声明，此处不是下载模型检查点的权重，而是下载配置信息。BigBirdConfig 的实现允许对完全自注意力和稀疏注意力进行比较。因此，可以观察和检测稀疏化是否会将完全注意力的复杂度 $O(n^2)$① 降低到一个较低的水平。同样，在长度小于 512 时，没有明显地观察到二次复杂性。可以从这个层面上看到复杂性。将注意力类型设置为 original-full，以提供一个完全自注意力模型。为了进行比较，创建了两种配置：第一种是 BigBird 的原始稀疏方法；第二种是使用完全自注意力模型的模型。

（5）将这两种配置分别称为 sparseBird 和 fullBird。代码如下所示。

```
from transformers import BigBirdConfig
# 默认的 Bird 使用参数:num_random_blocks =3 并且 block_size =64
sparseBird = BigBirdConfig.from_pretrained(
"google/bigbird-roberta-base")
```

---

① 原著此处有误，此处的 2 并不是幂运算符（^）的上标，此处表示 n 的平方值。——译者注

```
fullBird = BigBirdConfig.from_pretrained(
"google/bigbird-roberta-base",
attention_type = "original_full")
```

（6）请注意，对于小于或等于512的序列长度，由于区块大小和序列长度不一致，所以BigBird模型的工作方式为完全自注意力模式。

```
sequence_lengths = [256,512,1024,2048,3072,4096]
models = ["sparseBird","fullBird"]
configs = [eval(m) for m in models]
benchmark_args = PyTorchBenchmarkArguments(
    sequence_lengths = sequence_lengths,
    batch_sizes = [1],
    models = models)
benchmark = PyTorchBenchmark(
    configs = configs,
    args = benchmark_args)
results = benchmark.run()
```

输出结果如图8-11所示。

```
==================== INFERENCE - SPEED - RESULT ====================
--------------------------------------------------------------------
   Model Name     Batch Size     Seq Length     Time in s
--------------------------------------------------------------------
   sparseBird         1              256          0.014
   sparseBird         1              512          0.029
   sparseBird         1             1024          0.112
   sparseBird         1             2048          0.288
   sparseBird         1             3072          0.217
   sparseBird         1             4096          0.279
   fullBird           1              256          0.014
   fullBird           1              512          0.024
   fullBird           1             1024          0.049
   fullBird           1             2048          0.123
   fullBird           1             3072          0.232
   fullBird           1             4096          0.348
--------------------------------------------------------------------

==================== INFERENCE - MEMORY - RESULT ===================
--------------------------------------------------------------------
   Model Name     Batch Size     Seq Length     Memory in MB
--------------------------------------------------------------------
   sparseBird         1              256          1495
   sparseBird         1              512          1571
   sparseBird         1             1024          1777
   sparseBird         1             2048          2195
   sparseBird         1             3072          2591
   sparseBird         1             4096          2969
   fullBird           1              256          1495
   fullBird           1              512          1571
   fullBird           1             1024          1801
   fullBird           1             2048          2257
   fullBird           1             3072          2955
   fullBird           1             4096          3835
--------------------------------------------------------------------
```

图8-11 基准测试的结果（BigBird）

（7）同样，绘制时间性能。代码如下所示。

```
plotMe(results)
```

它将绘制图 8-12 所示的图形。

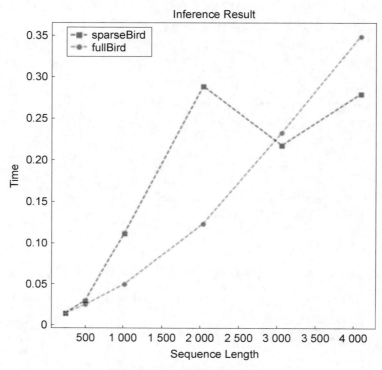

图 8-12　时间性能（BigBird）

在一定程度上，完全自注意力模型的表现优于稀疏模型。然而，可以观察到 fullBird 的二次时间复杂度。因此，在某一点之后，还可看到稀疏注意力模型在接近尾部时突然优于完全自注意力模型。

（8）检查内存的复杂性。代码如下所示。

```
plotMe(results,"Memory")
```

输出结果如图 8-13 所示。

在图 8-13 中，可以清楚地看到线性内存复杂度和二次内存复杂度。同样，在某一点（本例中的长度 2 000）之前，不能明显区分两者的差别。

接下来，讨论可学习的模式，并使用能够处理较长输入的模型。

8.4.2　可学习的模式

基于学习的模式是固定（预定义）模式的替代方案。这些方法以无监督的数据驱动方式提取模式。它们利用一些技术来度量查询和键之间的相似性，从而正确地实现聚

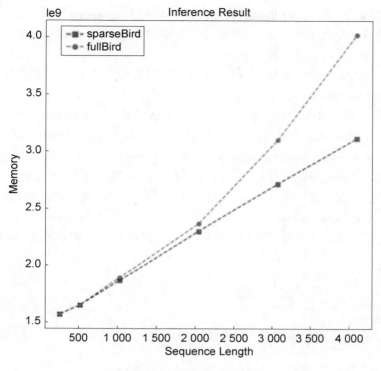

图 8-13 内存性能（BigBird）

类。Transformer 首先学习如何对标记进行聚类，然后限制交互，以获得注意力矩阵的最佳视图。

现在，将使用 Reformer 进行一些实验，Reformer 是基于可学习模式的既重要又高效的模型之一。在此之前，首先讨论 Reformer 模型对自然语言处理领域的贡献，其主要贡献如下。

（1）Reformer 模型采用局部自注意力（Local Self Attention，LSA），将输入分割为 n 个区块，以减少复杂性瓶颈。但这种分割过程使边界标记无法注意其近邻。例如，在区块 [a，b，c] 和 [d，e，f] 中，标记 d 不能处理其直接上下文 c。作为补救措施，Reformer 通过控制先前相邻区块数的参数来扩展每个区块。

（2）Reformer 模型最重要的贡献是利用局部敏感哈希（Locality Sensitive Hashing，LSH）函数，该函数将相同的值赋给相似的查询向量。注意力通过比较最相似的向量来近似，这有助于降低维度，然后稀疏化矩阵。这是一种安全操作，因为 softmax（）函数主要受较大的值控制，并且可以忽略不同的向量。此外，对于给定的查询，不会找到相关的键，只会找到并执行类似的查询，也就是说，一个查询的位置只能涉及具有较高余弦相似性的其他查询的位置。

（3）为了减少内存的占用，Reformer 使用可逆残差层，从而避免了在可逆残差网络（Reversible Residual Network，RevNet）之后需要存储所有层的激活以用于反向传播，因为任何层的激活都可以从下一层的激活中恢复。

值得注意的是，Reformer 模型和许多其他高效的 Transformer 都受到了批评，因为在实践中，当输入长度很长时，这些模型的效率仅比普通的 Transformer 高［参考文献为 Efficient Transformers：A Survey（高效的 Transformers：研究综述），Yi Tay, Mostafa Dehghani, Dara Bahri, Donald Metzler］。在早期的实验中也观察到类似的结果（具体请参见 BigBird 和 Longformer 实验）。

（4）现在，使用 Reformer 进行一些实验。再次感谢 Hugging Face 社区，Transformer 库为用户提供了 Reformer 实现及其预训练的检查点。接下来，利用如下网址加载原始检查点的配置——google/reformer-enwik8，并调整一些设置以在完全自注意力模式下工作。当 lsh_attn_chunk_length 和 local_attn_chunk_length 被设置为 16 384（这是 Reformer 可以处理的最大长度）时，Reformer 实例将没有机会进行局部优化，而是像一个具有完全注意力的普通 Transformer 一样自动工作。这里称其为 fullReformer。对于原始 Reformer，这里使用原始检查点的默认参数实例化该模型，并称其为 sparseReformer。代码如下所示。

```
from transformers import ReformerConfig
fullReformer = ReformerConfig \
    .from_pretrained("google/reformer-enwik8",
    lsh_attn_chunk_length=16384,
    local_attn_chunk_length=16384)
sparseReformer = ReformerConfig \
    .from_pretrained("google/reformer-enwik8")
sequence_lengths=[256,512,1024,2048,4096,8192,12000]
models=["fullReformer","sparseReformer"]
configs=[eval(e) for e in models]
```

请注意，Reformer 模型可以处理长度达 16 384 的序列，但是对于完全自注意力模式，由于环境的加速器容量限制，注意力矩阵并不适用于图形处理单元，将会收到统一计算设备架构（Compute Unified Device Architecture，CUDA）内存不足的警告。因此，此处将最大长度设置为 12 000。如果用户有更合适的环境，那么也可以增大这个最大长度值。

（5）按以下方式运行基准测试。

```
benchmark_args = PyTorchBenchmarkArguments(
    sequence_lengths=sequence_lengths,
    batch_sizes=[1],
    models=models)
benchmark = PyTorchBenchmark(
    configs=configs,
    args=benchmark_args)
result = benchmark.run()
```

输出结果如图 8-14 所示。

```
==================== INFERENCE - SPEED - RESULT ====================
  Model Name            Batch Size     Seq Length      Time in s
--------------------------------------------------------------------
  fullReformer              1             256           0.024
  fullReformer              1             512           0.036
  fullReformer              1            1024           0.075
  fullReformer              1            2048           0.196
  fullReformer              1            4096           0.529
  fullReformer              1            8192           1.722
  fullReformer              1           12000           3.443
  sparseReformer            1             256           0.026
  sparseReformer            1             512           0.049
  sparseReformer            1            1024           0.084
  sparseReformer            1            2048           0.165
  sparseReformer            1            4096           0.296
  sparseReformer            1            8192           0.576
  sparseReformer            1           12000           0.869

==================== INFERENCE - MEMORY - RESULT ====================
  Model Name            Batch Size     Seq Length      Memory in MB
--------------------------------------------------------------------
  fullReformer              1             256           1511
  fullReformer              1             512           1551
  fullReformer              1            1024           1671
  fullReformer              1            2048           2115
  fullReformer              1            4096           3791
  fullReformer              1            8192           8415
  fullReformer              1           12000          16191
  sparseReformer            1             256           1509
  sparseReformer            1             512           1705
  sparseReformer            1            1024           1885
  sparseReformer            1            2048           2339
  sparseReformer            1            4096           3143
  sparseReformer            1            8192           4803
  sparseReformer            1           12000           6367
```

图 8–14 基准测试的结果

（6）可视化时间性能的结果。代码如下所示。

```
plotMe(result)
```

输出结果如图 8–15 所示。

（7）可以观察到模型的线性复杂度和二次复杂度。通过运行以下代码，可以观察到内存占用具有类似的特征。

```
plotMe(result,"Memory Footprint")
```

所绘制的图表如图 8–16 所示。

正如所料，稀疏注意力 Reformer 产生了一个轻量级的模型。然而，正如前面所说，在达到一定长度之前，很难观察到二次复杂度和线性复杂度的差别。所有这些实验都表明，高效的 Transformer 可以降低较长文本的时间复杂度和内存复杂度。那么任务的性能如何呢？分类任务或摘要任务的准确率如何？为了回答这个问题，可以进行一个实验测

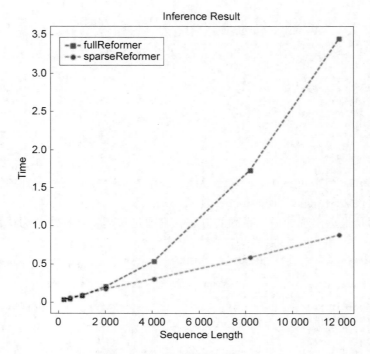

图 8 – 15　时间性能（Reformer）

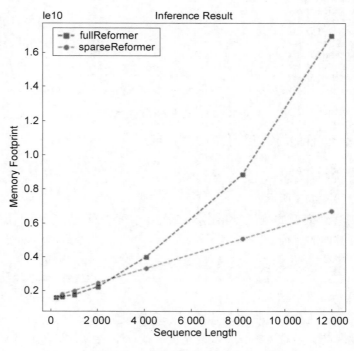

图 8 – 16　内存使用（Reformer）

试，或者直接查看与模型相关文章中的性能报告。对于实验测试，读者可以重复第 4 章和第 5 章中的代码，通过实例化一个高效的模型代替普通的 Transformer。读者可以使用模型跟踪工具来跟踪模型的性能并对模型进行优化，第 11 章将详细讨论这些工具。

8.4.3 低秩因子分解、核函数和其他方法

高效模型的最新发展趋势是利用完全自注意力矩阵的低秩近似。这些模型被认为是最轻量级的，因为它们可以在计算时间和内存占用方面将自注意力复杂度从 $O(n^2)$[①] 降低到 $O(n)$。选择一个非常小的投影维数 k，使 $k << n$，内存复杂度和空间复杂度就会大大降低。Linformer 和 Synthesizer 都是通过低秩因子分解有效逼近完全注意力的模型，也都是通过线性投影分解原始 Transformer 注意力的点积 $N \times N$。

核注意力是最近出现的另一系列的方法，它通过核化来观察注意力机制，从而提高效率。核是一个函数，该函数接收两个向量参数，并返回其投影与特征映射的乘积。核使用户能够在高维特征空间中操作，而无须计算该高维空间中数据的坐标，从而避免了在高维空间中计算的昂贵代价。这正是核技巧发挥的作用。基于核化的高效模型使用户能够重写自注意力机制，从而避免显式计算 $N \times N$ 矩阵。在机器学习中，关于核方法的算法最常用的是支持向量机，其中径向基函数核或多项式核被广泛使用，特别是对于非线性问题。对于 Transformer，最显著的例子是 Performer 和线性 Transformer。

8.5 本章小结

本章的重要性在于，介绍了如何在有限的计算能力下减轻运行大型模型的负担。

首先，讨论并实现了如何使用提炼、剪枝和量化从经过训练的模型中生成有效的模型。预训练较小的通用语言模型（如 DistilBERT）非常重要。与非提炼模型相比，此类轻量级模型可以在各种问题上进行微调，并具有良好的性能。

其次，获得了有关高效稀疏 Transformer 的知识，它们使用近似技术（如 Linformer、BigBird、Performer 等）将完全自注意力矩阵替换为稀疏矩阵。同时，观察了这些高效稀疏 Transformer 在各种基准测试上的表现，如计算复杂度和内存复杂度。实例结果表明，这些方法能够在不牺牲性能的情况下将二次复杂度降低为线性复杂度。

下一章将讨论其他重要主题：跨语言和多语言建模。

---

① 原著此处有误，应该是 n 的平方，而不是 n2。——译者注

第 9 章

跨语言和多语言建模

到目前为止，读者学习了许多基于 Transformer 的体系结构——从仅使用编码器的模型到仅使用解码器的模型，从高效的 Transformer 到长程上下文 Transformer，还学习了基于 Siamese 网络的语义文本表示。然而，本书仅从单语言问题的角度讨论了所有这些模型。假设这些模型都只能理解一种语言。如果忽略语言本身，这些模型并不能对文本有一个全面的理解。事实上，其中一些模型有相对应的多语言变体：来自 Transformer 的多语言双向编码器表示（Multilingual Bidirectional Encoder Representations from Transformers，mBERT）、多语言文本到文本迁移 Transformer（Multilingual Text-to-Text Transfer Transformer，mT5）、多语言双向和自回归 Transformer（Multilingual Bidirectional and Auto-Regressive Transformer，mBART）等。另外，还有一些模型是专门为多语言设计的，并以跨语言目标进行训练。例如，跨语言的语言模型（Cross-Lingual Language Model，XLM）就是这样的一种方法，本章将对它进行详细描述。

本章将介绍语言间知识共享的概念。BPE 对标记化部分的影响也是另一个重要主题，其目的是实现更好的输入。本章将详细介绍使用跨语言的自然语言推理（Cross-Lingual Natural Language Inference，XNLI）语料库的跨语言句子相似性；通过自然语言处理中实际问题的具体例子（如多语言意图分类），介绍用于在一种语言上训练并在另一种语言上测试的任务（如跨语言分类和跨语言句子表征）。

本章将介绍以下主题。
（1）翻译语言建模与跨语言知识共享。
（2）跨语言的语言模型和来自 Transformer 的多语言双向编码器表示。
（3）跨语言相似性任务。
（4）跨语言分类。
（5）跨语言零样本学习。
（6）多语言模型的基本局限性。
（7）微调多语言模型的性能。

9.1 技术需求

本章使用 Jupyter Notebook 运行编码练习，要求安装 Python 3.6 或以上的版本，还必须确保安装以下软件包。

(1) TensorFlow；
(2) PyTorch；
(3) Transformers（不低于4.0.0版本）；
(4) datasets；
(5) sentence-transformers；
(6) umap-learn；
(7) openpyxl。

可以通过以下GitHub链接获得本章中所有编码练习的Jupyter Notebook：
https://github.com/PacktPublishing/Mastering-Transformers/tree/main/CH09。

9.2 翻译语言建模与跨语言知识共享

到目前为止，读者学习了类似完形填空任务的带掩码机制的语言建模。然而，基于方法本身及其实际用途，使用神经网络的语言建模分为以下3种类别。
(1) 带掩码机制的语言建模。
(2) 因果语言建模（Causal Language Modeling，CLM）。
(3) 翻译语言建模（Translation Language Modeling，TLM）。

需要注意的是，还存在其他预训练方法 [如下一个句子预测（Next Sentence Prediction，NSP）和句子顺序预测（Sentence Order Prediction，SOP）]，但这里只考虑了基于标记的语言建模。这3种方法是各类文献中使用的主要方法。在前面的章节中详细描述过的带掩码机制的语言建模是一个非常接近语言学习中完形填空任务的概念。

因果语言建模可以预测下一个标记，该标记后面紧跟着一些前面的标记。例如，如果看到以下上下文，则可以轻松地预测下一个标记：

$<s>$ Transformers changed the natural language …

正如所见，只有最后一个标记被掩蔽，并且之前的标记被提供给模型以预测最后一个标记。该标记将被处理，如果再次将带有此标记的上下文提供给用户，则可能以"$</s>$"标记结束句子。为了对这种方法进行良好的训练，第一个标记不需要进行掩蔽，因为模型将只有一个句子开始标记，以便从中生成一个句子。该句子可以是任何内容。

下面是一个例子。

$<s>$ …

用户会从中预测出什么呢？可以是任何内容。为了获得更好的训练和更好的结果，需要至少给出第一个标记。例如：

$<s>$ Transformers …

此处需要模型来预测句子中的下一个单词change；在给定语句"Transformers changed…"后，需要模型预测单词the，依此类推。该方法与基于n-gram和长短期记

忆网络的方法非常相似，因为它是基于概率 $P(w_n | w_{n-1}, w_{n-2}, \cdots, w_0)$ 的从左到右的建模，其中 w_n 是需要预测的标记，其余的是之前的标记。具有最大概率的标记是预测标记。

这些都是单语言模型的目标。那么，对于跨语言模型可以做些什么呢？答案是翻译语言建模，它与带掩码机制的语言建模非常相似，仅存在少量的变化。翻译语言建模不是基于一种语言给出一个句子，而是以不同语言将一个句子对提供给一个模型，句子对之间使用一个特殊标记进行分隔。需要该模型来预测被掩蔽的标记，这些标记在这些语言中都是随机掩蔽的。

图9-1中的句子对是此类任务的一个示例。

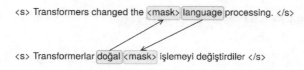

图9-1　土耳其语和英语之间的跨语言关系示例

给定这两个带掩码的句子，需要模型来预测缺失的标记。在该任务中，在某些情况下，模型可以访问句子对中缺失的标记。例如，图9-1中句子对中的 doğal 和 language。

作为另一个例子，读者可以从波斯语和土耳其语句子中观察到相同的一对句子，如图9-2所示。在第二个句子中，değiştirdiler 标记可以被第一个句子中的多个标记（其中一个是掩码）关注。在下面的例子中，缺少了单词 ىىغت，但 değiştirdiler 的意思是 ت غىى دادند.。

图9-2　波斯语和土耳其语的跨语言关系样例

因此，模型可以学习这些含义之间的映射。正如使用翻译模型一样，这里的翻译语言建模还必须学习语言之间的这些复杂性，因为机器翻译不仅是一种标记到标记的映射。

9.3　跨语言的语言模型和来自 Transformer 的多语言双向编码器表示

在本节中，选择了来自 Transformer 的多语言双向编码器表示和跨语言的语言模型两个模型进行解释说明。之所以选择这两个模型，是因为这两个模型对应于编写本书时最好的两种多语言类型。mBERT 是一个使用 MLM 建模在不同语言语料库上训练的多语言模型。它可以在多种语言中单独运行。另外，XLM 使用 MLM、CLM 和 TLM 语言建模在不同的语料库上进行训练，可以解决跨语言任务。例如，XLM可以将两种不同语言中的句子映射到公共向量空间来度量句子之间的相似性，而这在mBERT中是不可能的。

9.3.1 mBERT

通过第3章读者了解了BERT自编码器模型，以及如何在指定语料库上使用带掩码机制的语言建模对其进行训练。想象一下这样一种情况，一个广泛而庞大的语料库不是来自一种语言，而是来自104种语言。对这样的一个语料库进行训练，将产生一个多语言版本的BERT。然而，在如此广泛的语言上进行训练会增加模型的大小，如果此时使用的是BERT模型，这将是不可避免的情形。词汇表的大小将增加，因此，嵌入层的大小也将更大，因为涉及更多的词汇。

与单语言预训练的BERT模型相比，mBERT这个新版本能够在单个模型中处理多种语言。然而，其建模的缺点是该模型不能在语言之间进行映射。这意味着，在预训练阶段，模型没有学习到来自不同语言的标记语义之间的映射。为了提供该模型的跨语言映射和理解，有必要对其进行一些跨语言监督任务的训练。例如，跨语言自然语言推理数据集中可用的任务。

与前几章中使用的模型一样，使用mBERT模型也非常简单（有关更多详细信息，请参见https://huggingface.co/bert-base-multilingual-uncased）。可以从以下代码开始。

```
from transformers import pipeline
unmasker = pipeline('fill-mask', model='bert-base-multilingual-uncased')
sentences = [
"Transformers changed the [MASK] language processing",
"Transformerlar [MASK] dil işlemeyi değiştirdiler",
"ترنسفرمرها پردازش زبان [MASK] را تغییر دادند"
]
for sentence in sentences:
print(sentence)
print(unmasker(sentence)[0]["sequence"])
print("="*50)
```

然后将显示输出结果，如以下代码所示。

```
Transformers changed the [MASK] language processing
transformers changed the english language processing
==================================================
Transformerlar [MASK] dil işlemeyi değiştirdiler
transformerlar bu dil islemeyi degistirdiler
==================================================
ترنسفرمرها پردازش زبان [MASK] را تغییر دادند
ترنسفرمرها پردازش زبان انی را تغییر دادند
==================================================
```

正如所见，这种方法可以为各种语言执行填充掩码（fill-mask）。

9.3.2 XLM

语言模型的跨语言预训练（如 XLM 方法所示）基于 3 个不同的预训练目标。带掩码机制的语言建模、因果语言建模和翻译语言建模均用于预训练 XLM 模型。预训练的执行顺序由所使用的字节对编码分词器来决定，而这个字节对编码分词器在所有语言之间共享。标记共享的原因在于，对于具有类似标记或子词的语言，共享标记会减少标记的数量。另外，这些标记可以在预训练过程中提供共享语义。例如，一些标记在许多语言中具有非常相似的拼写和含义，因此，字节对编码为所有这样的语言共享这些标记。而且，一些在不同语言中拼写相同的标记可能具有不同的含义。例如，单词 was 在德语和英语的上下文中是共享的。幸运的是，自注意力机制有助于用户利用周围的环境来消除单词 was 在含义上的歧义。

这种跨语言建模的另一个主要改进之处在于，它在因果语言建模上进行了预训练，这使模型更加适合需要句子预测或完成推理的场景。换言之，该模型理解了语言，能够完成句子和预测缺失标记，并使用其他语言源来预测缺失标记。

图 9-3 显示了跨语言建模的总体结构。为了获得更多的相关信息，可以参考文献 https://arxiv.org/pdf/1901.07291.pdf。

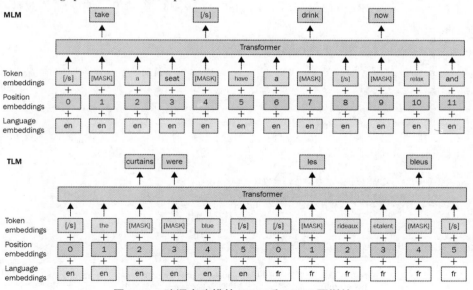

图 9-3　跨语言建模的 MLM 和 TLM 预训练

XLM 模型的较新版本也以 XLM-R 的形式发布。XLM-R 在所使用的训练和语料库方面有微小的变化。XLM-R 与 XLM 模型相同，但在更多的语言和更大的语料库上进行训练。XLM-R 对 CommonCrawl 和 Wikipedia 语料库进行聚合，并在聚合语料库上进行 MLM 训练。但是，XNLI 数据集也用于 TLM。图 9-4 显示了 XLM-R 预训练使用的数据量。

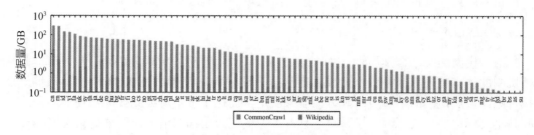

图 9-4 以 GB 为单位的数据量（对数刻度）

在为训练数据添加新的语言时，需要考虑目前存在的各种利弊。例如，添加新语言不一定会改善自然语言推理的整体模型。XNLI 数据集通常用于多语言和跨语言的自然语言推理。通过前面章节的学习，读者已经了解到英语的多体裁自然语言推理（Multi-Genre NLI，MNLI）数据集；XNLI 数据集与它几乎相同，但包含更多的语言，而且还包含句子对。然而，仅就这项任务进行训练是不够的，而且不包括翻译语言建模预训练。对于翻译语言建模预训练，则使用更广泛的数据集，如开源平行语料库（Open Source Parallel Corpus，OPUS）。该数据集包含来自不同语言的字幕（经过对齐整理和清理），以及许多软件源（如 Ubuntu 等）提供的翻译。

图 9-5 显示了 OPUS（https://opus.nlpl.eu/trac/）及其用于搜索和获取数据集信息的组件。

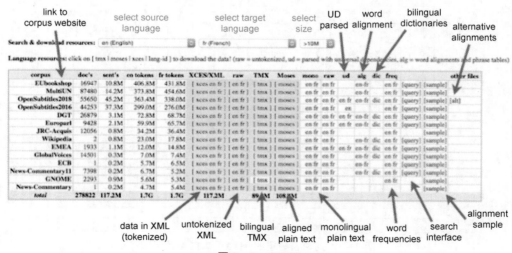

图 9-5 OPUS

使用跨语言模型的步骤如下。

(1) 简单修改前面的代码后，可以显示 XLM-R 如何执行掩码填充。首先，必须更改模型。代码如下所示。

```
unmasker = pipeline('fill-mask', model ='xlm-roberta-base')
```

(2)需要将掩码标记从[MASK]更改为<mask>,这是 XLM – R 的一个特殊标记(或者简单地称为 tokenizer. mask_token)。以下是实现此目的的代码。

```
sentences = [
"Transformers changed the <mask> language processing",
"Transformerlar <mask> dil işlemeyi değiştirdiler",
"ترنسفرمرها پردازش زبان را از <mask> تغییری دادند"
]
```

(3)运行相同的代码,如下所示。

```
for sentence in sentences:
    print(sentence)
    print(unmasker(sentence)[0]["sequence"])
    print("="*50)
```

(4)将显示如下所示的结果。

```
Transformers changed the <mask> language processing
Transformers changed the human language processing
==================================================
Transformerlar <mask> dil işlemeyi değiştirdiler
Transformerlar, dil işlemeyi değiştirdiler
==================================================
ترنسفرمرها پردازش زبان را از [MASK] تغییری دادند
ترنسفرمرها پردازش زبان را از یانی تغییری دادند
==================================================
```

(5)正如从土耳其语和波斯语的例子中所看到的,这个模型仍然有错误。例如,在波斯语文本中,只是添加了"ی",而在土耳其语版本中,则添加了","。对于英语句子,则添加了 human,这不符合预期。这些句子都没有错,但并不是所期望的结果。然而,此处借助了一个跨语言模型,使用翻译语言模型进行训练。因此,可以通过连接两个句子来使用该模型,并给模型一些额外的提示。代码如下所示。

```
print(unmasker("Transformers changed the natural language
processing. </s> Transformerlar <mask> dil işlemeyi
değiştirdiler.")[0]["sequence"])
```

(6)将显示如下所示的结果。

```
Transformers changed the natural language processing.
Transformerlar doğal dil işlemeyi değiştirdiler.
```

(7)模型现在做出了正确的选择。可以再尝试一下,看一看模型的性能如何。代码如下所示。

```
print(unmasker("Earth is a great place to live in. </s> 
    زمین جای خوبی برای <mask> 0](". کردن است"]["sequence"])
```

结果如下所示。

```
Earth is a great place to live in. زمین جای خوبی برای زندگی کردن است
```

结果非常不错！到目前为止，读者学习了多语言和跨语言模型，如 mBERT 和 XLM。下一节将介绍如何使用此类模型实现多语言文本相似性，还将讨论一些应用案例，如多语言剽窃检测。

9.4 跨语言相似性任务

跨语言模型能够以统一的形式表示文本，其中句子来自不同的语言，但意义相近的句子被映射到向量空间中的相似向量。如前一节所述，XLM–R 是该领域的成功模型之一。本节讨论这方面的一些应用程序。

9.4.1 跨语言文本相似性

在下面的示例中，讨论如何使用跨语言模型，从不同的语言中查找相似的文本，而这个跨语言模型事先已经在跨语言自然语言推理数据集上做过预训练。一个用例场景是这个任务需要实现一个剽窃检测系统。实验使用阿塞拜疆语的句子，看一看 XLM–R 是否能找到类似的英语句子（如果存在的话）。两种语言的句子是相同的。以下是需要采取的实验步骤。

（1）需要为此任务加载一个模型。代码如下所示。

```
from sentence_transformers import SentenceTransformer, util
model = SentenceTransformer("stsb-xlm-r-multilingual")
```

（2）假设已经准备好了两个单独列表形式的句子。代码如下所示。

```
azeri_sentences = ['Pişik çöldə oturur',
    'Bir adam gitara çalır',
    'Mən makaron sevirəm',
    'Yeni film möhtəəmdir',
    'Pişik bağda oynayır',
    'Bir qadın televizora baxır',
    'Yeni film çox möhtəşəmdir',
    'Pizzanı sevirsən?']
english_sentences = ['The cat sits outside',
    'A man is playing guitar',
```

```
'I love pasta',
'The new movie is awesome',
'The cat plays in the garden',
'A woman watches TV',
'The new movie is so great',
'Do you like pizza?']
```

(3) 使用 XLM – R 模型在向量空间中表示这些句子。只需使用模型的 encode( ) 函数即可完成此操作。代码如下所示。

```
azeri_representation = model.encode(azeri_sentences)
english_representation = model.encode(english_sentences)
```

(4) 在另一种语言的表示中搜索第一种语言在语义上相似的句子。代码如下所示。

```
results = []
for azeri_sentence, query in zip(azeri_sentences, azeri_representation):
    id_, score = util.semantic_search(
        query,english_representation)[0][0].values()
    results.append({
        "azeri": azeri_sentence,
        "english": english_sentences[id_],
        "score": round(score, 4)
    })
```

(5) 为了以更整齐的形式查看这些结果，可以使用 pandas DataFrame。代码如下所示。

```
import pandas as pd
pd.DataFrame(results)
```

可以观察到两种语言句子之间匹配的得分结果，如图 9 – 6 所示。

	azeri	english	score
0	Pişik çöldə oturur	The cat sits outside	0.5969
1	Bir adam gitara çalır	A man is playing guitar	0.9939
2	Mən makaron sevirəm	I love pasta	0.6878
3	Yeni film möhtəşəmdir	The new movie is so great	0.9757
4	Pişik bağda oynayır	A man is playing guitar	0.2695
5	Bir qadın televizora baxır	A woman watches TV	0.9946
6	Yeni film çox möhtəşəmdir	The new movie is so great	0.9797
7	Pizzanı sevirsən?	Do you like pizza?	0.9894

图 9 – 6　剽窃检测结果（XLM – R）

如果能够接收被改写或翻译的最高得分句子,则模型在一种情况下(第 4 行)会出错,但设置阈值并接收大于该阈值的值是有用的。接下来,在以下部分展示更全面的实验。

另外,也有可供选择的双向编码器。这种方法提供两个句子的成对编码,并对结果进行分类以训练模型。在这种情况下,使用语言不可知论的 BERT 语句嵌入(Language - Agnostic BERT Sentence Embedding,LaBSE,又被称为语言无关的 BERT 语句嵌入)也可能是一个不错的选择,可以在 sentence - transformers 库和 TensorFlow Hub 中找到。与 Sentence - BERT 类似,LaBSE 是基于 Transformers 的双向编码器,其中具有相同参数的两个编码器与基于两个句子的双重相似性的损失函数结合。

使用相同的示例,可以以一种非常简单的方式将模型更改为 LaBSE,然后重新运行前面步骤(1)中的代码。代码如下所示。

```
model = SentenceTransformer("LaBSE")
```

结果如图 9 - 7 所示。

	azeri	english	score
0	Pişik çöldə oturur	The cat sits outside	0.8686
1	Bir adam gitara çalır	A man is playing guitar	0.9143
2	Mən makaron sevirəm	I love pasta	0.8888
3	Yeni film möhtəşəmdir	The new movie is so great	0.9107
4	Pişik bağda oynayır	The cat sits outside	0.6761
5	Bir qadın televizora baxır	A woman watches TV	0.9359
6	Yeni film çox möhtəşəmdir	The new movie is so great	0.9258
7	Pizzanı sevirsən?	Do you like pizza?	0.9366

图 9 - 7 剽窃检测结果(LaBSE)

正如所见,在这种情况下,LaBSE 的性能更好,第 4 行中的结果这次是正确的。LaBSE 的作者声称,该模型在寻找句子的翻译方面效果很好,但在寻找不完全相同的句子方面效果不是很好。为此,LaBSE 模型是一个非常有用的工具,在翻译被用来窃取知识材料的情况下,可以将该模型用于发现剽窃行为。然而,还有许多其他因素会改变结果。例如,每种语言中预训练模型的资源大小,以及语言对的性质也很重要。为了进行合理的比较,需要更全面的实验,应该考虑很多因素。

9.4.2 可视化跨语言文本相似性

现在,度量和可视化两个句子之间的文本相似性,其中一个句子是另一个句子的翻译。Tatoeba 是此类句子和翻译的免费语料集合,也是 XTREME 基准测试的一部分。社区的目标是在众多参与者的支持下,获得高质量的句子翻译。这里采取以下实验步骤。

(1) 从这个集合中获得俄语句子和英语句子。开始工作之前,请确保已安装以下库。

```
!pip install sentence_transformers datasets transformers umap-learn
```

(2) 加载句子对。代码如下所示。

```
from datasets import load_dataset
import pandas as pd
data = load_dataset("xtreme","tatoeba.rus",split = "validation")
pd.DataFrame(data)[["source_sentence","target_sentence"]]
```

查看输出结果,如图 9-8 所示。

	source_sentence	target_sentence
0	Я знаю много людей, у которых нет прав.\n	I know a lot of people who don't have driver's...
1	У меня много знакомых, которые не умеют играт...	I know a lot of people who don't know how to p...
2	Мой начальник отпустил меня сегодня пораньше.\n	My boss let me leave early today.\n
3	Я загорел на пляже.\n	I tanned myself on the beach.\n
4	Вы сегодня проверяли почту?\n	Have you checked your email today?\n
...	...	...
995	Что сказал врач?\n	What did the doctor say?\n
996	Я рад, что ты сегодня здесь.\n	I'm glad you're here today.\n
997	Фермеры пригнали в деревню пять волов, девять ...	The farmers had brought five oxen and nine cow...
998	Жужжание пчёл заставляет меня немного нервнича...	The buzzing of the bees makes me a little nerv...
999	С каждым годом они становились всё беднее.\n	From year to year they were growing poorer.\n

1000 rows × 2 columns

图 9-8 俄语-英语句子对

(3) 使用前 30 个句子对(即 $K=30$)进行可视化,然后,将针对整个集合进行实验。现在,使用前面示例中已经使用的 sentence-transformers 进行编码。以下是代码的执行情况。

```
from sentence_transformers import SentenceTransformer
model = SentenceTransformer("stsb-xlm-r-multilingual")
K = 30
q = data["source_sentence"][:K] + data["target_sentence"][:K]
emb = model.encode(q)
len(emb), len(emb[0])
Output: (60, 768)
```

(4) 现在有 60 个长度为 768 的向量。此处使用统一流形近似和投影(Uniform Manifold Approximation and Projection,UMAP)将维数减少到 2,在前面的章节中已经使用过这个技巧。可视化互为翻译的句子,使用相同的颜色和代码标记这些句子。另外,在这些句子之间画了一条虚线，以凸显句子之间的联系。代码如下所示。

```python
import matplotlib.pyplot as plt
import numpy as np
import umap
import pylab
X = umap.UMAP(n_components=2, random_state=42).fit_transform(emb)
idx = np.arange(len(emb))
fig, ax = plt.subplots(figsize=(12,12))
ax.set_facecolor('whitesmoke')
cm = pylab.get_cmap("prism")
colors = list(cm(1.0*i/K) for i in range(K))
for i in idx:
    if i<K:
        ax.annotate("RUS-"+str(i), # 文本
                    (X[i,0], X[i,1]), # 坐标
                    c=colors[i]) # 颜色
        ax.plot((X[i,0],X[i+K,0]),(X[i,1],X[i+K,1]),"k:")
    else:
        ax.annotate("EN-"+str(i%K),
                    (X[i,0], X[i,1]),
                    c=colors[i%K])
```

上述代码的输出结果如图 9-9 所示。

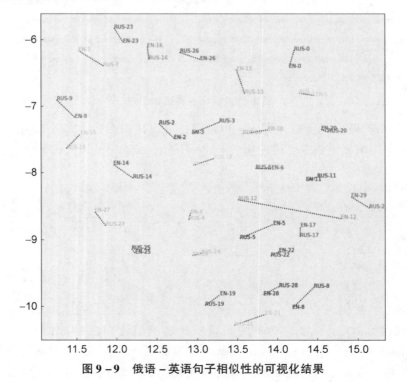

图 9-9 俄语-英语句子相似性的可视化结果

正如所料，大多数句子对的位置都很接近。不可避免地，一些特定的句子对（如 id 12）并没有很接近。

（5）为了进行全面的分析，现在需要度量整个数据集。将所有源语句和目标语句（1 000 个句子对）进行如下代码所示的编码。

```
source_emb = model.encode(data["source_sentence"])
target_emb = model.encode(data["target_sentence"])
```

（6）计算所有句子对之间的余弦相似性，将结果保存在 sims 变量中，并绘制直方图。代码如下所示。

```
from scipy import spatial
sims = [ 1 - spatial.distance.cosine(s,t) \
            for s,t in zip(source_emb, target_emb)]
plt.hist(sims, bins =100, range =(0.8,1))
plt.show()
```

结果如图 9 – 10 所示。

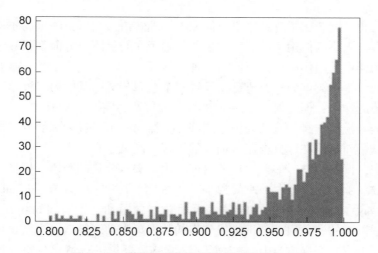

图 9 – 10　英语和俄语句子对的相似性直方图

（7）从结果可以看出，得分非常接近 1。这正是对一个好的跨语言模型所期望的结果。所有相似性度量的平均值和标准偏差也支持跨语言模型性能。代码如下所示。

```
>>> np.mean(sims), np.std(sims)
(0.946, 0.082)
```

（8）读者还可以自己使用俄语以外的语言运行相同的代码。当使用法语（French, fra）、泰米尔语（Tamil, tam）等语言运行代码时，将得到表 9 – 1 所示的结果。表 9 – 1 表明，从实验中可以看到，该模型在许多语言中都运行良好，但在其他语言

（如南非荷兰语或者泰米尔语）中以失败告终。

表 9-1　其他语言的跨语言模型性能

语言	Code	Mean	Std
法语	fra	0.94	0.087
南非荷兰语	afr	0.79	0.18
阿拉伯语	ara	0.94	0.08
韩国语/朝鲜语	kor	0.92	0.11
泰米尔语	tam	0.77	0.19

本节使用跨语言模型来衡量不同语言之间的相似性。下一节将以有监督的方式使用跨语言模型。

9.5　跨语言分类

到目前为止，读者已了解到跨语言模型能够理解语义向量空间中的不同语言。在语义向量空间中，无论其使用何种语言，相似的句子在向量距离方面都很接近。但是，在几乎没有可用样本的用例中，如何使用这种功能呢？

例如，假设正在尝试为聊天机器人开发一个意图分类，其中第二种语言的示例很少或者没有可用的样本；但是对于第一种语言，如英语，有足够的样本。在这种情况下，可以冻结跨语言模型本身，只需为任务训练分类器。一个经过训练的分类器可以在第二种语言上测试，而不是在该分类器所训练的语言上测试。

在本节中，读者将学习如何使用英语训练用于文本分类的跨语言模型，并使用其他语言进行测试。此处选择了一种资源非常少的语言，即高棉语（Khmer）（https://en.wikipedia.org/wiki/Khmer_language）。柬埔寨、泰国和越南有 1 600 万人说高棉语。高棉语在互联网上的资源很少，很难找到好的数据集来训练模型。当然也可以访问一个良好的互联网电影数据库（IMDb）电影评论情感数据集进行情感分析。接下来，使用该数据集了解模型在未经过训练的语言上的表现。

图 9-11 很好地描述了这里遵循的流程。该模型使用左侧的训练数据进行训练，然后应用于右侧的测试集。请注意，机器翻译和句子编码映射在流程中起着至关重要的作用。

加载和训练跨语言测试模型所需的步骤如下。

（1）加载数据集。代码如下所示。

```
from datasets import load_dataset
sms_spam = load_dataset("imdb")
```

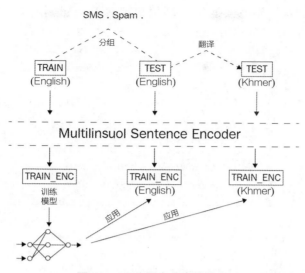

图9-11 跨语言分类的流程

(2) 在使用样本之前,需要对数据集进行混排,以混排样本。代码如下所示。

```
imdb = imdb.shuffle()
```

(3) 使用高棉语对这个数据集进行测试。为了做到这一点,可以使用翻译服务,如 Google 文档翻译器。首先,应以 Excel 格式保存此数据集。代码如下所示。

```
imdb_x = [x for x in imdb['train'][:1000]['text']]
labels = [x for x in imdb['train'][:1000]['label']]
import pandas as pd
pd.DataFrame(imdb_x,
             columns=["text"]).to_excel("imdb.xlsx", index=None)
```

(4) 将其上传到 Google 文档翻译器,并获得该数据集的高棉语翻译(https://translate.google.com/?sl=en&tl=km&op=docs),如图9-12 所示。

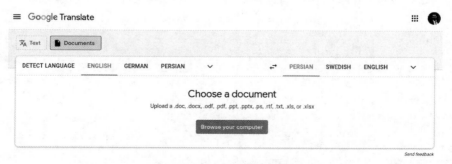

图9-12 Google 文档翻译器

(5) 选择并上传文档后,Google 文档翻译器将为用户提供高棉语的翻译版本。可以将其复制并粘贴到 Excel 文件中,还需要再次以 Excel 格式保存。结果是一个 Excel 文档，它是原始 spam/ham 英语数据集的高棉语翻译。通过运行以下命令，可以使用 pandas 读取这个 Excel 文档的内容。

```
pd.read_excel("KHMER.xlsx")
```

结果如图 9－13 所示。

	text
0	ទៅរហូតដល់ចំណុចចង្អុងឆ្កួត .. អាចប្រើបានតែនៅប៊ិហ...
1	អូកឡូ ... ចូជី wif u oni ...
2	ផ្ញើសារដោយឥតគិតថ្លៃក្នុងលេខ ២ ដោយឥតគិតថ្លៃដើម្...
3	U dun និយាយអញ្ចឹងមុនគេ ... U c និយាយរួចទៅហើយ ...។
4	ទេខ្ញុំមិនគិតថាគាត់ទៅកេយើងទេគាត់រស់នៅទីនេះ
...	...
5569	នេះជាលើកទី ២ ហើយដែលយើងបានព្យាយាមទំនាក់ទំនង ២ ។...
5570	តើប៊ុខនឹងទៅផ្ទះ: esplanade fr?
5571	គួរឱ្យអាណិត, * គឺនៅក្នុងអារម្មណ៍សម្រាប់រឿងនោះ។...
5572	បុរសម្នាក់នេះបានធ្វើឱ្យចែចង់ខ្លះប៉ុន្តែខ្ញុំធ្...
5573	Rofl ។ ភជាឈ្មោះពិត

5574 rows × 1 columns

图 9－13　高棉语的 IMDb 数据集

（6）只需获取文本，因此应使用以下代码。

```
imdb_khmer = list(pd.read_excel("KHMER.xlsx").text)
```

（7）现在有了两种语言的文本和标签，可以按以下方式拆分训练数据集和测试数据集。

```
from sklearn.model_selection import train_test_split
train_x, test_x, train_y, test_y, khmer_train, khmer_test
 = train_test_split(imdb_x, labels, imdb_khmer, test_size = 0.2, random_state = 1)
```

（8）使用 XLM－R 跨语言模型提供这些句子的表示。首先应加载模型，代码如下所示。

```
from sentence_transformers import SentenceTransformer
model = SentenceTransformer("stsb-xlm-r-multilingual")
```

（9）现在，可以得到文本表示。代码如下所示。

```
encoded_train = model.encode(train_x)
encoded_test = model.encode(test_x)
encoded_khmer_test = model.encode(khmer_test)
```

（10）需要记住将标签转换为 numpy 格式，因为 TensorFlow 和 Keras 在使用 Keras 模型的拟合函数时，只处理 numpy 数组。代码如下所示。

```
import numpy as np
train_y = np.array(train_y)
test_y = np.array(test_y)
```

（11）现在一切准备就绪，接下来创建一个非常简单的模型来对表示进行分类。代码如下所示。

```
import tensorflow as tf
input_ = tf.keras.layers.Input((768,))
classification = tf.keras.layers.Dense(1,
                          activation = "sigmoid")(input_)
classification_model = tf.keras.Model(input_, classification)
classification_model.compile(
        loss = tf.keras.losses.BinaryCrossentropy(),
        optimizer = "Adam",
        metrics = ["accuracy", "Precision", "Recall"])
```

（12）可以使用以下函数拟合模型。

```
classification_model.fit(
            x = encoded_train,
            y = train_y,
            validation_data = (encoded_test, test_y),
            epochs = 10)
```

（13）20个训练周期的结果如图9-14所示。

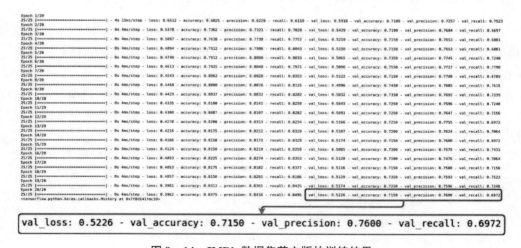

图9-14　IMDb数据集英文版的训练结果

（14）正如所见，这里使用了一个英语测试集来查看各个训练周期的模型性能，在最后一个训练周期的报告如下所示。

```
val_loss: 0.5226
val_accuracy: 0.7150
val_precision: 0.7600
val_recall: 0.6972
```

（15）现在已经训练好了模型，并使用英语对模型进行了测试。接下来在高棉语测试集上进行测试，因为这里的模型从未使用过任何英语或高棉语的样本。代码如下所示。

```
classification_model.evaluate(x = encoded_khmer_test, y = test_y)
```

结果如下所示。

```
loss: 0.5949
accuracy: 0.7250
precision: 0.7014
recall: 0.8623
```

到目前为止，读者了解了如何在资源缺乏的语言中利用跨语言模型的功能。在样本很少或没有样本可以用于训练模型的情况下，使用此功能产生巨大的影响和差异。在下一节中，读者将学习如何在没有可用样本的情况下，使用零样本学习，即使对于英语等资源丰富的语言也是如此。

9.6 跨语言零样本学习

在前面的章节中，读者学习了如何使用单语言模型执行零样本文本分类。使用XLM-R进行多语言和跨语言零样本分类，其方法和代码与之前单语言模型相同，因此本节使用mT5模型。

mT5模型是一个大规模的多语言预训练语言模型，基于Transformer的编码器-解码器架构，它与T5模型相同。T5模型预先接受英语训练，mT5模型接受来自多语言通用爬虫（Multilingual CommonCrawl, mC4）的101种语言训练。

可以从Hugging Face存储库获得XNLI数据集上经过微调的mT5版本（https://huggingface.co/alan-turing-institute/mt5-large-finetuned-mnli-xtreme-xnli）。

T5模型及其变体mT5模型是一个完全的文本到文本的模型，这意味着模型将为给定的任何任务生成文本，即使任务是分类任务或自然语言推理任务。因此，在推断这个模型的情况下，需要额外的步骤。接下来采取以下实验步骤。

（1）加载模型和分词器。代码如下所示。

```
from torch.nn.functional import softmax
from transformers import MT5ForConditionalGeneration, MT5Tokenizer
```

```
model_name = "alan-turing-institute/mt5-large-finetuned-mnli-xtreme-xnli"
tokenizer = MT5Tokenizer.from_pretrained(model_name)
model = MT5ForConditionalGeneration.from_pretrained(model_name)
```

(2)为零样本分类提供样本（语句和标签）。代码如下所示。

```
sequence_to_classify = "Wen werden Sie bei der nächsten Wahl wählen? "
candidate_labels = ["spor", "ekonomi", "politika"]
hypothesis_template = "Dieses Beispiel ist {}."
```

正如所见，序列本身是德语"Who will you vote for in the next election？（在下次选举中你会投谁的票？）"，但标签是土耳其语（spor、ekonomi、politika）。hypothesis_template（假设模板）的德语含义为"this example is…（这个例子是……）"。

(3)分别设置蕴含（Entails）、矛盾（Contradicts）和中立（Neutral）的标签标识符（ID），稍后将在推断生成结果时使用这些标签标识符。以下是执行此操作所需的代码。

```
ENTAILS_LABEL = "_0"
NEUTRAL_LABEL = "_1"
CONTRADICTS_LABEL = "_2"
label_inds = tokenizer.convert_tokens_to_ids([
                    ENTAILS_LABEL,
                    NEUTRAL_LABEL,
                    CONTRADICTS_LABEL])
```

(4)如前所述，T5模型使用前缀来指定模型应该执行的任务。以下函数提供XNLI前缀，以及适当格式的前提和假设。

```
def process_nli(premise, hypothesis):
    return f'xnli: premise: {premise} hypothesis: {hypothesis}'
```

(5)为每个标签生成一个句子。代码如下所示。

```
pairs =[(sequence_to_classify, \
        hypothesis_template.format(label)) for label in candidate_labels]
seqs = [process_nli(premise=premise,
                    hypothesis=hypothesis)
                for premise, hypothesis in pairs]
```

(6)可以通过打印结果序列来查看其内容。代码如下所示。

```
print(seqs)
['xnli: premise: Wen werden Sie bei der nächsten Wahl
wählen? hypothesis: Dieses Beispiel ist spor.',
'xnli: premise: Wen werden Sie bei der nächsten Wahl
```

```
wählen? hypothesis: Dieses Beispiel ist ekonomi.',
'xnli: premise: Wen werden Sie bei der nächsten Wahl
wählen? hypothesis: Dieses Beispiel ist politika.']
```

这些序列简单地表明，任务是由 XNLI 编码的（xnli:）；前提句是"Who will you vote for in the next election?（在下次选举中你会投谁的票?）"（当然使用德语来表示）；假设是"this example is politics（这个例子是有关政治的）""this example is a sport（这个例子是有关体育的）"或者"this example is economy（这个例子是有关经济的）"。

（7）可以对序列进行标记，将其传递给模型，并据此生成文本。代码如下所示。

```
inputs = tokenizer.batch_encode_plus(seqs,
           return_tensors = "pt", padding = True)
out = model.generate(**inputs, output_scores = True,
           return_dict_in_generate = True, num_beams = 1)
```

（8）生成的文本实际上给出了词汇表中每个标记的得分。此处要寻找的是蕴含、矛盾和中立的得分，可以使用标记 ID 获得其得分。代码如下所示。

```
scores = out.scores[0]
scores = scores[:, label_inds]
```

（9）通过打印命令来查看这些得分。代码如下所示。

```
>>> print(scores)
tensor([[-0.9851, 2.2550, -0.0783],
    [-5.1690, -0.7202, -2.5855],
    [ 2.7442, 3.6727, 0.7169]])
```

（10）实验目的是不需要中立的分数，只需要与蕴含相对的矛盾得分。因此，可以使用以下代码仅获取这些分数。

```
entailment_ind = 0
contradiction_ind = 2
entail_vs_contra_scores = scores[:, [entailment_ind, contradiction_ind]]
```

（11）现在已经获得了每个样本序列的这些得分，可以在其上应用 softmax 层以获得概率。代码如下所示。

```
entail_vs_contra_probas = softmax(entail_vs_contra_scores, dim = 1)
```

（12）可以使用 print 命令查看这些概率值。代码如下所示。

```
>>> print(entail_vs_contra_probas)
tensor([[0.2877, 0.7123],
```

```
            [0.0702,0.9298],
            [0.8836,0.1164]])
```

(13)现在，可以选择这 3 个样本并在其上应用 softmax 层来比较这三个样本的蕴含概率。代码如下所示。

```
entail_scores = scores[:, entailment_ind]
entail_probas = softmax(entail_scores, dim=0)
```

(14)为了查看这些值，可以使用 print 命令。代码如下所示。

```
>>> print(entail_probas)
tensor([2.3438e-02, 3.5716e-04, 9.7620e-01])
```

(15)结果表明，最高概率属于第三个序列。为了更好地查看该序列的结果，可以使用以下代码。

```
>>> print(dict(zip(candidate_labels, entail_probas.tolist())))
{'ekonomi': 0.0003571564157027751,
 'politika': 0.9762046933174133,
 'spor': 0.023438096046447754}
```

整个过程可以概括如下：每个标签都以前提方式传递给模型，模型为词汇表中的每个标记生成得分。用户可以使用这些得分找出蕴含标记相对于矛盾的分数。

9.7 多语言模型的基本局限性

尽管多语言和跨语言模型很有前途，并将影响自然语言处理工作的方向，但它们仍然存在一些局限性。最近的许多研究都提到了这些局限性。目前，与单语言模型相比，mBERT 模型在许多任务中表现稍差，可能无法替代训练有素的单语言模型，这就是单语言模型仍被广泛使用的原因。

这一领域的研究表明，多语言模型受所谓的"多语言现象诅咒（curse of multilingualism）"的影响，因为这些模型试图近似地代表所有语言。向多语言模型添加新语言可以在一定程度上提高其性能。然而，也可以看到，在超过一定数量的语言之后，再继续添加其他语言会降低模型的性能，这可能是由于共享词汇表造成的。与单语言模型相比，多语言模型在参数预算方面有明显的局限性。在多语言模型中，需要将词汇分配给 100 多种语言中的每一种。

单语言模型和多语言模型之间现有的性能差异可归因于指定分词器的能力。Rust 等人的研究"*How Good is Your Tokenizer? On the Monolingual Performance of Multilingual Language Models*（分词器的表现有多好？基于多语言模型的单语言性能分析）"（https://arxiv.org/abs/2012.15613）（2021 年）表明，当将一个专用语言特定的分词器而不是通用的分词器（共享的多语言分词器）连接到多语言模型时，可以提高该语言的性能。

其他一些研究结果表明，由于不同语言的资源分布不均衡，目前不可能在一个单一的模型中代表世界上所有的语言。作为一种解决方案，低资源语言可能被过采样，而高资源语言可能欠采样。另一个观察结果是，如果两种语言相近，那么两种语言之间的知识转移会更有效。如果两种语言不相近，这种迁移可能影响不大。这一观察结果可以解释为什么在先前的跨语言句子对实验中，南非荷兰语和泰米尔语的结果更差。

然而，在这个问题上，需要很多进一步的研究工作，这些局限性随时都可能被克服。在编写本书时，XML-R 团队最近提出了 XLM-R XL 和 XLM-R XXL 两种新模型。这两种新模型在 XNLI 上的平均准确率分别比原始 XLM-R 模型高出 1.8% 和 2.4%。

9.8 微调多语言模型的性能

接下来，检查多语言模型的微调性能是否的确比单语言模型差。作为一个例子，首先回顾第 5 章中包含 7 个类别的土耳其语文本分类示例。在该实验中，微调了一个特定于土耳其语的单语言模型，并取得了良好的效果。本节重复同样的实验，保持一切不变，但将土耳其语单语言模型分别替换为 mBERT 和 XLM-R 模型。实现步骤如下。

（1）回顾第 5 章中该示例中的代码。对"dbmdz/bert-base-turkish-uncased"模型进行微调。代码如下所示。

```
from transformers import BertTokenizerFast
tokenizer = BertTokenizerFast.from_pretrained(
            "dbmdz/bert-base-turkish-uncased")
from transformers import BertForSequenceClassification
model = ①BertForSequenceClassification.from_pretrained(
        "dbmdz/bert-base-turkish-uncased",num_
        labels=NUM_LABELS,
        id2label=id2label,
        label2id=label2id)
```

使用单语言模型，得到图 9-15 所示的性能值。

	eval_loss	eval_Accuracy	eval_F1	eval_Precision	eval_Recall
train	0.091844	0.975510	0.97546	0.975942	0.975535
val	0.280120	0.924898	0.92381	0.924427	0.924510
test	0.280038	0.926531	0.92542	0.927410	0.925425

图 9-15　单语言文本分类性能（来自第 5 章）

---

① 原著此处误用换行符，译者做了适当的调整。——译者注

（2）为了使用 mBERT 模型进行微调，只需替换前面的模型实例化的代码行。现在，将使用"bert-base-multilingual-uncased"多语言模型将其进行如下实例化。

```
from transformers import ①
    BertForSequenceClassification, AutoTokenizer
tokenizer = AutoTokenizer.from_pretrained(
        "bert-base-multilingual-uncased")
model = BertForSequenceClassification.from_pretrained(
        "bert-base-multilingual-uncased",
        num_labels = NUM_LABELS,
        id2label = id2label,
        label2id = label2id)
```

（3）实现代码并没有太大的差别。在保持所有其他参数和设置不变的情况下运行实验时，将得到图 9-16 所示的性能值。

	eval_loss	eval_Accuracy	eval_F1	eval_Precision	eval_Recall
train	0.093405	0.978367	0.978373	0.978547	0.978291
val	0.325458	0.911837	0.911586	0.911678	0.911592
test	0.372160	0.904490	0.903152	0.902647	0.904335

图 9-16 mBERT 模型微调性能

与单语言模型相比，多语言模型在所有度量指标上的表现都差约 2.2%。

（4）针对同一问题，微调"xlm-roberta-base"XLM-R 模型。执行 XLM-R 模型的初始化代码如下所示。

```
from transformers import AutoTokenizer,
XLMRobertaForSequenceClassification
tokenizer = AutoTokenizer.from_pretrained("xlm-roberta-base")
model = XLMRobertaForSequenceClassification \
        .from_pretrained("xlm-roberta-base",
        num_labels = NUM_LABELS,
        id2label = id2label,
        label2id = label2id)
```

（5）同样，保持所有其他设置完全相同。通过 XLM-R 模型获得图 9-17 所示的性能值。

结果还不错！跨语言的语言模型确实给出了类似的结果。所得到的结果与单语言模型非常接近，差异约为 1%。因此，尽管在某些任务中，单语言模型的结果可能优于多语言模型，但可以使用多语言模型获得有希望的结果。读者可以这样思考：可能不想为了提高 1% 的性能，而花费 10 天甚至更长时间训练一个完整的单语言模型。这种微小的性能差异可以忽略不计。

---

① 原著此处误用换行符，译者做了适当的调整。——译者注

	eval_loss	eval_Accuracy	eval_F1	eval_Precision	eval_Recall
train	0.122369	0.968571	0.968665	0.968830	0.968862
val	0.339011	0.912653	0.912454	0.913331	0.912042
test	0.334882	0.915918	0.915662	0.918334	0.914893

图 9-17　XLM-R 模型微调性能

9.9　本章小结

在本章中，读者了解了多语言和跨语言模型预训练，以及单语言和多语言预训练的差异。本章还介绍了因果语言建模（CLM）和翻译语言建模（TLM），读者获得了关于这些建模的相关知识，学习了如何在各种用例上使用跨语言模型，如语义搜索、剽窃检测和零样本文本分类，还学习了如何在一种语言的数据集上进行训练，并使用跨语言模型在完全不同的语言上进行测试。通过对多语言模型的性能微调进行评估，得出如下结论：一些多语言模型可以替代单语言模型，并且可以显著地将性能损失降至最低。

在下一章中，读者将学习如何为实际问题部署 Transformer 模型，并对其进行工业规模的生产训练。

第 10 章
部署Transformer模型

到目前为止，读者学习了 Transformer 的许多方面，以及如何从零开始训练和使用 Transformer 模型，还学习了如何针对不同任务对模型进行微调。然而，读者对于如何在生产中提供这些模型服务还知之甚微。与其他实际和现代解决方案一样，基于自然语言处理的解决方案必须能够在生产环境中提供服务。但是，在开发此类解决方案时，必须考虑响应时间等度量指标。

本章将解释如何在中央处理单元和图形处理单元的环境中提供基于 Transformer 的自然语言处理解决方案。还将描述用于机器学习部署的 TensorFlow 扩展（TensorFlow Extended，TFX）解决方案。此外，本章将说明将 Transformer 作为 API（如 FastAPI）提供服务的其他解决方案，还将介绍 Docker 的基础知识，以及如何将服务容器化并使其可部署。最后，读者将学习如何使用 Locust 对基于 Transformer 的解决方案执行有关速度和负载的测试。

本章将介绍以下主题。

（1）FastAPI Transformer 模型服务。
（2）容器化 API。
（3）使用 TFX 提供更快的 Transformer 模型服务。
（4）使用 Locust 进行负载测试。

10.1 技术需求

本章使用 Jupyter Notebook 运行编码练习，要求安装 Python 3.6 或以上的版本，还必须确保安装以下软件包。

（1）TensorFlow；
（2）PyTorch；
（3）Transformers（不低于 4.0.0 版本）；
（4）FastAPI；
（5）Docker；
（6）Locust。

可以通过以下 GitHub 链接获得本章中所有编码练习的 Jupyter Notebook：
https://github.com/PacktPublishing/Mastering-Transformers/tree/main/CH10。

10.2　FastAPI Transformer 模型服务

许多 Web 框架都可以为用户提供服务。Sanic、Flask 和 FastAPI 只是其中一些例子。然而，FastAPI 最近因其速度和可靠性而备受关注。在本节中，使用 FastAPI，并介绍如何根据其文档构建服务，同时使用 pydantic 定义数据类。具体步骤如下。

（1）安装 pydantic 和 FastAPI。

```
$ pip install pydantic
$ pip install fastapi
```

（2）使用 pydantic 创建数据类型，用于装饰 API 的输入。但是，在形成数据模型之前，必须了解本文的模型是什么，并确定模型的输入。

为此，将使用问题回答系统模型。正如在第 6 章中学习到的知识，该模型的输入形式是问题和上下文。

（3）使用以下数据模型可以创建问题回答数据模型。

```
from pydantic import BaseModel
class QADataModel(BaseModel):
    question: str
    context: str
```

（4）必须加载模型一次，而不是为每个请求加载模型。因此，将预加载一次并重用该模型。由于每次向服务器发送请求时都会调用端点（endpoint）函数，因此每次都会加载模型。代码如下所示。

```
from transformers import pipeline
model_name = 'distilbert-base-cased-distilled-squad'
model = pipeline(model=model_name, tokenizer=model_name,
                 task='question-answering')
```

（5）创建一个 FastAPI 实例，用以调节应用程序。代码如下所示。

```
from fastapi import FastAPI
app = FastAPI()
```

（6）使用以下代码创建一个 FastAPI 端点。

```
@app.post("/question_answering")
async def qa(input_data: QADataModel):
    result = model(question = input_data.question, context=input_data.context)
    return {"result": result["answer"]}
```

（7）请注意，必须使用关键字 async 修饰函数，使该函数在异步模式下运行。对于请求，这将被并行化。还可以使用 workers 参数增加 API 的 worker 数量，并使其立即响应不同的独立 API 调用。

（8）使用 uvicorn 可以运行应用程序并将其作为 API 使用。uvicorn 是一个针对基于 Python 的 API 的超轻量级服务器实现，使应用程序尽可能快地运行。使用以下代码实现此功能。

```
if __name__ == '__main__':
    uvicorn.run('main:app', workers=1)
```

（9）请务必牢记，前面的代码必须保存在".py"文件中（如"main.py"）。使用以下命令运行所保存的".py"文件。

```
$ python main.py
```

在终端中将显示输出结果，如图10-1所示。

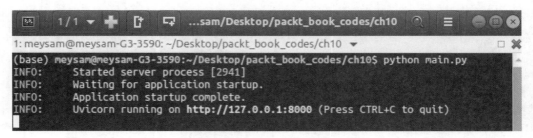

图10-1　FastAPI 实战

（10）使用和测试 uvicorn。可以使用很多工具，但 Postman 是最好的工具之一。在学习如何使用 Postman 之前，请使用以下代码。

```
$ curl --location --request POST 'http://127.0.0.1:8000/question_answering' \
--header 'Content-Type: application/json' \
--data-raw '{
    "question":"What is extractive question answering?",
    "context":"Extractive Question Answering is the task of extracting an answer from a text given a question. An example of a question answering dataset is the SQuAD dataset, which is entirely based on that task. If you would like to fine-tune a model on a SQuAD task, you may leverage the `run_squad.py`."
}'
```

结果将获得以下输出。

```
{"answer":"the task of extracting an answer from a text given a question"}
```

Curl 是一个有用的工具，但没有 Postman 那么方便。Postman 带有图形用户界面，与作为命令行界面工具的 Curl 相比更易于使用。为了使用 Postman，从以下官网实现安装：https://www.postman.com/downloads/。

（11）安装 Postman 后就可以轻松使用，如图 10-2 所示。

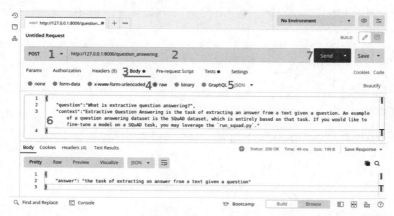

图 10-2　Postman 的使用

（12）对于设置 Postman 提供服务的每个步骤，请参见图 10-2 中的编号。具体步骤如下。

①选择 POST 方法。
②输入完整的端点 URL。
③选择 Body。
④设置 Body 为 raw。
⑤选择 JSON 数据类型。
⑥以 JSON 格式输入数据。
⑦单击"Send（发送）"按钮。

结果将显示在 Postman 页面的底部。

在下一节中，读者将学习如何对基于 FastAPI 的 API 进行容器化。学习 Docker 基础知识对于 API 可打包且易于部署是至关重要的。

10.3　容器化 API

为了在生产过程中节省时间，并简化部署过程，必须使用 Docker。对服务和应用程序进行隔离是非常重要的。另外请注意，相同的代码可以在任何地方运行，与底层操作系统无关。为了实现这一点，Docker 提供了强大的功能和打包服务。在使用 Docker 之前，必须使用 Docker 文档中建议的步骤安装 Docker（https://docs.docker.com/get-docker/）。

（1）将"main.py"文件放置在 app 目录中。

(2) 通过指定以下内容从代码中删除最后一部分。

```
if __name__ == '__main__':
    uvicorn.run('main:app', workers=1)
```

(3) 为 FastAPI 制作一个 Dockerfile，这必须提前准备好。为此，必须创建包含以下内容的 Dockerfile。

```
FROM python:3.7
RUN pip install torch
RUN pip install fastapi uvicorn transformers
EXPOSE 80
COPY ./app /app
CMD ["uvicorn", "app.main:app", "--host", "0.0.0.0", "--port", "8000"]
```

(4) 构建 Docker 容器。代码如下所示。

```
$ docker build -t qaapi .
And easily start it:
$ docker run -p 8000:8000 qaapi
```

因此，现在可以使用端口 8000 访问 API。但是，仍然可以使用 Postman，具体请参见 10.2 节的内容。

到目前为止，读者学习了如何基于 Transformer 模型创建自己的 API，并使用 FastAPI 为其提供服务，还学习了如何对 API 进行容器化。必须注意的是，存在许多选项和设置，读者必须了解有关 Docker 的相关知识。本节只介绍了 Docker 的基本知识。

在下一节中，读者将学习如何使用 TFX 改进模型服务。

10.4　使用 TFX 提供更快的 Transformer 模型服务

TensorFlow 扩展（TFX）为基于深度学习的模型提供了一种更快的、更有效的服务方式，但在使用 TensorFlow 扩展之前，必须了解一些重要的关键点。TensorFlow 扩展支持的模型必须是 TensorFlow 中保存的模型类型，以便在 TFX Docker 或命令行界面中可以使用该模型。具体操作步骤如下。

(1) 可以使用 TensorFlow 中保存的模型格式执行 TFX 模型服务。有关 TensorFlow 所保存模型的更多信息，请阅读以下官方文档：https://www.tensorflow.org/guide/saved_model。为了从 Transformer 生成并保存模型，只需使用以下代码。

```
from transformers import TFBertForSequenceClassification
model = ①TFBertForSequenceClassification.from_pretrained(
```

---

① 原著此处误用换行符，译者做了适当的调整。——译者注

```
         "nateraw/bert-base-uncased-imdb", from_pt=True)
model.save_pretrained("tfx_model", saved_model=True)
```

（2）在了解如何使用 Transformer 服务之前，需要为 TensorFlow 扩展提取 Docker 映像。

```
$ docker pull tensorflow/serving
```

（3）上述命令行将提取需要提供 TensorFlow 扩展服务的 Docker 容器。下一步是运行 Docker 容器，并将保存的模型复制到容器中。

```
$ docker run -d --name serving_base tensorflow/serving
```

（4）可以使用以下代码将保存的文件复制到 Docker 容器中。

```
$ docker cp tfx_model/saved_model tfx:/models/bert
```

（5）上述命令将保存的模型文件复制到 Docker 容器中。但是，必须提交更改。

```
$ docker commit --change "ENV MODEL_NAME bert" tfx my_bert_model
```

（6）现在一切都准备就绪，可以终止 Docker 容器。

```
$ docker kill tfx
```

这将停止 Docker 容器的运行。

现在模型已经准备就绪，可以由 TFX Docker 提供服务，只需将模型与其他服务一起使用。需要另一个服务来调用 TensorFlow 扩展的原因在于，基于 Transformer 的模型包含一个由分词器提供的特殊输入格式。

（7）为此，必须创建一个 FastAPI 服务，该服务将对 TensorFlow 服务容器提供的 API 进行建模。在编写服务代码之前，应该通过为 Docker 容器提供运行基于 BERT 模型的参数来启动服务。这将帮助用户在出现错误时修复错误。

```
$ docker run -p 8501:8501 -p 8500:8500 --name bert my_bert_model
```

（8）"main.py"文件中的内容如下所示。

```
import uvicorn
from FastAPI import FastAPI
from pydantic import BaseModel
from transformers import BertTokenizerFast, BertConfig
import requests
import json
import numpy as np
tokenizer = \
    BertTokenizerFast.from_pretrained("nateraw/bert-base-uncased-imdb")
config = BertConfig.from_pretrained("nateraw/bert-base-uncased-imdb")
```

```
class DataModel(BaseModel):
    text: str
app = FastAPI()
@app.post("/sentiment")
async def sentiment_analysis(input_data: DataModel):
    print(input_data.text)
    tokenized_sentence = [dict(tokenizer(input_data.text))]
    data_send = {"instances": tokenized_sentence}
    response = requests.post( \①
        "http://localhost:8501/v1/models/bert:predict",
        data=json.dumps(data_send))
    result = np.abs(json.loads(response.text)["predictions"][0])
    return {"sentiment": config.id2label[np.argmax(result)]}
if __name__ == '__main__':
    uvicorn.run('main:app', workers=1)
```

（9）此处加载了配置文件，因为标签存储在其中，需要在结果中返回标签。只需使用 python 命令运行主程序文件。

```
$ python main.py
```

现在，服务已启动，用户可以使用服务了。可以使用 Postman 来访问服务，如图 10-3 所示。

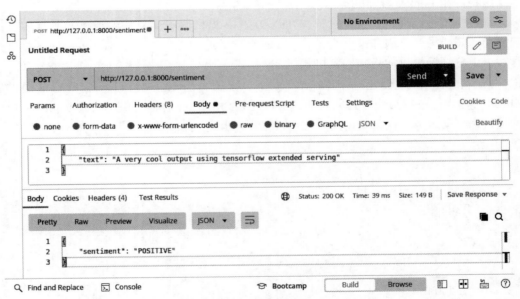

图 10-3　基于 TFX 服务的 Postman 输出

---

① 原著此处误用换行符，译者做了适当的调整。——译者注

TFX Docker 中新服务的总体架构如图 10-4 所示。

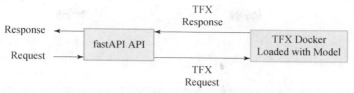

图 10-4 TFX Docker 中新服务的总体架构

到目前为止，读者学习了如何使用 TFX 为模型提供服务。然而，读者还必须学习如何使用 Locust 对服务进行负载测试，了解服务的限制以及何时使用量化或剪枝来优化服务是非常重要的。下一节将描述如何使用 Locust 在重负载下测试模型性能。

10.5 使用 Locust 进行负载测试

可以使用许多应用程序来加载测试服务。大多数应用程序和库都提供了有关服务响应时间和服务延迟的有用信息。这些应用程序和库还提供了有关故障率的信息。Locust 是实现这一目的的最佳工具之一。以下 3 种方法可以为基于 Transformer 的模型提供服务：仅使用 FastAPI、使用容器化的 FastAPI，以及使用 FastAPI 的基于 TFX 的服务。下面使用 Locust 对这 3 种方法进行负载测试。具体操作步骤如下。

（1）安装 Locust。

```
$ pip install locust
```

上述命令将安装 Locust。下一步是让所有服务使用相同的模型实现相同的任务。固定本测试中最重要的两个参数，可以确保所有服务的设计完全相同，以服务于单一目的。使用相同的模型将帮助用户冻结任何其他因素，并关注不同方法的部署性能。

（2）一旦一切准备就绪，就可以开始对 API 进行负载测试。必须准备一个 locustfile 来定义用户及其行为。以下代码生成一个简单的 locustfile。

```
from locust import HttpUser, task
from random import choice
from string import ascii_uppercase
class User(HttpUser):
    @task
    def predict(self):
        payload = {"text":".join(choice(ascii_uppercase) for i in range(20))}
        self.client.post("/sentiment", json=payload)
```

使用 HttpUser 并创建从中继承的 User 类，可以定义一个 HttpUser 类。@task 装饰器（decorator）对于定义生成后用户必须执行的任务至关重要。predict() 函数是用户在生成后将重复执行的实际任务。该函数将生成一个长度为 20 的随机字符串，并将其发送到用户的 API。

（3）为了启动测试，必须先启动服务。启动服务后，运行以下代码以启动 Locust 负载测试。

```
$ locust -f locust_file.py
```

Locust 将从 locustfile 中提供的设置开始。可在终端中看到图 10-5 所示的内容。

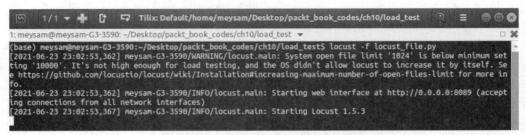

图 10-5　开始 Locust 负载测试后的终端

正如所见，可以打开负载测试 Web 界面的 URL 地址 http://0.0.0.0:8089。

（4）打开 URL 后，将看到一个界面，如图 10-6 所示。

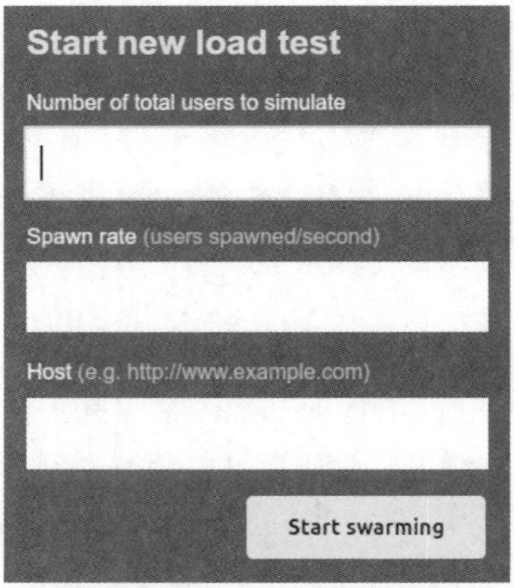

图 10-6　Locust Web 界面

（5）此处将 Number of total users to simulate（需要模拟的总用户数）设置为 10，将 Spawn rate（生成速率）设置为 1，将 Host（主机）设置为 http://127.0.0.1:8000，这是服务正在运行的 URL 地址。设置好这些参数后，单击 "Start swarming" 按钮。

（6）此时，用户界面将改变，测试将开始。可以单击 "Stop" 按钮随时停止测试。

（7）还可以选择 "Charts" 选项卡查看结果的可视化效果，如图 10-7 所示。

（8）现在，API 的测试已经准备就绪，接下来测试所有 3 个版本，并比较结果，以观察哪一个性能更好。请记住，服务必须在为其提供服务的机器上进行独立测试。换句话说，必须一次运行一个服务并测试该服务，然后关闭该服务，再运行另一个服务并测试服务，依此类推。

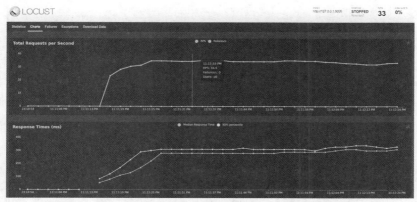

图 10 – 7 "Charts"选项卡提供的 Locust 测试结果

结果如表 10 – 1 所示。

表 10 – 1 比较不同实现的结果

项目	基于 TFX 的 FastAPI	FastAPI	容器化的 FastAPI
每秒请求数	38.5	33	34
平均响应时间/ms	237	275	270

在表 10 – 1 中，每秒请求数（Requests Per Second，RPS）表示 API 每秒响应的请求次数，而平均响应时间（Average Response Time，RT）表示服务响应给定调用所需的毫秒数。这些结果表明，基于 TFX 的 FastAPI 是最快的。它具有较大的每秒请求数和较短的平均响应时间。所有这些测试都是在一台具有 Intel（R）Core（TM）i7 – 9750H CPU、32GB RAM，并且禁用图形用户单元的机器上执行的。

在本节中，读者学习了如何测试 API 并根据重要参数（如每秒请求数和平均响应时间）衡量其性能。但是，现实世界中的 API 还可以执行许多其他压力测试，如增加用户数量，使它们的行为与真实用户一样。为了执行此类测试并以更现实的方式报告其结果，请阅读 Locust 的文档并学习如何执行更高级的测试。

10.6 本章小结

在本章中，读者学习了使用 FastAPI 为 Transformer 模型提供服务的基础知识，还学习了如何以更高级的、更高效的方式为模型提供服务，如使用 TFX；接着学习了负载测试和创建用户的基础知识，本章的另一个主要主题是让这些用户分组或逐个生成，然后报告压力测试的结果；随后，学习了 Docker 的基础知识，以及如何以 Docker 容器的形式打包应用程序；最后，学习了如何为基于 Transformer 的模型提供服务。

在下一章中，读者将学习 Transformer 的解构、模型视图，以及使用各种工具和技术的监控训练过程。

第 11 章
注意力可视化与实验跟踪

第 11 章 注意力可视化与实验跟踪

本章内容涵盖了两个不同的技术概念：注意力可视化（attention visualization）与实验跟踪（experiment tracking）。本章通过 exBERT 和 BertViz 等复杂工具进行实践。这些工具为可解释性（interpretability）和可解读性（explainability）提供了重要功能。首先，讨论如何利用这些工具实现注意力内部机制的可视化。有必要解读学习到的表示内容，并理解 Transformer 中自注意力头编码的信息。读者将观察到某些注意力头对应于语法或语义的某个方面。其次，读者将学习如何通过日志跟踪实验，然后使用 TensorBoard 和 Weights & Biases（权重与偏差，W&B）进行监控。这些工具使用户能够有效地保留和跟踪实验结果（如损失或其他度量指标），这有助于优化模型训练。在本章结束时，读者还将学习如何使用 exBERT 和 BertViz 查看模型的内部组成成分，并能够利用 TensorBoard 和 W&B 监控和优化模型。

本章将介绍以下主题。
（1）解读注意力头。
（2）跟踪模型度量指标。

11.1 技术需求

本章使用 Jupyter Notebook 运行编码练习，要求安装 Python 3.6 或以上的版本，还必须确保安装以下软件包。

（1）Tensorflow；
（2）PyTorch；
（3）Transformer（不低于 4.0.0 版本）；
（4）tensorboard；
（5）wandb；
（6）bertviz；
（7）ipywidgets。

可以通过以下 GitHub 链接获得本章中所有编码练习的 Jupyter Notebook：
https://github.com/PacktPublishing/Mastering-Transformers/tree/main/CH11。

11.2 解读注意力头

与大多数深度学习体系结构一样，Transformer 模型的成功及其学习方式尚未被完全解读。但众所周知，Transformer 显著地学习了语言的许多特征，大量学习到的语言知识都分布在预训练模型的隐藏状态和自注意力头中。最近人们发表了大量研究报告，并开发了许多工具来理解和更好地解释这些现象。

借助一些自然语言处理社区工具，用户能够解释自注意力头在 Transformer 模型中学习到的信息。借助标记之间的权重，可以自然地解释注意力头。读者很快就会看到，在本节的进一步实验中，某些注意力头对应语法或语义的某个方面。通过实验还可以观察到表层模式和许多其他语言特征。

本节使用社区工具进行一些实验，以观察注意力头中的模式和特征。最近的研究已经揭示了自注意力的许多特征。在正式开始实验之前，重点介绍其中的一些特征。例如，大多数注意力头特别关注分隔符标记，如分隔符（Separator，SEP）和分类符（Classification，CLS），因为这些标记从不会被掩蔽，并且特别地，这些标记将承载段级信息。另一个观察结果是，大多数注意力头很少关注当前标记，有一些注意力头只关注下一个或上一个标记，尤其在早期的层中。以下是最近研究中发现的其他模式，读者可以在实验中观察到这些模式。

（1）同一层的注意力头会表现出相似的行为。
（2）特定注意力头对应语法或语义关系的特定方面。
（3）一些注意力头将进行编码，使直接宾语关注其对应的动词，如 < lesson，take > 或 < car，drive >。
（4）在一些注意力头中，名词修饰语关注其对应的名词（如 the hot water、the next layer 等），或者所有格代词关注到注意力头（如 her car）。
（5）一些注意力头将进行编码，使被动助动词关注相关的动词，如 been damaged、was taken 等。
（6）在一些注意力头中，相互提及的内容会彼此关注，如 talks – negotiation、she – her、President – Biden 等。
（7）底层通常会提供关于单词位置的信息。
（8）语法特征会被 Transformer 在早期观察到，而高层语义信息出现在上层。
（9）最终层与特定任务相关，因此对下游任务非常有效。

为了观察这些模式，可以使用两个重要的工具：exBERT 和 BertViz。这两个工具提供的功能几乎相同。下面从 exBERT 工具开始学习。

11.2.1 使用 exBERT 对注意力头进行可视化

exBERT 是一个可视化工具，用于查看 Transformer 的内部组成成分。下面使用 exBERT 来可视化 BERT – base – cased 模型的注意力头，这是 exBERT 界面中的默认模型。除非另有说明,否则在以下示例中使用的模型均指 BERT – base – cased。该模型包含 12 个层,每层包含 12 个自注意力头,因此共有 144 个自注意力头。

下面逐步展示如何使用 exBERT。具体步骤如下。

(1) 单击 Hugging Face 网站上的 exBERT 链接:https://huggingface.co/exbert。

(2) 输入英文句子 "The cat is very sad.",并查看输出结果,如图 11 – 1 所示。

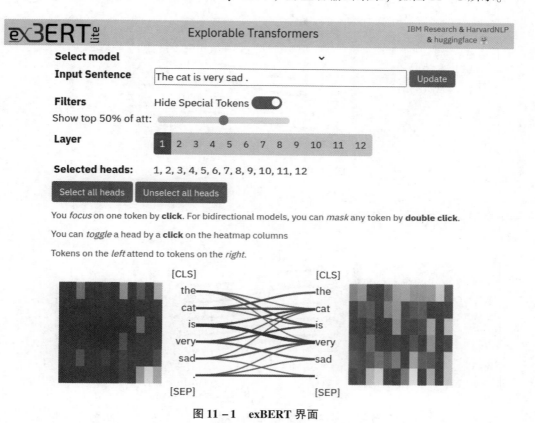

图 11 – 1 exBERT 界面

在图 11 – 1 中,左边的标记关注右边的标记。线的粗细表示权重的值。由于分类符标记和分隔符标记具有非常频繁和密集的连接,为了简单起见,此处切断了与这些标记相关的链接。可以使用图 11 – 1 中的 Hide Special Tokens (隐藏特殊标记) 切换开关来打开或关闭链接。现在看到的是第 1 层的注意力映射,其中的线条对应所有注意力头的权重之和。这被称为多头注意力机制 (multi – head attention mechanism),其中 12 个头相互平行工作。这种机制使用户能够捕捉到比单头注意力更广泛的关系。这就是在图 11 – 1 中看到广泛注意力模式的原因。还可以通过单击 Head 列来观察任何特定的注意力头。

如果将鼠标移到左侧的标记上,将看到该标记连接到右侧标记的特定权重。

(3) 现在,尝试证明本节导言部分所述的其他研究人员的发现。首先选择模式 "一些注意力头只关注下一个或上一个标记,尤其是在早期的层中",查看是否有一个注意力头支持这一模式。

（4）在本章的其余部分，将使用 < Layer No，Head No > 符号来表示某个自注意力头。其中，exBERT 的索引从 1 开始；BertViz 的索引从 0 开始。例如，< 3，7 > 表示 exBERT 第 3 层的第 7 个注意力头。当此处选择 < 2，5 >（< 4，12 > 或 < 6，2 >）注意力头时，将获得图 11-2 所示的输出，其中每个标记仅关注前一个标记。

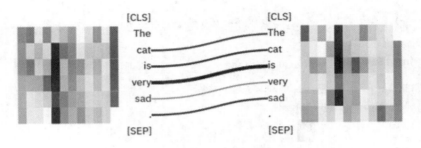

图 11-2　前一个标记的关注模式

（5）对于 < 2，12 > 和 < 3，4 > 注意力头，将得到一个模式，其中每个标记关注下一个标记，如图 11-3 所示。

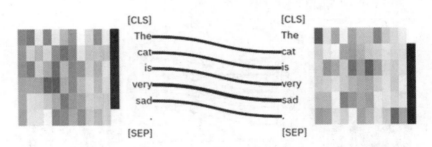

图 11-3　下一个标记的关注模式

这些注意力头为其他输入句子提供相同的功能，也就是说，它们独立于输入。读者可以自己尝试不同的句子。

可以将注意力头用于高级语义任务，例如，使用探测分类器（probing classifier）解析代词。首先，定性地检查内部表征是否具有代词指代消解（或者共指消解）的能力。代词指代消解被认为是一项具有挑战性的语义关系任务，因为代词与其先行词之间的距离通常比较长。

（6）使用句子"The cat is very sad. Because it could not find food to eat."进行测试分析。当检查每个注意力头时，会注意到 < 9，9 > 和 < 9，12 > 注意力头用于编码代词之间的关系。将鼠标移到 < 9，9 > 注意力头时，得到图 11-4 所示的输出结果。

< 9，12 > 注意力头也适用于代词关系。再次将鼠标移到其上，得到图 11-5 所示的输出结果。

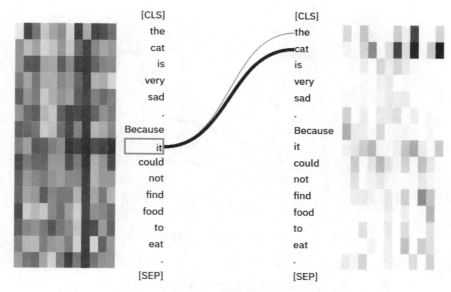

图 11-4 <9,9>注意力头的共指模式（coreference pattern）

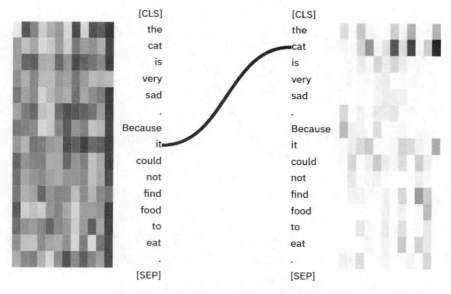

图 11-5 <9,12>注意力头的共指模式

从图 11-5 中，可以看到代词 it 强烈关注其先行词 cat。对句子稍做修改得到 "the cat did not eat the food because it was not fresh"，此句使代词 it 现在指代的是 food 标记，而不是 cat。如图 11-6 所示，显示结果与 <9,9>注意力头相关，正如所料，代词 it 正确地关注了其先行词 food。

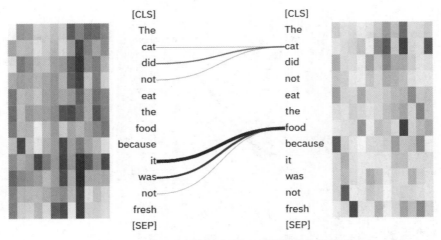

图 11-6　第 2 个示例中 <9,9> 注意力头的模式

（7）接下来，尝试这样一个句子 "The cat did not eat the food because it was very angry."，其中代词 it 指代的是 cat。在 <9,9> 注意力头中，代词 it 标记主要关注 cat 标记，如图 11-7 所示。

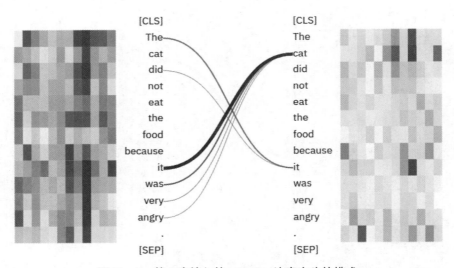

图 11-7　第 2 次输入的 <9,9> 注意力头的模式

（8）以上这些例子已经足够说明问题了。现在，以不同方式使用 exBERT 模型，以评估模型容量。重新启动 exBERT 接口，选择最后一层（第 12 层），并保留所有注意力头。然后，输入句子 "the cat did not eat the food."，并掩蔽 food 标记。双击可将 food 标记掩蔽掉，如图 11-8 所示。

当将鼠标移到该掩码标记上时，可以看到 Bert-base-cased 模型的预测分布，如图 11-8 所示。正如所料，第一个预测是 food。

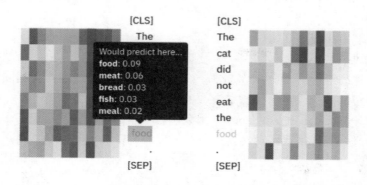

图 11－8　通过掩蔽机制来评估模型

非常棒！在下一小节中，将结合 BertViz 编写一些 Python 代码来访问注意力头。

11.2.2　使用 BertViz 实现注意力头的多尺度可视化

本小节编写一些代码来使用 BertViz 对注意力头进行可视化。与 exBERT 类似，BertViz 是一个在 Transformer 模型中用于可视化注意力的工具。BertViz 由 Jesse Vig 于 2019 年开发［"A Multiscale Visualization of Attention in the Transformer Model（Transformer 模型中的一个多尺度可视化注意力工具）"，2019 年］。BertViz 是 Tensor2Tensor 可视化工具功能的扩展延伸（Jones，2017 年）。可以通过多尺度定性分析来监控模型的内部组成成分。BertViz 的优点在于，可以通过 Python 应用程序编程接口（Application Programming Interface，API），处理大多数 Hugging Face 提供的模型（例如 BERT、GPT 和 XLM）。因此，用户还可以使用非英语模式，以及任何预训练的模式。稍后将一起研究这些例子。读者可以通过以下 GitHub 链接访问 BertViz 资源和其他信息：https://github.com/jessevig/bertviz。

与 exBERT 一样，BertViz 在单一界面中可视化注意力。此外，BertViz 还支持鸟瞰视图（bird's eye view）和低级神经元视图（neuron view），可以帮助用户观察单个神经元如何相互作用以建立注意力权重。

在开始之前，需要安装必要的库。代码如下所示。

```
! pip install bertviz ipywidgets
```

然后，通过以下代码导入相关的模块。

```
from bertviz import head_view
from Transformers import BertTokenizer, BertModel
```

BertViz 支持 3 种视图：注意力头视图（attention head view）、模型视图（model view）和神经元视图。本小节将逐一检查这些视图。不过，首先需要指出的是，在 exBERT 中，索引从 1 开始，但是在 BertViz 中，索引从 0 开始，这和 Python 程序设计中的索引一样。如果在 exBERT 中使用一个 <9,9> 注意力头,那么对应 BertViz 则是 <8,8>。

首先从注意力头视图开始。

1. 注意力头视图

注意力头视图等价于 BertViz,与在上一小节中对 exBERT 的体验相同。注意力头视图根据选定层中的一个或多个注意力头可视化关注模式。

(1) 定义一个 get_bert_attentions() 函数,以检索给定模型和给定句子对的注意力和标记。函数定义代码如下所示。

```
def get_bert_attentions(model_path, sentence_a, sentence_b):
model = BertModel.from_pretrained(model_path,
                                  output_attentions = True)
tokenizer = BertTokenizer.from_pretrained(model_path)
inputs = tokenizer.encode_plus(sentence_a,
                               sentence_b, return_tensors ='pt',
                               add_special_tokens = True)
token_type_ids = inputs['token_type_ids']
input_ids = inputs['input_ids']
attention = model(input_ids, token_type_ids = token_type_ids)[ -1]
input_id_list = input_ids[0].tolist()
tokens = tokenizer.convert_ids_to_tokens(input_id_list)
return attention, tokens
```

(2) 在下面的代码片段中,加载 bert – base – cased 模型并检索给定两个句子的标记和对应注意力。最后调用 head_view() 函数来可视化注意力。以下是代码执行情况。

```
model_path = 'bert - base - cased'
sentence_a = "The cat is very sad."
sentence_b = "Because it could not find food to eat."
attention, tokens = get_bert_attentions(model_path, sentence_a, sentence_b)
head_view(attention, tokens)
```

上述代码片段的输出结果是一个图形界面,如图 11 –9 所示。

首先显示图 11 –9 左侧的界面。将鼠标移到左侧的任何标记上,将显示来自该标记的注意力信息。顶部的彩色条块与注意力头相对应。双击彩色条块其中的任何一个,将选中该条块并取消选中其余条块。注意力的线越粗,表示注意力权重越高。

请记住,在前面的 exBERT 示例中,可以观察到 <9,9> 注意力头(由于索引的区别,BertViz 中对应的索引为 <8,8>)具有代词先行关系。在图 11 –9 中选择第 8 层和注意力头 8,可以观察到相同的模式。然后,当将鼠标移到 it 时,可以看到图 11 –9 右侧的结果界面,其中 it 强烈关注 cat 标记和 it 标记。那么,可以在其他预训练的语言模型中观察到这些语义模式吗?虽然注意力头在其他模型中并不完全相同,但有些注意

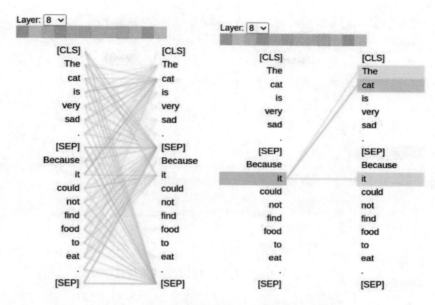

图 11-9 BertViz 注意力头视图的输出结果

力头可以对这些语义属性进行编码。最近的研究工作表明，语义特征大多在更高层编码。

（3）在土耳其语模型中寻找一种共指模式。下面的代码加载一个土耳其语的 bert-base 模型，并获取一个句子对。从结果可以观察到，<8,8>注意力头在土耳其语中与英语模式中具有相同的语义特征。代码如下所示。

```
model_path = 'dbmdz/bert-base-turkish-cased'
sentence_a = "Kedi çok üzgün."
sentence_b = "Çünkü o her zamanki gibi çok fazla yemek yedi."
attention, tokens = \
    get_bert_attentions(model_path, sentence_a, sentence_b)
head_view(attention, tokens)
```

在前面的代码片段中，句子 a 和句子 b 分别表示 The cat is sad 和 Because it ate too much food as usual。当鼠标移到 o(it) 上时，it 关注 Kedi(cat)，如图 11-10 所示。

除 o 以外的所有其他标记主要关注分隔符标记，这也是 BERT 架构中所有注意力头的主要行为模式。

（4）作为注意力头视图的最后一个示例，本小节解读另一种语言模型，然后继续讨论模型视图功能。这一次选择 bert-base-german-cased 德语语言模型，并可视化其输入，即使用土耳其语中的相同句子对作为德语的相应输入信息。

（5）以下代码加载一个德语语言模型，使用一对句子并将其可视化。

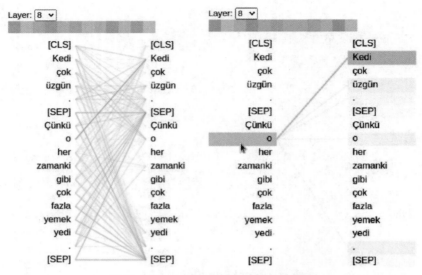

图 11 – 10　土耳其语模式中的共指模式

```
model_path = 'bert-base-german-cased'
sentence_a = "Die Katze ist sehr traurig."
sentence_b = "Weil sie zu viel gegessen hat"
attention, tokens = \
      get_bert_attentions(model_path, sentence_a, sentence_b)
head_view(attention, tokens)
```

（6）当检查注意力头时，可以再次在第 8 层看到共指模式，但这次是在第 11 个注意力头。为了选择 <8，11> 注意力头，请从下拉菜单中选取第 8 层，然后双击最后一个注意力头，如图 11 – 11 所示。

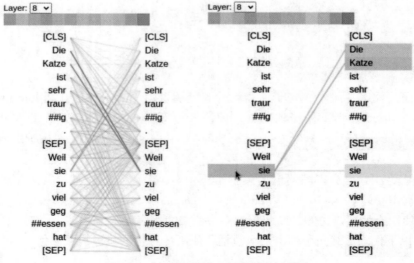

图 11 – 11　德语模式中的共指关系模式

正如所见，当鼠标移到 sie 上时，会看到 sie 强烈关注 Die 和 Katze。虽然这个 <8，11> 注意力头是共指关系中最强的注意力头［在计算语言学文献中称为前指关系（anaphoric relations，或者称为回指关系）］，但这种关系可能已经扩展到许多其他注意力头。为了观察前指关系，必须逐个检查所有注意力头。

另外，BertViz 的模型视图功能为用户提供了一个基本的鸟瞰视图，可以同时看到所有的注意力头。下面将讨论模型视图。

2. 模型视图

模型视图允许用户概览所有注意力头和各层的注意力。自注意力头以表格形式显示，表格的行和列分别对应于层和注意力头。每个注意力头都以可点击缩略图的形式可视化，其中包括注意力模型的大致形状。

模型视图可以显示 BERT 是如何工作的，并使其更易于解释。最近的许多研究，如 "*A Primer in BERTology*：*What We Know About How BERT Works*（BERT 学入门：解读 BERT 的工作原理）"（Anna Rogers，Olga Kovaleva，Anna Rumshisky，2021 年），发现了一些关于层行为的线索，并达成了共识。在 10.2 节中列举了其中的一些模式。读者可以使用 BertViz 的模型视图自行测试这些模式。

接下来，观察刚才使用的德语语言模型，具体操作步骤如下。

（1）导入以下模块。

```
from bertviz import model_view
from Transformers import BertTokenizer, BertModel
```

（2）使用 Jesse Vig 开发的 show_model_view() 包装函数。读者可以在以下链接中找到原始代码：https://github.com/jessevig/bertviz/blob/master/notebooks/model_view_bert.ipynb。

（3）还可以在本书的 GitHub 链接中找到函数定义 https://github.com/PacktPublishing/Mastering-Transformers/tree/main/CH11。这里仅给出函数头定义。

```
def show_model_view(model, tokenizer, sentence_a,
    sentence_b=None, hide_delimiter_attn=False,
    display_mode="dark"):
...
```

（4）重新加载德语语言模型。如果已经加载，那么可以跳过前 5 行代码。具体代码如下所示。

```
model_path ='bert-base-german-cased'
sentence_a = "Die Katze ist sehr traurig."
sentence_b = "Weil sie zu viel gegessen hat"
model = BertModel.from_pretrained(model_path, output_attentions=True)
tokenizer = BertTokenizer.from_pretrained(model_path)
```

```
show_model_view(model, tokenizer, sentence_a, sentence_b,
    hide_delimiter_attn = False,
    display_mode = "light")
```

输出结果如图 11 - 12 所示。

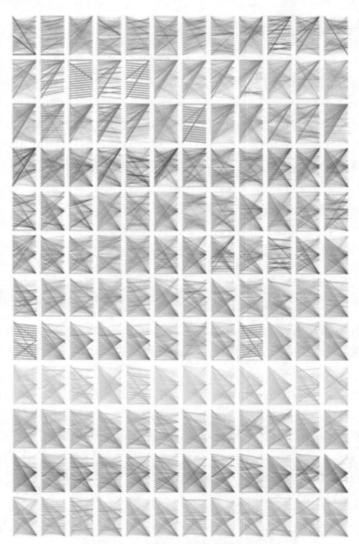

图 11 - 12　德语语言模型的模型视图

模型视图可以帮助用户轻松地观察许多模式,如下一个标记(或者上一个标记)的注意力模式。正如前面所述,标记通常倾向于特别关注到分隔符(特别地,较低层的分类符标和较高层的分隔符标记)。因为这些标记没有被掩蔽,它们可以缓解信息的流动。在最后一层中,只观察聚焦于分隔符标记的注意力模式。可以推测,分隔符标记用于收集分段级别的信息,然后用于句子间的任务,如下一个句子预测,或者用于编码句子级别的含义。

另外,用户可以观察到,共指关系模式主要在 <8,1>、<8,11>、<10,1> 和 <10,7> 注意力头上进行编码。同样,可以明确指出,<8,11> 注意力头是对德语语言模型中的共指关系进行编码的最强注意力头,前面已经讨论过这个问题。

(5) 单击缩略图时,将看到相同的输出,如图 11-13 所示。

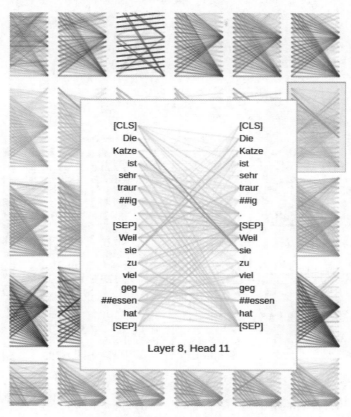

图 11-13 模型视图中 <8,11> 注意力头的特写

读者可以将鼠标移到标记上,然后观察其映射。

有关注意力头视图和模型视图的讨论已经足够充分了。接下来借助神经元视图来解构模型,并尝试了解这些注意力头是如何计算权重的。

3. 神经元视图

到目前为止,本小节已经对于一个给定输入的计算权重进行了可视化。神经元视图可以可视化查询中的神经元和键向量,以及基于交互计算标记之间的权重。用户可以跟踪任意两个标记之间的计算阶段。

接下来再次加载德语语言模型。为了保持连贯性,将可视化刚才使用的同一个句子对。可以执行以下代码。

```
from bertviz.Transformers_neuron_view import BertModel, BertTokenizer
from bertviz.neuron_view import show
model_path ='bert-base-german-cased'
sentence_a = "Die Katze ist sehr traurig."
sentence_b = "Weil sie zu viel gegessen hat"
model = BertModel.from_pretrained(model_path, output_attentions=True)
tokenizer = BertTokenizer.from_pretrained(model_path)
model_type = 'bert'
show(model, model_type, tokenizer, sentence_a, sentence_b,
    layer=8, head=11)
```

输出结果如图11-14所示。

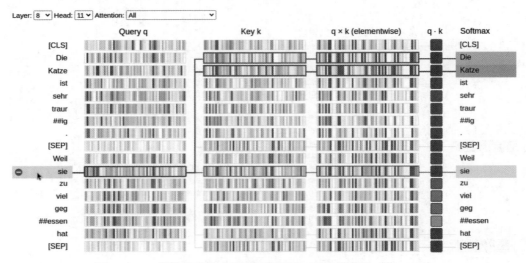

图11-14 共指关系模式的神经元视图（注意力头为<8，11>）

图11-14中的视图帮助用户跟踪从左侧选择的sie标记到右侧的其他标记之间的注意力计算过程。正值为蓝色，负值为橙色。颜色强度表示数值的大小。sie的查询与Die和Katze的键查询非常相似。如果读者仔细观察这些模式，就会发现这些向量非常相似。因此，这些向量的点积结果比其他值要大，这意味着这些标记之间建立了强烈的注意力。从左向右，用户还跟踪了点积和softmax()函数的输出。单击左侧的其他标记时，也可以跟踪其他的计算过程。

现在，为相同的输入选择一个头部方向的下一个标记注意力模式，并跟踪该注意力模式。为此，选择<2，6>注意力头部。在这种模式中，几乎所有的注意力都集中在下一个单词上。再次单击sie标记，如图11-15所示。

接下来，sie标记关注下一个标记，而不是它自己的先行标记（Die Katze）。当仔细观察查询和候选键时，与sie查询最相似的键是下一个标记zu。同样，可以观察点积和softmax()函数如何按照顺序被依次计算和调用。

下一小节将简要讨论用于解读Transformer的探测分类器。

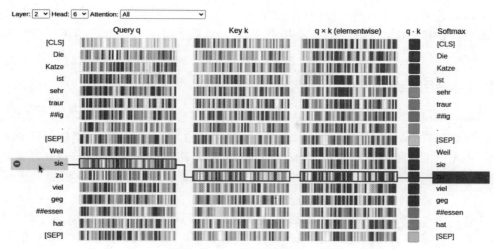

图 11-15 下一个标记注意力模式的神经元视图（注意力头为 <2,6>）

11.2.3 使用探测分类器理解 BERT 的内部结构

深度学习所学知识的不透明性，导致了许多关于此类模型解释的研究。请读者思考并回答以下问题：Transformer 模型的哪些组成部分负责特定的语言特性？或者输入的哪些部分引导模型做出特定的决策？为了实现该目标，除了可视化内部表示之外，还可以在表示上训练分类器来预测一些外部形态、句法或语义属性。因此，可以确定是否将内部表示与外部属性关联。模型的成功训练将是这种关联的定量证据，这同时也表明语言模型已经学习了与外部属性相关的信息。这种方法被称为探测分类器（probing-classifier）方法，该方法是自然语言处理和其他深度学习研究中一种重要的分析技术。基于注意力的探测分类器将注意力映射作为输入，并预测外部属性，如共指关系或注意力头的修饰关系。

如前面的实验所示，这里使用 get_bert_attention( ) 函数获得给定输入的自注意力权重。可以直接将这些权重传输到分类管道，而不是可视化这些权重。因此，在监督方式下，可以确定哪个注意力头适合于哪个语义特征。例如，可以找出哪些注意力头适合于标记数据以进行共指。

接下来，讨论模型跟踪部分，这一部分对于构建高效模型至关重要。

11.3 跟踪模型度量指标

到目前为止，我们成功地训练了语言模型，并简单地分析了最终结果。读者还没有观察训练过程，也没有使用不同的选项对训练进行比较。本节简要讨论如何监控模型训练。为此，本节处理跟踪第 5 章中开发的模型的训练过程。

该领域开发了两个重要工具：一个是 TensorBoard，另一个是 W&B。使用前者，用户可以将训练结果保存到本地驱动器，并在实验结束时将训练结果可视化。使用后者，用户可以在云平台上实时监控模型训练的进度。

本节简要介绍这些工具，但不会展开阐述，因为这超出了本章的范围。首先介绍 TensorBoard。

11.3.1 使用 TensorBoard 跟踪模型训练过程

TensorBoard 是专门用于深度学习实验的可视化工具。它具有许多特性，如跟踪、训练、将嵌入投影到较低的空间，以及可视化模型图。本小节主要使用 TensorBoard 跟踪和可视化模型度量指标，如损失的度量。使用 TensorBoard 跟踪 Transformers 的度量指标非常容易，只需在模型训练代码中添加几行代码就足够了。其他一切都几乎保持不变。

现在，本小节重复第 5 章中所做的 IMDb 情感微调实验，并将跟踪其度量指标。在第 5 章中，使用 IMDb 数据集训练了一个情感模型，该数据集由一个 4 000 的训练数据集、一个 1 000 的验证集和一个 1 000 的测试集组成。本小节使其应用于 TensorBoard。

具体操作步骤如下。

（1）如果尚未安装 TensorBoard，那么需要加以安装。安装命令如下所示。

```
!pip install tensorboard
```

（2）IMDb 情感分析的其他代码行与第 5 章中的相关代码相同，将训练参数设置如下。

```
from Transformers import TrainingArguments, Trainer
training_args = TrainingArguments(
    output_dir='./MyIMDBModel',
    do_train=True,
    do_eval=True,
    num_train_epochs=3,
    per_device_train_batch_size=16,
    per_device_eval_batch_size=32,
    logging_strategy='steps',
    logging_dir='./logs',
    logging_steps=50,
    evaluation_strategy="steps",
    save_strategy="epoch",
    fp16=True,
    load_best_model_at_end=True
)
```

（3）在前面的代码片段中，logging_dir 的值很快将作为参数传递给 TensorBoard。由于训练数据集大小为 4 000，训练批次大小为 16，因此每个训练周期有 250 个步骤（4 000/16），这意味着 3 个训练周期共有 750 个步骤。

（4）将 logging_steps 设置为 50，这是一个采样间隔。随着时间间隔的缩短，将记录更多有关模型性能上升或下降的详细信息。稍后将做另一个实验，在步骤 27 中缩短此采样间隔。

（5）现在，在每 50 个步骤中，根据在 compute_metrics( ) 函数中定义的度量指标来衡量模型性能。需要测量的度量指标是准确率、F1、精度和召回率。因此，记录 15（750/50）个性能测量值。当运行 trainer.train( ) 时，将启动训练过程，并将日志记录在 logging_dir = './logs' 目录下。

（6）将 load_best_model_at_end 设置为 True，以便从在损失方面具有最佳性能的检查点上加载管道。训练完成后，可注意到最佳模型是从检查点 250 加载的，损失得分为 0.263。

（7）现在，只需调用以下代码来启动 TensorBoard。

```
%reload_ext tensorboard
%tensorboard --logdir logs
```

输出结果如图 11-16 所示。

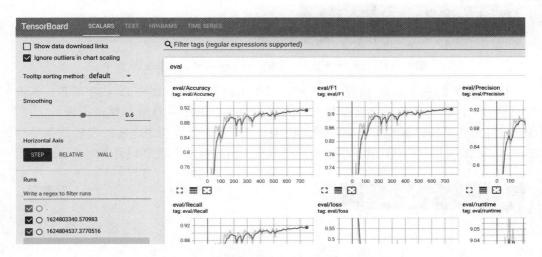

图 11-16　训练历史的 TensorBoard 可视化

读者可能已经注意到，用户可以跟踪之前定义的度量指标。水平轴是从 0 到 750 的步骤，这是之前计算得到的结果。这里并不详细讨论 TensorBoard。现在只需查看一下 eval/loss（验证/损失）图表。单击左下角的最大化图标时，将显示图 11-17 所示的图表。

在图 11-17 中，使用 TensorBoard 仪表板左侧的滑块控件将 smoothing（平滑）设置为 0，以更精确地查看得分并关注全局最小值。如果实验结果具有非常高的波动性，通过平滑功能可以很好地看到总体趋势。平滑功能起着移动平均（Moving Average，MA）的作用。此图表支持本节之前的观察结果，其中在步骤 250 处，最佳损失测量值为 0.265 8。

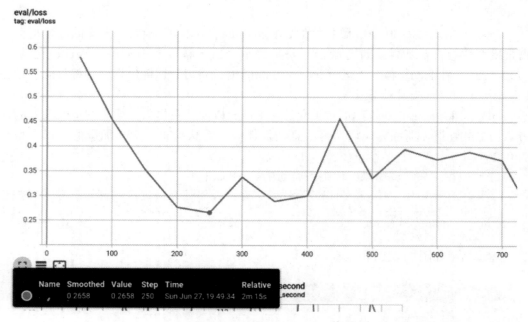

图 11 – 17　第 50 个日志步骤的 TensorBoard eval/loss 图表

（8）当将 logging_steps 设置为 10 时，获得了高分辨率，如图 11 – 18 所示。因此，将记录 75（750/10）个性能度量指标。当用户以该分辨率重新运行整个流程时，在步骤 220 处得到了最佳模型，其损失测量值为 0.238，这个结果比之前的实验效果要好。结果可以在图 11 – 18 中看到。由于分辨率更高，所以自然会观察到更多的波动。

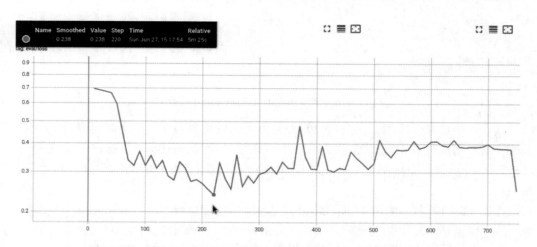

图 11 – 18　第 10 个日志步骤的高分辨率 TensorBoard eval/loss 图表

至此，本节详细介绍了 TensorBoard 的使用方法。接下来使用 W&B。

11.3.2　使用 W&B 及时跟踪模型训练过程

与 TensorBoard 不同，W&B 在云平台中提供了一个仪表板，用户可以在单一中心跟踪和备份所有实验。W&B 还允许用户与团队合作进行开发和共享。训练代码在本地机器上运行，而日志保存在 W&B 云中。最重要的是，用户可以实时跟踪训练过程，并立即与社区或团队分享训练结果。

通过对现有代码进行非常小的更改，可以为实验启用 W&B。

（1）需要在 wandb.ai 中创建一个账户，然后安装 Python 库。安装命令如下所示。

```
!pip install wandb
```

（2）同样，使用 IMDb 数据集分析代码，并稍微对其进行更改。首先，导入库并登录到 wandb。代码如下所示。

```
import wandb
!wandb login
```

wandb 要求一个 API 密钥，读者可以通过以下链接轻松获得 API 密钥：https://wandb.ai/authorize。

（3）或者，可以将 WANDB_API_KEY 环境变量设置为所使用的 API 密钥。代码如下所示。

```
!export WANDB_API_KEY=e7d*********
```

（4）同样，保持整个代码不变，只向 TrainingArguments 添加两个参数——report_to="wandb" 和 run_name="..."，以便被允许登录 W&B。代码如下所示。

```
training_args = TrainingArguments(
    ... 其他代码相同 ...
    run_name = "IMDB-batch-32-lr-5e-5",
    report_to = "wandb"
)
```

（5）只要调用 trainer.train()，就可以在云端开始日志记录。调用结束后，请查看云仪表板，了解其变化情况。一旦 trainer.train() 调用成功完成，将执行以下命令，以通知 wandb 训练已经完成。

```
wandb.finish()
```

执行结果还将在本地输出运行历史记录，如图 11-19 所示。

当连接到 W&B 提供的链接时，将看到一个图 11-20 所示的界面。

以上可视化为用户提供了单次运行的性能结果汇总。正如所见，用户可以跟踪在 compute_metric() 函数中定义的度量指标。

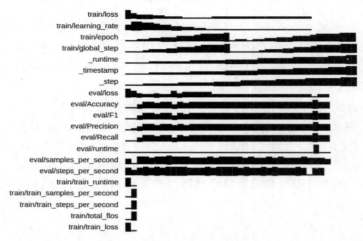

图 11－19　W&B 的本地输出结果

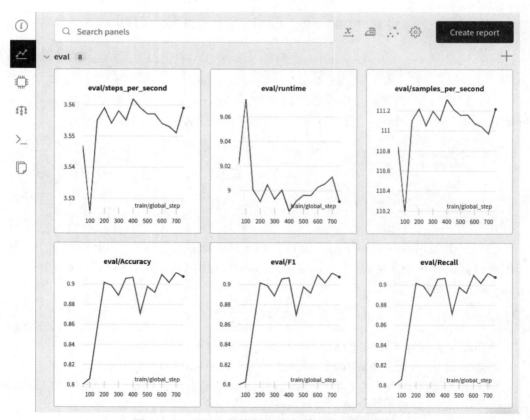

图 11－20　W&B 仪表板上单次运行的在线可视化

接下来观察验证的损失。图 11 – 21 所示的图表与 TensorBoard 提供的图表完全相同，其中最小损失约为 0.265 8，发生在步骤 250 处。

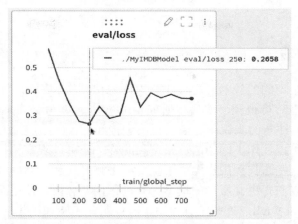

图 11 – 21　W&B 仪表板上 IMDb 实验的 eval/loss 图表

到目前为止，用户只看到了单次的运行结果。W&B 允许用户一次动态探索大量运行的结果。例如，用户可以使用不同的超参数（如学习率或批次大小）可视化模型的结果。为了实现该目标，使用另一种不同的方法实例化一个 TrainingArguments 对象，使用不同的超参数设置，并相应地更改每次运行的 run_name = "..."。

图 11 – 22 显示了使用不同超参数运行的几个 IMDb 情感分析结果。用户还可以观察到对批次大小和学习率进行了更改。

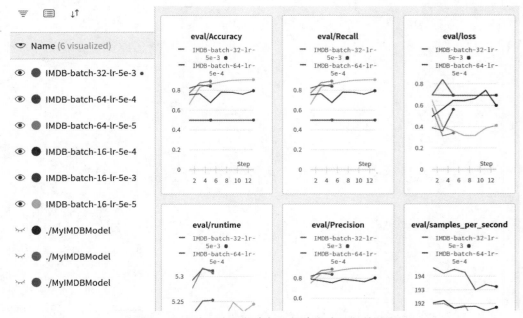

图 11 – 22　在 W&B 仪表板上探索多次运行的结果

W&B 提供了有用的功能。例如，自动化超参数优化和搜索可能模型的空间，称为 W&B 扫描。除此之外，它还提供与图形处理单元消耗、中央处理单元利用率等相关的系统日志。

11.4 本章小结

本章介绍了两个不同的技术概念：注意力可视化和实验跟踪。首先使用 exBERT 在线界面对注意力头进行可视化。然后，研究了 BertViz，编写 Python 代码来查看 BertViz 的 3 种可视化方式：注意力头视图、模型视图和神经元视图。BertViz 界面提供了更多的控制，这样用户就可以使用不同的语言模型。此外，还可以观察到标记之间的注意力权重是如何计算的。这些工具为用户提供了重要的可解释性和可利用性功能。本章还介绍了如何跟踪实验，以获得更高质量的模型，并进行误差分析。使用两种工具来监控训练过程：TensorBoard 和 W&B。这些工具可用于有效跟踪实验和优化模型训练。

祝贺你！通过在整个学习过程中表现出来的顽强毅力和坚持不懈，你已经阅读完成了本书的所有内容。现在你可以建立充分的自信心了，因为你已经掌握了所需的工具，并且已经为开发和实施高级自然语言处理应用程序做好了准备。